健康社区营造
——社区环境调研与分析方法

Building Healthy Communities：
Environmental Survey and Analysis Methods

孙佩锦　陆　伟　著

中国建筑工业出版社

图书在版编目（CIP）数据

健康社区营造：社区环境调研与分析方法 =
Building Healthy Communities：Environmental Survey
and Analysis Methods / 孙佩锦，陆伟著 . —北京：
中国建筑工业出版社，2023.5
ISBN 978-7-112-28479-5

Ⅰ.①健…　Ⅱ.①孙…②陆…　Ⅲ.①社区—建筑设
计—研究　Ⅳ.① TU984.12

中国国家版本馆 CIP 数据核字（2023）第 044669 号

责任编辑：张鹏伟　柏铭泽
责任校对：李美娜

健康社区营造
——社区环境调研与分析方法
Building Healthy Communities：
Environmental Survey and Analysis Methods
孙佩锦　陆　伟　著

*

中国建筑工业出版社出版、发行（北京海淀三里河路 9 号）
各地新华书店、建筑书店经销
北京雅盈中佳图文设计公司制版
北京云浩印刷有限责任公司印刷

*

开本：787 毫米 × 1092 毫米　1/16　印张：16¼　字数：361 千字
2023 年 4 月第一版　2023 年 4 月第一次印刷
定价：79.00 元
ISBN 978-7-112-28479-5
（40657）

序　言

本书对健康社区研究的理论框架与实证分析方法进行了归纳总结，以期对初涉研究领域相关人群进行环境与健康调研与分析，提供一个较为完整的研究流程参考，包括如何进行研究设计、如何选择研究方法、如何调研与采集数据、如何处理数据与构建分析模型等。本书在内容上，融合了传统的调查方法与新兴的科学技术，包括了典型定量与定性分析、计算机仿真模拟、因果推断，以及大数据与机器学习等。在数据分析方法上，综合了地理学、社会学、公共医学、计算机等多学科交叉研究方法。期望为读者进行健康社区研究提供一个较为全面的视角。

本书主要内容包括四部分，第一部分为健康规划政策与实践，包括健康规划的意义与背景，健康规划的制度与实践；第二部分为环境与健康研究方法与内容，包括环境与健康研究方法，环境与健康研究内容；第三部分为环境与健康数据采集与分析，包括多源数据采集方法，数据处理与分析方法；第四部分为实证研究案例。

在第一部分的理论框架章节中，本书构建了从健康规划机制，城市设计到社会实践的完整框架体系。通过大量成功的实践案例介绍如何将健康社区的空间优化落实到城市规划与设计过程当中。提出建立健康规划实施制度，应用规划管理工具，合作机制；以健康规划实施制度为基础，展开城市设计；通过解析设计的政策属性与制度导向进行社会实践的方法。探索健康生活方式下的空间互动模式，为优化城市居民生活品质提供新的思路。

在第二部分的研究方法章节中，本书归纳了健康社区常用的研究方法，包括典型的定性与定量分析，计算机仿真模拟，以及因果推断。在典型定量与定性分析中介绍了研究设计的路径、调查和实验方法设计，定量分析和定性分析方法的例举。在计算机仿真模型中介绍了系统动力学、智能仿真体、社会网络分析等在实践中应用的方法。最后，本书介绍了因果推断的基本内容，以及常用研究方法。在研究内容的章节中，本书详细地介绍了环境与健康的测量维度，包括建成环境、自然环境、社会环境、健康结果，以及环境公平的内容。

第三部分，本书展开介绍了数据采集与分析方法。首先，数据采集的方式包括传统社会调查、测量工具，以及大数据与开放数据的获取。其次，介绍了数据处理与分析方法，数据分析流程。

由于调查方式的多样性和数据来源的复杂性，数据预处理是保证研究严谨性的重中之重。所以本书重点展开阐述数据清洗、数据检验、数值变换、数据降维、数据融合等预处理方法，以及统计建模和机器学习。

第四部分以作者的博士论文为依托，以大连市为案例，解析环境与健康研究流程，多源数据融合方法，数据处理与分析方法，以及案例实证研究。

有关大数据在城市研究中的应用，以及健康城市等相关内容，已经有很多专家学者出版相关教材或书籍。拙作仅期望从初学者视角出发，为读者从建筑学形象思维转变到科学研究实践的过渡提供一定的帮助。本书期望通过将传统微观环境调查与新兴技术方法结合，以环境行为学视角，从发现问题，进行研究设计，到具体的数据采集与分析，为读者提供一个完整的研究思路流程与分析框架。

目　录

序篇
走向有益健康的城市规划

第1章　走向有益健康的城市规划

1.1　健康规划的意义

国家现有的相关政策导向，将需求的牵引和技术的推动有机地集合在一起。我们以人为本，以人民为中心的政策导向和执政理念，使未来城市的发展以围绕人民对美好生活的向往为根本诉求。人们对生活的向往即健康与福祉。从空间粒度和时间粒度两个层面考虑环境对居民健康的影响关系。通过研究基础来科学合理地支撑动态的社区更新与规划设计，让居住环境能更加便捷舒适，自然环境更加绿色健康，社会环境能更加公平包容，注重从居民的幸福体验方面进行环境品质的提升与高质量的社区治理。

1.1.1　国民经济和社会发展中迫切需要解决健康问题

人民生活关注的健康问题：21世纪，全球健康面临重大挑战，人们呼吁重新思考疾病预防的方法。城市规划和设计的不合理会导致环境问题，例如空气污染暴露、噪声、社会孤立、居民缺乏运动等，这些环境进而会对健康造成一定影响。[1] 居民缺乏体力活动和不健康的饮食是引起非传染性疾病的主要因素之一。研究发现全世界9%的过早死亡是缺乏体力活动造成的。[2] 缺乏体力活动是导致全因死亡率、心血管疾病、高血压、中风、Ⅱ型糖尿病、代谢综合症、结肠癌、乳腺癌和抑郁症发生的主要危险因素。[3] 在我国，慢性病仍然是严重威胁居民健康的一类疾病。经济社会快速发展和社会转型给人们带来的工作、生活压力，对健康造成的不良影响也不容忽视。[4] 规划良好的城市有可能减少非传染性疾病传播和道路创伤出现，并在更广泛的范围内促进健康和福祉。健康城市建设已然成为国民经济和社会发展过程中急需落实的问题。

健康城市指通过营造居住环境、自然环境和社会环境，不断完善公共政策，从而使居民在完成各种生活目标和实现自己潜力方面能相互支持的城市。

城市发展过程中的更新问题：党的"十九大"报告中指出"中国特色社会主义进入新时代，我国社会主要矛盾已经转化为人民日益增长的美好生活需要和不平衡不充分的发展之间的矛盾"——随着生活水平的提高，居民提出了更高质量的宜居需求。我国的当代城市建设已逐渐由"粗放经营、大拆大建"模式转为"精细管控、存量更新"的方式，更加注重低影响与微治理。而老旧住区区位、环境、居住人群等差异大，公共空间类型、问题多样，面临着难以用标准化、统一化的方式解决的现状。

1.1.2 政策导向城市发展围绕健康和福祉

高质量发展诉求：习近平总书记指出，新时代新阶段的发展必须贯彻新发展理念，必须是高质量发展。❶ 针对快速城镇化发展时期所积累的相关问题，我们已然进入到新型城镇化的阶段，政策的导向使得我们步入追求高质量的发展的空间规划新阶段。在提高国家治理能力和治理水平现代化的过程当中诉求空间治理。

健康中国发展战略：从国家来说，健康关系国家和民族的长远发展。维护人民健康是我们党践行以人民为中心，为人民谋幸福，为民族谋复兴的初心和使命。党的"十八大"以来，以习近平同志为核心的党中央把人民健康摆在优先发展的战略地位，作出实施健康中国的重大战略部署，健康中国行动方案是健康中国战略的具体举措。健康中国行动是一项系统工程，需要全社会共同努力，政府要健全卫生健康服务体系，实施国民营养计划，做好慢性病的管理和疫苗接种，为人民群众提供全方位的健康服务。行业协会、学校、医院、企业、社区等都要充分发挥各自的优势，开展健康科普宣传，增加健康产品和服务的供给，组织群众性的体育健身活动，营造共同致力于健康促进的社会环境。

1.1.3 技术推动未来城市智慧化更新模式

智慧城市发展诉求：党的"十九大"对建设网络强国、数字中国、智慧社会作出了战略部署，中央八个部委大力倡导的智慧城市的建设是具体解决我们未来城市建设过程当中数字化、信息化、网络化、智能化、智慧化的根本诉求。在数字化基础上实现万物感知，在网络化基础上实现万物互联，在智能化基础上使社会更加智慧，以人文本持续创新。"智慧社会"的建设发展已经成为国家战略，希望通过本书的研究促进发展策略下沉到微观尺度进行精细化管理。

---

❶ 新华社 . 习近平：关于《中共中央关于制定国民经济和社会发展第十四个五年规划和二〇三五年远景目标的建议》说明 [EB/OL]. 中国政府网，2020–11–03.

新基建发展战略：此外，国家积极布局新基建发展战略，把物质空间和信息空间有机结合在一起，形成新型基础设施建设的发展政策导向。住房和城乡建设部倡导的全国城市信息模型（CIM）的试点，使得国家的政策导向一步一步落到实处。城市空间建设正在走向一种智慧治理的新阶段。

1.2　健康规划研究的思想根源

1.2.1　公共健康与城市规划

公共健康与城市规划一直以来都有着紧密的关联。区划诞生和发展的时期与今天截然不同，城市没有过度拥挤、没有疾病蔓延以及一系列的健康和经济挑战。传统的区划将住宅与商业和其他用途隔离，使许多居民在日常生活中步行或骑自行车去商店和其他目的地变得难以实现。在传统区划实施之后的 20 年里，法律从业者、政策制定者和学者开始讨论区划的缺点，包括用于分类的刚性结构和相对狭窄的范围。法律、城市规划和公共健康方面的专家们越来越多地呼吁对区划进行改变，这将有助于步行友好环境的发展。国家和地方政府也在探索最新的技术以改革区划、建筑和其他土地使用规范，从而促进更适宜居住的社区。

公共健康与城市规划经过一系列的发展运动再次融合。传统区划时代最重要的发展之一是环境法的创立。环境保护和土地使用条例通过国家权力来保护公共健康和福利。环境法直接地回应与环境有关的公共健康问题。但是环境法更多地关注污染而较少关注土地使用，这使得公共健康与土地利用政策分离。环境与土地使用法规之间需要更好的整合。直到 20 世纪 90 年代出现了建筑师和规划师发起的一系列思想变革运动，呼吁回归传统的邻里设计，促进更多的步行和骑行，同时增加文化多样性。新城市主义、新传统设计、交通导向发展（TOD）和精明增长这些运动都摒弃依赖汽车的生活和蔓延式发展。通过缩小街区尺度，并围绕公共交通站点集中住房，减少汽车尾气、交通拥堵、空气污染和社会交往的缺乏等。通过精明增长运动，以前单独的法律领域不可避免地与规划领域交织在一起。精明增长提出基本原则以帮助确定精明增长的目标，从开放空间的保护到促进紧凑和适宜步行的社区。所有这些原则都植根于环境法规或土地使用政策。因此，精明增长提供了一种健康和规划合作的理想途径。

我国的城市规划体制借鉴于美国的区划。我国在 1900 年前后，城市规划通过规范建筑的日照和通风等方面干预和改善城市公共卫生。随后社会发展与物质环境得到基本保证，城市规划与公共健康的联系也一度减弱。但是目前环境污染，生活方式转变等导致的健康问题又将城市规划与公共健康领域紧密联系在一起，引发了新一轮跨学科的研究。公共健康和城市规划领域开始意识到城市规划中体力活动的缺失，并关注健康和环境设计之间的关系。许多运动专家担心人们由于久坐不动的工作和环境特征阻碍体力活动。运动专家倡导增加积极的生活方式，例如步行作为增加体力活动最有效的方法。世界卫生组织将健康定义为良好生理、社会和心理状态，而不仅仅是远离疾病。通过建成环境的优化可以鼓励居民主动参与体力活动和日常锻炼，从而收获健康效益。当下，公共健康与城市规划领域的合作已经是必然的趋势，健康城市规划运动实现了两个领域的再次交汇。

1.2.2 健康与规划合作挑战

1. 沟通的挑战

健康领域和城市规划之间的沟通是合作的主要障碍。[5] 在工作中，规划人员、城市设计师、交通管理人员和公共健康人员等使用的词汇不同，并且公共健康人员在规划和发展过程中明显缺位，这可能导致部分地区欠缺对健康的考虑。许多研究人员和公共健康从业者认为，健康影响评估（HIA）是为规划和健康专业人员创造一种通用语言的工具，但它可能不是城市规划师最实用或有用的工具，也不是将健康问题纳入规划的工具。[6] 健康影响评估中没有深度调查和分析的标准，因此并非所有健康影响评估都可以充分指导规划和政策制定的过程。此外，健康影响评估可能会占用规划部门大量时间和财政资源。因此，健康影响评估可能不是解决城市规划与公共健康之间沟通差距的最有效工具。如何通过一种有效的共同语言联合不同部门，使得多部门协作更加便利，是未来需要解决的问题之一。

2. 证明因果关系

健康与环境之间的因果关系是公共健康和城市规划结合的最重要挑战之一。大部分的研究都只能证明环境与健康的关联而非因果关系。横断面分析会有时间上的模糊，即不清楚哪些变量是原因哪些变量是结果。没有控制组的纵向研究无法分辨干预效果是受同时发生的事件影响，还是其自然发生的变化。环境与健康之间还有很多混杂因素的影响。例如，在整个生命过程中对支持健康的建成环境变化的响应可能会有所不同。虽然公共健康和规划界都认可城市规划在促进健康方面发挥的作用，但是还没有研究证实环境与健康的直接作用效应。

3. 自我选择现象

个人选择（Self-selection）现象也是证明环境与健康关系中的影响因素。由于个人的选择偏好，研究很难得出明确的结论。例如，喜欢运动的人可能会主动选择有利于运动的社区居住。这种情况下，规划可能不会有效地诱导人们选择更健康的生活方式。环境与行为之间的联系很大程度上是由个人态度和对特定社区的自我选择所决定的。研究表明环境因素与体力活动之间的关系因年龄、性别和社会经济地位而异，但研究结果并不一致。[7] 环境和社会因素之间相互作用的许多证据来自单一国家的研究，这些研究的结果受到所研究的样本和背景限制。不同研究方法的差异也可能导致结果的不一致。[8]

4. 数据和决策

数据的类型、质量和成本会增加研究和政策干预的难度。部分情况下研究人员和规划人员很难获得高质量的数据，并且涉及隐私的个体数据还涉及伦理问题。采用适当的方法进行高质量的研究通常也较为困难且需要较高的成本。其次，大部分横断面研究只研究一段时间而没有全面了解长期活动水平。横断面研究表明体力活动可能是改善健康状态的一个重要因素，但是健康涉及更为复杂的影响因素。了解长期习惯性因素的影响需要对人群进行更具实施难度的纵向研究。此外，通过自然实验区分不同类别的研究往往需要跨区域跟踪人们的活动，这些数据的获得也需要很高的成本。

1.2.3　健康城市与健康社区

1. 健康城市

世界卫生组织（WHO）将"积极的城市"（Active City）定义为一个不断创造和改善建成环境和社会环境中的机会，并扩大社区资源的城市，同时能够使其所有居民在日常生活中保持积极的身体活动。1984 年，世界卫生组织第一次提出与积极城市相近的另一个概念"健康城市"（Healthy City）。随后健康城市的概念逐渐清晰化，健康城市项目由世界卫生组织在欧洲发起，该项目的重点是积极地促进居民健康。健康城市规划理念正式确立，健康城市规划的目标是在城市建设过程中寻求改善城市环境以及人类健康状况的方法。1994 年，WHO 提出健康城市的具体定义，即一个健康城市应该是由健康的人群、健康的环境和健康的社会有机结合的一个整体，应该能不断地改善环境、扩大社区资源，使城市居民能互相支持，以发挥最大的潜力。[9] 欧洲各国在 2000 年后开展了健康城市规划运动，健康城市建设重点工作包括健康城市规划、创造支持性环境、健康影响评估、提倡积极的生活方式等。[10]

此外，本文结合《健康城市上海共识》（表 1-1）以及美国健康总体规划的实践经验，对健康规划（Healthy Planning）内容进行了限定。健康城市涵盖了所有和健康相关的领域，如经济

健康城市上海共识
表1-1
（Healthy City Shanghai Consensus）

1. 保障居民在教育、住房、就业、安全等方面的基本需求，建立更加公平更可持续的社会保障制度；
2. 采取措施消除城市大气、水和土壤污染，应对环境变化，建设绿色城市和企业，保证清洁的能源和空气；
3. 投资于我们的儿童，优先考虑儿童早期发展，并确保在健康、教育和社会服务方面的城市政策和项目覆盖每个孩子；
4. 确保妇女和女童的环境安全，尤其是保护她们免受骚扰和性别暴力；
5. 提高城市贫困人口、贫民窟及非正式住房居民、移民和难民的健康与生活质量，并确保他们获得负担得起的住房和医疗保健；
6. 消除各种歧视，例如对残疾人士、艾滋病感染者、老年人等的歧视；
7. 消除城市中的传染性疾病，确保免疫接种、清洁水、卫生设施、废物管理和病媒控制等服务；
8. 通过城市规划促进可持续的城市交通，建设适宜步行、运动的绿色社区，完善公共交通系统，实施道路安全法律，增加更多的体育、娱乐、休闲设施；
9. 实施可持续和安全的食品政策，使更多人获得可负担得起的健康食品和安全饮用水，通过监管、定价、教育和税收等措施，减少糖和盐的摄入量，减少酒精的有害使用；
10. 建立无烟环境，通过立法保证室内公共场所和公共交通工具无烟，并在城市中禁止各种形式的烟草广告、促销和赞助。

领域、社会领域、生态环境、社区生活和个人行为等。而健康规划则关注通过规划手段有助于健康促进的内容：包括健康的公平性；促进健康生活的环境设计；实施可持续和安全的食品政策；环境健康，保证清洁的空气和水源；心理健康与社会联系；医疗和住房的可获得性。

2. 健康社区

健康社区作为健康城市营造的微观单元。社区是城市最基本的单元，在引导人们的健康行为和生活习惯、改善居住环境、促进城市绿色健康发展等方面具有重要作用。健康社区是营造健康城市的重要基石，也是社会可持续发展的必然趋势。[11] 在健康社区中人们能够在家附近感受自然的乐趣，全年龄段居民能够进行安全无障碍的休闲健身与邻里交谈等活动，社区居民充分参与社区治理与运营，具有强烈的归属感和幸福感。

健康社区研究起源于多领域，文献主要聚焦于研究场所与健康的关系，包括绿色生活环境、物理活动空间、社区区位等对居民健康的影响。在绿色生活环境方面，学者们关注社区花园、都市农业等对气候及空气质量、居民释放压力、邻里交流等的影响；在物理活动空间方面侧重于关注体育锻炼对健康的影响；而在区位环境方面则关注主要影响居民日常生活需要的物质基础设施，如医疗服务、日托设施、食品商店（饮食环境）等。[12]

健康社区的建设需控制合理的社区规模，加强行业间沟通与合作，提供完善的管理和适宜的配套设施。健康社区是社区内所有组织和个人共同努力形成的健康发展的整体。[13] 随着学者们对健康社区研究的深入与相关实践的发展，健康社区的内涵也日趋复杂与多元化，逐渐由个体健康转向社会环境等的多维健康。

健康社区的建设维度并没有统一标准。国外健康社区建设侧重于物理环境、管理、文化精神等方面的建设，并且强调社区参与，而国内多为政府自上而下地推动健康社区发展。《北京市健康社区指导标准细则》，[14]《上海市 15 分钟社区生活圈规划导则》，[15] 为健康社区物质空间层面建设提供重要借鉴。健康社区建设应更加突出物质环境空间的规划与设计，增加社区居民的参与积极性，并突出社区所在的地域性。

1.3 健康规划研究的理论支撑

1.3.1 环境行为学理论

1. 环境行为两种理论导向

环境与行为的研究范围广泛。目前研究的理论基础主要建立在两大对立的理论上，一个是指环境对行为活动的影响，称为行为主义理论；另一个是强调人作为代理人构建自己的理解，解读现实环境中的各种要素，即对现实环境中各种符号的认知与解读，称为控制理论。行为主义理论认为是现实环境决定了人的行为，环境为我们提供了可感知的信心源，不同的个体差异对环境的感知不同，会产生不同的反应模式。由此可见，在行为主义中，对环境行为的影响因素的研究主要侧重环境本身对行为结果的影响，没有考虑综合因素的影响。

控制理论认为行为主要集中于人的控制层面，而不是外界刺激，那些对外界刺激能够有很好控制的人比无控制的人的情况要好。可以发现，控制理论强调从人本身的视角出发，强调人的主观能动性。环境对行为的影响不是环境直接作用于行为，而是通过人的主观控制，也就是说先是人解读了环境，然后发出了行为信号，从而影响了行为活动，人本身始终处于一种主导地位。两种不同的观点各有侧重，但是这两种不同的导向都肯定了环境对行为的作用，发现了环境与行为之间的关系绝对不是单纯的对应关系，而是复杂的联系。

2. 环境与行为的交互响应

行为主义和控制理论对环境与行为之间的关系解读略显单一，认为影响行为的最终结果是人或者环境某一个方面，并且将人和环境看作是分离的，但事实上人和环境是不可分离、互相影响的。勒温（Lewin，1946 年）提出运用生态心理学观点代替传统的人与环境之间的关系，指出了内在的需求、价值和态度，以及外在的环境相互作用对行为的影响，其研究也转向强调人与环境互动和发生行为过程中相互作用的环境属性。[15] 人的行为和所处的环境共同作用或者互动时才能决定人类此时此地的行为。可以看到，相对于行为主义理论和控制理论而言，生态心理学对行为成因的解释因其综合考虑环境和人的能动性这两个对立因素而更为中肯。

阿尔伯特·班杜拉（Albert Bandura，1977 年）提出了社会认知理论，其认为行为、个人因素、环境因素实际上是相互联系和相互作用的。[16] 这种人与环境相互决定论（Interactionism）强调人和环境相互包含，无论是人还是环境都不可能不参照对方而单独定义，并且一方的活动必然影响另一方。相互决定论避免了人的主体论或环境决定论的单一性，并且这种因果观也得到了很多人的认可。库勒（Kuller）提出人与环境相互作用理论（Human Environment Interaction-Model）。[17] 理论模型假定当人身处在某种环境中时，心理评价过程的结果是情绪的回应，评价过程受到综合影响，包括物质和社会环境，参与的活动，以及个体因素。例如，我们因为到达某个目的地的需求产生了评价过程，评价过程会受到情感因素的影响，进一步影响人们决定是否要步行前往。

1.3.2 社会生态学理论

1. 行为干预理论回顾

最初理论模型研究也主要集中在传统的心理学或者行为学上。特定心理和社会对行为的影响的理论和模型一直是体力活动研究和实践的主要框架。虽然这些模型已经可以有效地干预行为，但是模型的局限性产生的干预是显而易见的。这些模型关注的重点是个人因素和社会环境因素，主要指人际关系。但是显然个人因素和社会因素只是影响行为的一个重要方面。研究者们认识到这种影响的限制，开始关注更广泛的影响因素。不仅仅是个人特征、人际关系主导的社会环境，还包括物质空间环境，政策导向的社会环境等都会干预人的行为活动，由此学者们开始探讨更为有效的理论模型。人的行为受到个体因素与环境因素（社会环境、物质环境）的共同影响，主要包括个人因素、社会环境因素和物质环境因素三个层面，其中个人因素层面中的很多因素对个人行为起着决定性的作用。[18]

20世纪90年代，一些学者开始借助生态学的观点来研究人的行为。生态学的观点认为人与所处的环境，包括物质空间环境与社会环境是一个全面且彼此联系的整体。在这个彼此联系的整体中，人与周边环境彼此融合产生的影响最终反馈在行为上，这种对行为的影响要远远大于人的个体因素本身的影响，进而提出行为干预的社会生态学模型。社会生态模型因其考虑到体力活动受到个人特征（如基因、社会经济特征、态度、喜好、时间要求）、物质环境（土地利用类型、交通系统、规划设计特征）、社会环境（社会规范、社会网络、社区资源）的影响，而受到学者们的广泛欢迎，也是目前广泛认可的行为干预理论模型。[19]

2. 生态学模型简析

在公共健康领域中，生态学模型指的是人们与物理环境和社会环境的交互。生态模型的突出之处在于明确包括了预期会影响行为的环境和政策变量。与其他模型假定行为受到心理社会变量影响不同，生态模型包括了多个层次上广泛的影响。[20]体力活动的生态模型中经常包括的变量包括人本身（身体、心理）、人际关系与文化交流、社会组织关系、物理环境（建造和自然）、政策（法律、规则、法规、规范）。生态学模型指出当干预措施在多个层面上进行时是最有效的。根据生态模型，最有力的干预应该确保安全、有吸引力和便利的体力活动场所，实施激励和教育计划鼓励人们使用这些地方，利用大众媒体和社区组织改变社会规范和文化氛围。

萨利斯（Sallis）教授针对个人、社会环境、物理环境和政策的多层次干预，提出了可以创造积极社会的生态模型（图1-1）。该模型确定了对积极生活有影响的四个领域的环境和政策，包括娱乐、交通、职业和家庭。体力活动受到多层次的影响，而积极活跃的生活区域与不同的环境变量有关。生态模型正在得到广泛应用。许多学者已经确定环境和政策干预在健康饮食、体力活动和体重控制方面最有希望促进全民改善。

本文依据社会生态学的观点，认为环境和行为之间的关系是互惠的。本文认为社会经济和政治力量在社会生态的各个层次上运作，并且邻里环境和政策实施过程的相互作用对于创造促进体力活动的场所是非常重要的。本书所论述的建成环境优化策略主要依托社会生态学模型，从政策促进、设计指导、公共开发三个层面展开。

1.3.3 城市规划学理论

1. 精明增长理论

精明增长理念作为以生活质量、健康和可持续发展为导向的规划策略与发展模式，已逐渐被各城市广泛倡导。精明增长旨在通过紧凑型社区规划、多样化的交通和住房选择等策略来应

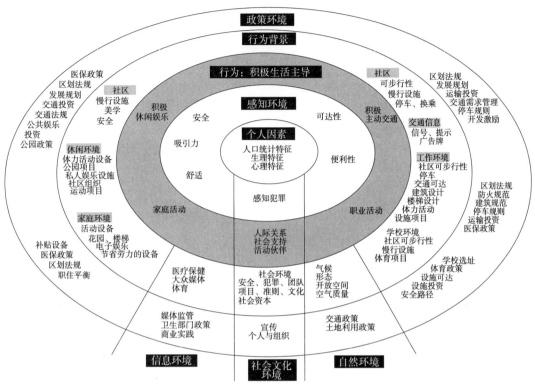

图 1-1 社会生态学模型

对城市蔓延，包括土地混合利用、紧凑型规划设计、不同阶层的住房保障、步行式社区和场所营造、多模式交通选择、生态敏感区保护和公众参与等。[21] 精明增长和多样化的体力活动之间有着紧密联系。精明增长倡导的紧凑型发展增加了社区内服务设施密度，从而有利于居民日常生活性购物。多样化的交通模式鼓励居民非机动出行或者乘坐公共交通，减少对小汽车的依赖。公众参与的理念也有利于提高公众传播，增强市民意识。学者们建议通过推进多样性住房、土地混合利用、紧凑型发展和开放空间策略促进体力活动与健康。

精明增长这种综合性的发展模式有利于促进体力活动。精明增长原则可以通过在社区规划中包含健康要素来提高对健康的潜在影响。[22] 仅仅改变城市规划法规不足以改变根深蒂固的发展模式和社区建设方式。发展是一个复杂的过程，无法由任何一个群体单一控制。目前存在的精明增长规划可以作为公共健康的组成部分，在社区规划过程中提高健康意识增加精明增长与健康之间的联系。已经有学者对精明增长的原则进行总结（表 1-2）。一份健康相关的政策文件可以选择 10 项原则中的任何一项进行操作，社区可以决定健康问题的重要性然后制定解决健康问题的政策。

2. 学科交叉趋势

20 世纪以来的城市规划和设计并没有创造出积极的社区生活，相反却增加了社会隔离、生态环境和经济公平等问题。近年来，城市规划与公共健康作为一个跨学科的研究领域，从理论、

精明增长10项原则 表1-2

原则	具体内容
创造一系列住房机会和选择	提供多种住房类型； 满足所有收入群体的住房需求
创建步行街区	允许减少街道宽度，以提高步行能力和自行车使用方便性； 街道两侧需要人行道
鼓励社区和利益相关者的合作	加强国家和区域机构，促进多管辖区决策和问题解决； 提供公众参与起草和通过总体规划和支持性条例的程序
培育独具特色、魅力四射、地域感强的社区	公共和私人发展应改善现有社区的特征，避免或消除造成不稳定或造成障碍的因素，并增强社区认同感； 社区应包括居民互动的场所，如公园、社区中心、学校、商业区、教堂和其他聚集场所
使发展决策具有可预测性、公平性和成本效益	地方政府法规、地方行动和综合计划之间的一致性
混合土地利用	鼓励在建筑、现场和社区层面混合使用； 鼓励市区居民使用
保护空地、农田、自然美景和关键环境区域	制定指导方针，以规范湿地、鱼类和野生动物保护区、常流区和地质危险区等关键区域的开发； 制定开放空间和农田保护计划
提供多种交通选择	鼓励公交导向和公交友好型发展； 通过整合多式联运和连通性（停车场和换乘场、公交中心等）鼓励公共交通的使用
加强和引导对现有社区的发展	不鼓励无计划扩展产生的补贴（如郊区公路和道路建设、供水和下水道设施和服务的资金），以取代对城市内部或公交导向发展的结构性激励； 通过特定的分区条例鼓励企业全面发展
利用紧凑型建筑设计	为更高密度开发建立最小密度； 促进减少批量指导方针，以鼓励更高密度

研究到实践都在试图重新定义可持续的城市发展，相关研究成果不断涌现。我国的快速城镇化进程史无前例，城市规划是引导和调控城市发展的重要政策工具。我国的经济社会正在步入新的阶段，在推进新型城镇化的过程中以往的大面积城市过度扩张正在逐渐停止，现代的城市建设和规划理念逐渐转为以人为本。现代化的城市建设中人类的健康始终占据重要地位。公共健康也是以人为本的城市发展中必不可少的重要议题。在世界范围内，包括公共卫生、城市规划、交通运输等众多部门都在积极合作推动公共健康的发展。在城市规划与建设领域对公共健康的关注势必会成为一个重要的战略选择与发展方向。

本章参考文献

[1] Giles-Corti B, Vernez-Moudon A, Reis R, et al. City Planning and Population Health：A Global Challenge[J]. Lancet, 2016, 388：2912-2924.

[2] Lee I, Shiroma E, Lobelo P, et al. Effect of Physical Inactivity on Major Non-communicable Diseases Worldwide：An Analysis of Burden of Disease and Life Expectancy[J]. The Lancet, 2012, 380（9838）：219-229.

[3]　U.S. Department of Health and Human Services. Physical Activity Guidelines Advisory Committee Report[R]. Washington：USDHHS，2008.

[4]　国家卫生计生委 . 中国居民营养与慢性病状况报告（2015 年）[R/OL]. http：//www.nhc.gov.cn/jkj/s5879/201506/4505 528e65f3460fb88685081ff158a2.shtml.

[5]　Beca Carter Hollings & Ferner Ltd. Urban Planners Knowledge of Health and Wellbeing Issues[R]. Public Health Advisory Committee of New Zealand，2010.

[6]　Forsyth A，Carissa S S，Kevin K. Health Impact Assessment（HIA）for Planners：What Tools are Useful[J]. Journal of Planning Literature，2010，24（3）：231-245.

[7]　Carlson J A，Bracy N L，Sallis J F，et al. Sociodemographic Moderators of Relations of Neighborhood Safety to Physical Activity[J]. Medicine & Science in Sports & Exercise，2014，46（8）：1554-1563.

[8]　Van Dyck D，Cerin E，De Bourdeaudhui I D，et al. Moderating Effects of Age，Gender and Education on the Associations of Perceived Neighborhood Environment Attributes with Accelerometer-based Physical Activity：The IPEN Adult Study[J]. Health & Place，2015，36：65-73.

[9]　玄泽亮，魏澄敏，傅华 . 健康城市的现代理念 [J]. 上海预防医学，2002，14（4）：197-199.

[10]　玄泽亮，傅华 . 城市化与健康城市 [J]. 中国公共卫生，2003，19（2）：236-238.

[11]　王一 . 健康城市导向下的社区规划 [J]. 规划师，2015，31（10）：101-105

[12]　吴一洲，杨佳成，陈前虎 . 健康社区建设的研究进展与关键维度探索——基于国际知识图谱分析 [J]. 国际城市规划，2020，35（5）：80-90.

[13]　孙文尧，王兰，赵钢，等 . 健康社区规划理念与实践初探——以成都市中和旧城更新规划为例 [J]. 上海城市规划，2017（3）：44-49.

[14]　北京市"六型"社区指导标准细则（试行）[EB/OL].（2011-10-19）[2019-12-10]. http：//www.beijing.gov.cn/zfxxgk/110009/tzgg53/2011-12/28/content_288861.shtml/.

[15]　上海市规划和国土资源管理局 . 上海 15 分钟社区生活圈规划研究与实践 [M]. 上海：上海人民出版社，2017.

[16]　徐磊青，杨公侠，等 . 环境心理学 [M]. 上海：同济大学出版社，2002.

[17]　Ferreira I，Maria J，Catharina S，et al. Transport Walking in Urban Neighborhoods—Impact of Perceived Neighborhood Qualities and Emotional Relationship[J]. Landscape and Urban Planning，2016（2）：60-69.

[18]　朱为模 . 从进化论、社会 - 生态学角度谈环境、步行与健康 [J]. 体育科研，2009（5）：12-16.

[19]　Sallis J，Orleans C T. Ecological Models：Application to Physical Activity[J]. Encyclopedia of Health and Behavior，2004：288-290.

[20]　Sallis J F，Owen N. Ecological Models of Health Behavior[J]. In Health Behavior and Health Education：Theory，Research and Practice，2002（3）：462-84.

[21]　易华，诸大建，刘东华 . 城市转型：从线性增长到精明增长 [J]. 价格理论与实践，2006（7）：66-67.

[22]　Durand C P，Andalib M，Dunton G F，et al. A Systematic Review of Built Environment Factors Related to Physical Activity and Obesity Risk：Implications for Smart Growth Urban Planning[J]. Obesity Reviews，2011，12：173-182.

本章图片来源

图 1-1　改绘自，本章参考文献 [20].

表 1-1　根据人民日报整理 .

表 1-2　改绘自，本章参考文献 [20].

第一部分
健康规划政策与实践

第 2 章　健康规划制度与实践

当前，我国健康城市的关键问题是如何建立健全实施机制。本章期望通过梳理大量的案例，参考欧美国家成功的实践经验，采用基于实证的系统归纳，理论思想借鉴的方法，得出适于我国国情的完整的健康规划制度体系。本章阐述的逻辑思路如下：首先，构建健康规划实施机制，提出建立健康规划实施制度，应用规划管理工具，促成合作机制三个层面内容。其次，以上述健康规划实施制度为基础，展开城市设计部分的内容。通过总结欧美国家现行的 30 余部促进积极生活的城市设计导则，对其进行实例分析，梳理不同类型导则的内容。最后，通过解析设计的政策属性与制度导向，提出社会实践的方法。

2.1　健康规划制度与政策

第九届全球健康促进大会发布的《健康城市上海共识》致力于在城市治理中优先考虑健康相关政策，为中国今后开展健康促进相关活动提供了深远发展的良好契机。学者们对国际上应对健康问题的策略进行总结，但是具体如何将健康元素纳入政策与设计还缺乏深入探讨。西方城市发展是一系列连续的决策过程，城市治理有各种规则与法规，并通过增长管理工具控制开发对城市产生的影响。

本文结合《健康城市上海共识》与美国健康总体规划的实践经验对健康规划内容进行了限定。健康城市涵盖了所有和健康相关的领域，如经济领域、社会领域、生态环境、社区生活和个人行为等，而健康规划则关注通过规划手段有助于健康促进的内容：包括健康的公平性；促进健康生活的环境设计；实施可持续和安全的食品政策；环境健康，保证清洁的空气和水源；心理健康与社会联系；医疗和住房的可获得性。同时，本文围绕健康规划提出了三个层面内容：①健康规划实施步骤，在规划目标中嵌入健康要求；②健康规划实施工具，在目标实施中应用规划工具；③健康规划实施机制，在规划过程中体现健康目标。

完善的实施制度与管理工具有助于健康城市建设。对美国健康规划政策及其管理工具进行梳理，并通过案例解析如何在规划目标中嵌入健康要求，目标实施中应用管理工具，在规划过程中体现健康目标。通过总结健康规划的理论与实践经验，提出建立健康规划实施制度、应用规划管理工具、促成合作机制三个层面内容。在我国国情下如何将健康元素纳入制度政策还缺乏深入研究，通过解析欧美国家发展较为成熟的经验以期为我国健康规划提供借鉴。

2.1.1　健康规划实施制度

1. 健康规划实施制度

本文以美国的健康规划实施制度为例，解析如何将健康因素纳入总体规划与发展策略当中，创建一个健康规划步骤与流程。考虑健康因素的总体规划应包含三方面内容：如何将健康支持政策纳入总体规划的建议中，跨学科合作关系的制度化策略，确保实施战略在计划初期即被嵌入政策中。健康总体规划为规划实施提供逻辑程序，为多方合作的建立提供操作步骤。但是实施流程没有固定的切入点，任何步骤的实施都有利于健康促进规划（表2-1）。

健康规划实施制度[1]

表2-1

奠定基础	分析现有健康条件	更新总体规划	确保规划中健康目标得以实现
宣传健康和环境的关联； 发掘潜在的合作伙伴； 建立人际关系； 组织演讲或培训； 形成健康社区联盟； 提出健康城市决议	收集健康数据开始基础健康评估； 进行环境评估	总体规划包涵健康目标； 健康目标融入其他元素	开发指标和开发标准； 使用区划工具实施政策； 建筑规范和健康影响评估； 制定设计导则引导积极设计； 使用经济促进工具塑造健康的发展模式

健康规划从业者需要建立多学科多部门的协作交流，调动社会资本促成广泛参与，从而为健康规划奠定基础。首先，分享规划与健康之间信息是多方参与的基础。让地方官员参与协调是促成多方合作关系的方式之一。融入政府支持可以促进多方利益相关者之间建立信任。其次，要重视数据分析在制定计划和政策方面的作用。基础评估支持总体规划的政策方向。更新规划并确保健康目标得以实现。该总体规划不局限于市域层面的总体规划，也包括社区的总体发展规划。最后，总体规划中对健康结果产生影响的要素有很多，最重要的一项是土地使用，很多负面的健康结果都是受到土地使用模式的直接影响。健康规划将城市设计政策纳入土地使用中，城市设计可以在社区层面促进健康的设计，为典型的二维土地规划增加第

三个维度。规划制度中确保健康目标得以实施的方式即政策工具的应用，也是健康规划实施末端执行最有力的一环。

2. 健康规划政策导向

健康规划实施制度中如何将健康目标纳入总体规划尤为重要。通过在政策中纳入健康理念，将健康目标解析为可以具体操作的实施步骤，从而融入政策与总体规划。健康目标和政策应与总体规划目标一致。健康规划总体目标的实施政策包括：在健康与规划从业者间建立定期沟通的协作渠道，设定具体且可衡量的健康目标；在活动中推广最佳实践模式，赞助影响社区健康的重大项目；通过新媒体途径定期更新有关总体规划实施和相关活动的进展情况。健康目标通常还包括提供体育活动的机会，健康食物获取，健康空气与水环境，心理与身体健康。通过具体的政策与规划工具辅助可以有效地将目标分解为灵活并便于实施的操作（表 2-2）。目标和政策旨在为总体规划可以解决的健康问题提供思路，具体政策需要针对当地健康需求进行调整。

健康目标与实施政策
表2-2

总体目标 / 实施目标	实施政策（可以应用的规划管理工具）
1. 促进全体居民的健康： 为参与城市规划过程提供机会	建立实施程序使健康成为社区优先事项，对未来的政策项目进行定期评估（健康影响评估）；鼓励个人和企业参与支持社区健康和规划过程，促进多方合作；在政府部门与活动中推广最佳实践模式（统一发展条例）
2. 为所有人创造便利和安全的活动机会： 1）确保居民能步行满足日常需求； 2）建立安全、有吸引力的运动场所； 3）增加学校和周围的体育活动机会； 4）建立交通系统平衡慢性交通和机动车量； 5）增加建筑中促进活动的设计元素	①为居民的日常需求设置可衡量的步行标准，支持可步行性；鼓励混合用途与开放空间、控制密度（规划单元开发）；通过设计加强街道连接（形式准则）。②增加休闲娱乐场所，利用现有自然环境或城市棕地更新改造（叠加区划、浮动区划）；维护并资助高水平的公园服务。③鼓励学校建设适合步行的场所；居民与学校共享设施，尤其是在缺乏休闲设施的社区；优先关注学校周围的交通项目。④要求开发商在所有新开发项目中为行人建造基础设施（充足设施条例）；使用交通安宁要素如庭院、遮阳棚，街头树木来改善街道的安全性和使用（形式准则）；将部分交通预算用于行人和自行车设施，为交通项目补充资金，建立额外的资助机制。⑤鼓励商业建筑采用开放式楼梯和舒适的楼梯井
3. 提供便利安全的获取健康食物的途径： 1）保证健康果蔬的交通可达性； 2）鼓励健康的饮食结构； 3）避免不健康食品在社区内的聚集； 4）为城市农场提供机会； 5）保护地区农业，联系地区农业和地区农贸市场	①为获取新鲜农产品建立可衡量的标准；确保健康食品零售店的公共交通可达性；利用现有的经济发展措施鼓励商店销售新鲜健康的食品，关照服务不足的地区（税收减免、有条件使用）。②传播健康饮食习惯的信息；鼓励或要求餐厅发布菜单项目的营养信息；为采用符合膳食指南的餐厅提供奖励或宣传；考虑为销售低营养食品的商店收取费用，费用将资助旨在减轻这些食品对健康的有害影响的活动。③考虑在某些地理区域，如学校周围限制不健康食品的户外广告，限制不健康饮食的数量，对快餐店、酒类和便利店等进行审查（有条件使用）。④鼓励社区花园使用，发觉潜在的城市农场；鼓励绿色屋顶（绿色建筑标准）。⑤保护农业用地不受城市发展的影响（土地信托）；制定专门的区划条例为农贸市场、农民和消费者之间的直接营销确定合适的地点（叠加区划）；发展农村经济对当地食品加工、批发和分销设施进行评估和规划，吸引和保留本地食品公司；将当地农业与零售商、餐馆、学校、医院和其他机构等市场联系起来

总体目标 / 实施目标	实施政策（可以应用的规划管理工具）
4. 通过总体战略确保空气与水源清洁： 1）减少对私家车的依赖； 2）改善空气和水源质量	①建立交通系统平衡慢性交通和机动车量；优先开发轨道交通节点附近的新项目；利用停车限制来阻止汽车的使用。②鼓励企业和居民节约能源和减少浪费；评估健康规范减少污秽物排入农业用水（暂停和临时发展条例）；增加家庭安全危险废物处理规划和推广；创造无烟环境
5. 鼓励居民保持心理健康与社会联系：提供可负担住房与合理的职住距离，建立丰富的公共空间维系社会关系	努力消除居住隔离和贫困集中，促进可负担住房，为现有居民提供新的经济适用房开发项目（包含性区划）；推广支持老龄化的住房实践（浮动区划）；建立安全、有吸引力的休闲运动场所
6. 确保医疗服务的可获得性	优先提供健康服务；尽可能在多数人的步行范围内提供新的诊所；与交通部门合作为健康服务设施提供连接；为偏远地区需求者提供免费的接送服务

政策中应用的实施工具在第 2.1.2 节展开阐述。健康导向的总体规划有不同的形式，有些地方选择将公共健康政策放在土地利用、交通规划或者经济发展、农业等非传统部门，或者作为独立章节。另有一些地区单独编制健康规划，[2, 3] 独立的健康规划可以更好地体现健康目标，但将所有与健康相关的目标限制在独立单元中会增加实施的难度。

2.1.2 健康规划政策工具

1. 健康规划政策工具

城市规划法规是政策实施的重要内容。已有研究证实积极生活导向的区划法规与体力活动之间存在积极联系。政策法规的更新与改革对于政策制定者来说是简洁有效的促进混合利用的措施之一。[4] 美国区划对公共健康的保护贯穿于整个区划历史。越来越多的社区正在设计新的区划法规、简化土地开发程序。区划法规可以帮助确保建筑密度、土地利用、交通导向、设施布局与步行路径等有利健康生活的方面。不同的规划层级都可以通过政策实施工具促进健康规划。本书从健康视角出发介绍健康规划实施中可以应用的管理工具。已有大量文献介绍美国区划体系以及工具，本书主要介绍部分国内提及较少的规划政策类工具，这些工具在健康规划中有着广泛的应用（表 3-2）。本书根据其主要应用分为四类：土地与空间管理、时间管理、服务设施与财税管理，并通过实例解析形态控制工具在既有环境更新领域的应用。

土地与空间管理工具包括：有条件使用，统一发展条例和规划单元开发。有条件使用（Conditional Use Tools）在健康规划中有着广泛且灵活的应用。有条件使用许可确保土地利用与周围土地用途的兼容性。有条件是指某些对健康、安全、公共福祉有损害，对周边交通产生干扰，对毗邻环境产生影响等用途只有符合相关规范与特定标准时才允许建设或者应用，例如酒类、烟草和快餐商店，以及垃圾场等。相对于较多销售垃圾食品的便利店和快餐铺，涵盖丰富食物种类的大型超市能有效减少肥胖和高血压。[5] 有条件区划工具审查主要问题包括该用途与总体规划的一致性，与周围土地用途的兼容性，土地适宜性和项目设计，是否提供足够的公共服务设施，以及环境影响和缓解措施。洛杉矶市某酒类销售店铺申请许可后历经 2 年审查，4 次听证会才给予通过并提出相关要求，包括店铺土地使用提供至少 10% 的空间用于街道景观，按面积比例提供停车场，不允许室外陈列等。[6] 统一发展条例（Unified Development Ordinance，UDO）主要目的是将所有与开发和增长相关的法律法规合并到一个文档中简化开发审批过程。罗利市应用统一发展条例定制基于环境背景的发展条例，用于土地混合使用、建筑高度，以及保护开放空间。[7] 规划单元开发（Planned Unit Development Ordinance）是一种特殊类型的浮动叠加区，允许开发商满足整体社区密度和土地使用而不受现有区划要求的约束，可以应用于开放空间的保护，以及降低市政府的维护成本。

时间管理工具主要指《暂停和临时发展条例》（*Moratoria and Interim Development Ordinances*）。通过暂停发展活动以制止发展迅速或计划不足的开放活动产生的负面作用。公共健康的很多问题来源于传统区划中不受管制的土地利用带来的负面影响。这些土地的长期影响尚未完全了解，该条例可以克服时间问题。但其使用仍受到许多程序上的法律挑战与其他利益博弈。沃特康县（Whatcom）在 2016 年通过一项紧急禁令阻止未经提炼的化石燃料的流动。通过暂停工程实施帮助社区维护环境健康。[8] 但健康规划通常需要权衡考虑健康与其他发展之间的协调。

服务设施管理包括充足设施条例，包含性区划和优先资助区。充足设施条例（Adequate Facilities Ordinances，AFOs）要求现有的基础设施和公共服务足以容纳市政的新发展。如果现有的公共设施不足，开发商需要在开发之前采取措施适应需求。公共设施包括供水设施、污水设施、消防设施、公园、学校和街道。当基础设施不足以满足充足设施条例中建立的标准时，建设会被暂停直到基础设施准备就绪。通常只有通过开发商支付影响费（Impact Fees）的方式才能取消这些延期。影响费是对新开发项目征收的费用，用于提供额外的公共设施来减轻当地司法辖区的经济负担。影响费是开发审批过程的一部分，通过监管权而非征税权对影响费进行授权。影响费与具体用途挂钩，不被认为是一种税收，因此广受欢迎。包含性区划（Inclusionary Zoning）要求开发商为中低收入群体提供可负担的住房，相应地会获得密度奖励、费用减免或者加快审批等。优先资助区（Priority Funding Area，PFA）聚焦特定的地理区域进行优先资助用于改善基础设施和经济发展。马里兰市通过优先资助区政策严格限制在缺乏排水设施或在未来 10 年内没有污水处理计划地区的居住发展。[9]

财税工具包括税收增值融资和税收优惠政策。税收增值融资（Tax Increment Financing，TIF）是一种对批准用于发展或更新的领域的公共投资进行融资的方法。基础设施改进或项目开发是基于未来预期财产价值的增加而得到资助的。税收增值融资是为了让地方政府发行债券来改善基础设施的建设，并提供激励机制吸引私人投资到被忽视的社区或者那些欠缺发展的地方。但是其经营质量会严重影响到该地区的未来发展。税收优惠（Preferential Taxation）政策主要用来保护耕地，此外还可用于保护林地、开放空间和娱乐用地。

2. 规划工具应用实例

本节从健康规划的角度关注既有环境更新项目，通过实例解析在地方层面上形式控制准则（Form-based Code，FBC）如何落实上位规划并控制城市设计。相对于政策类工具，形式控制准则强调场所营造和公共空间管理，与社区特征契合形成具有归属感、结构紧凑、混合使用、行人友好、健康充满活力的社区发展模式。[10] 形态控制准则与城市设计导则的本质区别是其具有法律效益。形态控制准则有三种不同的实施策略，强制性、选择性和混合性。选择性和混合性形式控制准则相对于标准区划更实用、更易实施，规模较小，在公共投入和专业设计方面投资较少。混合性形式控制准则作为区划的补充设计导则是目前最常用的方法。

例一为小城镇主要商业街更新项目。弗吉尼亚州阿灵顿市是最早通过形式控制准则来振兴既有社区的城市之一。该市其主要商业区派克区通过形式控制准则来创造可步行的社区，通过形态控制鼓励混合利用并着力打造一条充满活力的主要商业街。政府部门应用两种形式控制准则来帮助实现社区目标：商业用途控制准则和居住用途控制准则（图2-1）。商业形式控制准则分为四个不同层级：主要商业大街、主要街道、地方性街道、住区街道。街道设计准则在交通规划的典型街道截面上规定了街边行道树的种植面积与种类，栅栏座椅等其他街道设施，人行道设计铺装等，街边绿化与街道停车要求等。建筑准则包括立面、屋顶、阳台、门窗、标志、灯光等。另外有特殊区域的叠加区划。[11] 居住形式控制准则包括总体目标、审批程序、控制性规划内容与形态控制标准。形态层面标准包括建设标准（绿色建筑、混合使用等），街道空间（步

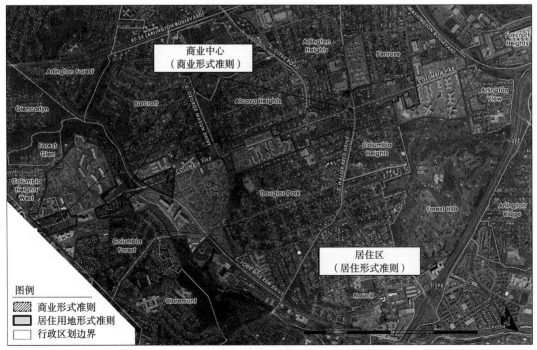

图2-1 哥伦比亚派克区商业街形式准则

行道与街景、广场与小公园等），建筑形式（材料、立面、门窗、篱笆、标志），保护区，停车要求，建筑使用（可负担住房与其激励政策）。[12]超过 4000 平方英尺（约 371.61m²）的区域需要特殊形式控制准则应用许可。形式控制准则在区划过程中提供更多可预测性并在审批程序上为开发商节省时间。

例二为滨河艺术区总体规划落实项目。北卡罗来纳州阿什维尔市的河川艺术区历时 3 年通过创建形式控制准则来落实上位规划，包括《城市发展规划 2025》《滨江发展规划》和《滨江更新规划》。形式控制准则的目的是维护地区的工业和创意艺术，支持现有建筑物的适应性再利用，同时平衡慢行交通，应用防洪防灾要求提高弹性，允许开发强度以支持未来的基础设施改善。形式控制准则中适用于所有区域的控制内容包括建筑形态控制和设计控制（表 2-3）。部分城市设计内容针对不同的地区有不同的指标要求，以其中某居住用地沿街公共区域为例（图 2-2），A、B、C 代表沿街立面的透明度，形式控制准则要求首层最小达到 30%，顶层最小20%。D、E、F 代表建筑高度，分别为地势高度，首层层高和其他层高的最小值。G、H 要求建筑入口朝向主要街道，并限制入口间最大距离。I 为建筑后退。J、K 为街道景观，规定步行道和绿化带的最小宽度。[13]

形式控制准则（FBC）通用控制内容　　　　表2-3

建筑控制内容
建筑面积：街阔区域与宽度，建筑基底面积占比，街阔内建筑物可建设区域，沿街立面建筑宽度； 建筑后退：建筑后退及特殊情况的后退，顶层建筑后退，停车位置与后退距离； 建筑高度：建筑高度以及特殊情况高度限制，首层平面海拔，建筑层高； 控制线：低影响开发雨洪管理等基础设施管网； 沿街立面：沿街立面透明度与实体墙面区域，步行入口位置； 单体建筑元素：拱廊，遮阳篷，阳台，门廊，台阶；沿街入口形式

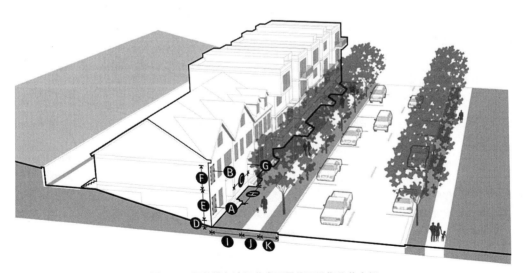

图 2-2　阿什维尔滨河艺术区居住区沿街公共空间

2.1.3　健康规划合作机制

多方参与是健康规划实施的关键因素。合作机制应该建立在整个规划更新过程中（图 2-3）。城市规划师、健康从业人员、社区管理者、专家和顾问、慈善组织和地方政府都有责任确保总体规划反映社区健康目标。政策制定者和健康从业人员通常依赖城市规划师和设计师将他们的想法付诸实践。健康从业人员、城市规划师和政策制定者之间建立有效的合作机制是政策实施的关键环节。如何吸引广泛的合作伙伴非常重要，单纯由政府部门主导实施难度很大。许多提倡健康规划和设计概念的人，比如"新城市主义者"，都依赖于美学或社区发展的观点，但是基于健康和经济的论点可能对决策者与投资方来说更有说服力。如果研究表明一个步行性良好的城市成本低于一个以汽车为导向的城市，将有助于城市将公共资金投资于步行和交通服务。[14]那些积极鼓励步行友好建设的地区更有可能投资积极交通项目。城市和地方规划人员有机会和当地优先考虑健康因素的投资方协同工作促进政策实施。[15]

公众意愿的倾听与解释的过程也是公共政策发挥化解社会矛盾的重要途径。[16]已有研究表明公众对于政策的支持态度也与其参与体力活动的程度相关。但是居民采取行动的态度和意愿会随着个体社会经济特征不同而有所不同。[17]那些公众支持度很低的社区可以采取措施向居民科普居民环境与体力活动的关联，体力活动与健康的重要性，鼓励居民参与到社区的建设当中，鼓励居民积极的生活。对于公众的宣传教育也是推动公众健康非常重要的部分。

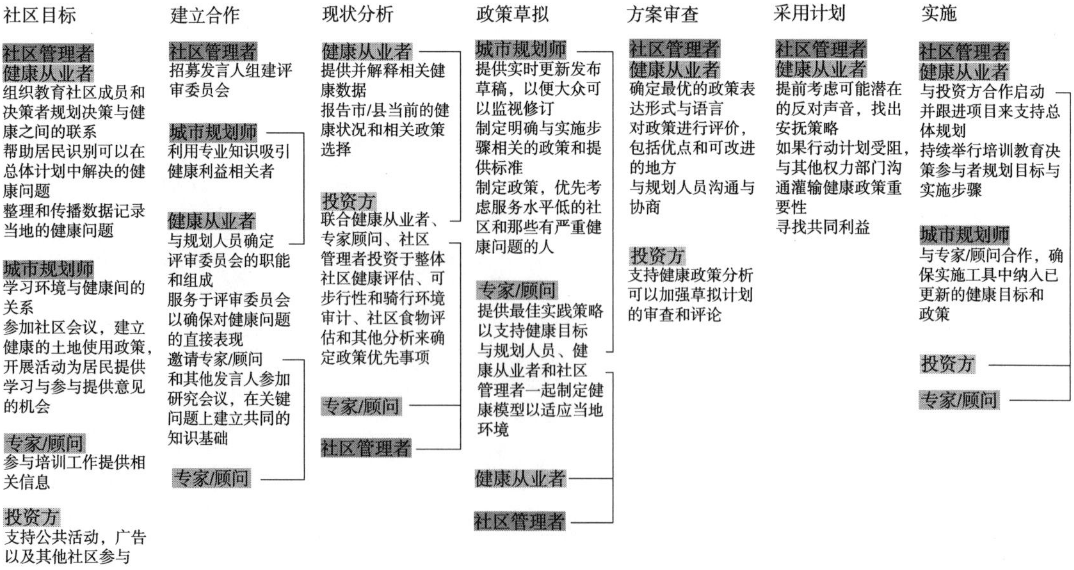

图 2-3　健康规划合作机制 [18]

2.1.4 健康规划应用实践

1. 健康规划实施制度的建立是统筹解决健康问题的基础

健康问题日趋复杂且无法避免，实现健康规划的障碍包括投资不足、社区意识较低、跨部门政策协调受限、缺乏监管等。[19] 参与方的利益博弈也是掣肘健康规划实施的影响因素之一。这些问题的解决需要有创新的解决方案、新的政策范例，以及打破政府的内在性质以推进跨学科和部门间思维的结构。将健康理念融入规划发展的整个过程形成文化传承。健康促进并不是短期的解决方案，实施制度的建立通过促进多方协作可以实现可持续的发展策略。如果居民、企业和其他利益相关方已经支持并开展健康规划，即使在政府更迭时也可以增加持续实施的机会。

2. 健康规划目标实施的过程中灵活地应用管理工具

将健康理念付诸实践的关键在于依托城市规划的实施管理机制运行。由于健康理念的内容较为广泛，健康规划实施工具包含了土地与空间管理，时间管理，服务设施与财税等多方面的内容。健康规划中大量的社会经济要素很难统一精准地定位和量化，这也是在我国规划管理的刚性指标背景下实施管控的难点。控规是目前国内进行规划建设许可的核心依据，健康规划的政策工具必然要与现有的规划制度与操作相结合。美国的规划管理工具拓宽了传统区划控制的范围，内容远大于指标要求，在公共设施、城市形态、社会问题等方面均有涉及。[20] 我国的控规是基于区划建立起来的，但是在灵活性与内容控制方面都有待提高。健康规划目标实施可以在控规层面建立规划设计条件研究机制。在符合控规要求的前提下引入专项分析内容或者作为独立单元，对不同地区的实施机制进行区分，提前介入研究。例如美国规划单元开发允许开发商满足整体社区密度和土地使用而不受现有区划要求的约束。在修建性详细规划中加入硬性指标，例如充足设施条例要求开发商在所有新开发项目中为行人建造基础设施，形式准则中使用交通安宁要素如庭院、遮阳篷、街头树木来改善街道的安全性和使用。专项的管理方式可以强化空间保护管理，可以为规划过程中的编制和审批提供更灵活和高效的方式。

3. 在所有政策中贯彻健康理念，在规划过程中体现健康目标

将健康纳入各部门政策领域，并确保所有决策者在政策制定过程中了解各种政策选择的健康后果。在所有政策中贯彻健康理念，在健康社区的决策中明确指标，确定责任，分清轻重缓急，将健康作为优先解决事项。实施制度为健康规划实现提供逻辑思路，明确促进健康的规划内容与操作步骤，并为多方合作创造条件。政策中贯彻健康理念则与实施制度相辅相成。我国应立法要求规划将公共健康作为目标并制定相应的法规和法律，同时还应灵活应用规划管理工具发挥规划的政策属性。通过完善健康支持网络，制度化发展过程，建立社会规制，最终形成更健康的社区。

当前，我国健康城市的关键问题是如何建立健全实施机制。中国健康城市建设采用的

是政府主导，部门协作的社会参与机制。与西方国家以非政府组织为主推动健康城市的模式不同，政府是健康城市建设的主导者和实施者。但社会组织、研究机构和公众同样是健康城市建设的参与者。借此，从制度创新开始规避政策执行中的问题与矛盾，促进多方协作的发展模式，借用法定效应的规划管理工具助力政策实施，从而建立相对稳定的健康规划实施与管理机制。

2.2　健康促进型城市设计

　　积极的生活方式将增加体力活动融入日常，良好的设计和人性化的空间可以鼓励积极的生活，从而促进健康。围绕营造积极的生活方式产生了"积极的城市规划设计"。积极的设计强调健康问题导向的思路，在城市规划和设计的方方面面进行反思和探讨，切实地改善建成环境。[21] 城市设计导则可以通过指导城市建成环境的变化影响体力活动，从而促进积极的生活。空间和场所的设计在积极生活中扮演着重要的角色。城市规划和设计导则已经在世界范围内成为促进体力活动的普遍方法之一。

　　导则的颁布与实施对于重塑一个有助于体力活动和健康的建成环境非常重要。近年来，全世界多国积极开展建成环境与体力活动相关研究，大量的实证数据为成果转换提供基础，相关的应用实践逐步出台。城市规划、交通、土地利用和公共健康等部门通过长期多方合作，颁布了一系列促进积极生活的导则。欧美国家多学科融合研究开展较早，在 2000 年后相继出现很多国家级研究型机构。相关部门通过多方合作调研与分析市民健康、生活质量与城市建设的关联，并得出一系列设计导则。在我国，促进积极生活的研究与实践并没有建立紧密联系。本书总结了欧美国家现行的 30 余部促进积极生活的城市设计导则，并通过实例分析梳理不同类型导则的内容，以期为国内促进健康的城市设计提供积极有益的借鉴。

2.2.1　设计导则类型综述

　　促进体力活动与健康的相关建议在应对公共健康的威胁方面起到了相当重要的作用。2002年，美国国家环境卫生中心（National Center for Environmental Health）与联邦健康和人力服务部疾病控制预防中心（Centers for Disease Control and Prevention）举办了以建成环境与居民身心健康关联为议程的研讨会。研讨会探讨设计导则与法规对健康的影响，并得出这些规范在促进体力活动方面具有很大潜力，通过设计导则与法规可以创造一个鼓励体力活动的环境，此后相关设计导则纷纷出台。国际性组织机构，例如世界卫生组织 WHO 发布《健康城市是积极的城市》[22]、《在城市环境中促进体力活动和积极生活》[23]，全球体力活动倡导机构（Global Advocacy for Physical Activity）发布《体力活动多伦多宪章》[24] 及其补充文件《体力活动项目投资》[25] 等。

欧美部分国家知名的研究机构或者政府部门，例如美国的疾病控制预防中心、美国城市土地局（Urban Land Institute）、英国国家卫生与保健优化研究所（National Institute for Health and Care Excellence）、澳大利亚国家心脏基金会（National Heart Foundation of Australia）等，都基于建成环境对体力活动的影响的科研结果出台很多不同类型的促进积极生活的指南或者设计导则。本书选取其中部分较有代表性导则（表 2-4），将从设计导则类型、不同类型设计导则的对比与设计导则对我国的借鉴意义三个层面进行详细论述。

各国颁布的设计导则 表2-4

国别	设计导则名称
英国	《空间塑造》[26] 《社区参与规划制定》[27] 《设计下的积极：为健康生活设计场所》[28]
加拿大	《积极的城市：健康设计》[29] 《通过社区规划促进健康》[30] 《健康社区可持续社区》[31] 《规划设计：健康社区手册》[32]
澳大利亚	《年龄友好建成环境》[33] 《积极的澳大利亚蓝图》[34] 《健康空间和场所》[35] 《创造健康邻里》[36] 《创造积极社区：地方议会体力活动导则》[37] 《坦桑马尼亚积极生活环境规划设计导则》[38] 《设计下的健康——维多利亚》[39] 《健康环境，健康儿童》[40]
美国	《体力活动导则：社区建议》[41] 《体力活动导则：积极、健康、幸福》[42] 《建造健康场所原则》[43] 《积极设计导则：通过设计促进体力活动和健康》[44] 《积极设计：塑造步行体验》[45] 《积极设计：社区团体指导》[46] 《设计一个健康的洛杉矶》[47] 《密歇根积极社区设计导则》[48]

欧美国家将城市设计管理的依据划分为"政策"和"导则"。一般而言，设计政策更倾向于设计目的和原则的表述，而设计导则是对如何实现目标或原则的深入说明。约翰·彭特（John Punter）和马修·卡莫纳（Matthew Carmona）针对设计政策与设计导则的关系总结出六个部分（表 2-5a），前三部分为控制系统，以设计构建为主；后三部分为运作过程，以建设管理为主。[49]促进积极生活的城市设计导则以积极健康的生活方式为关注点，设计导则的内容以及层次分类与通识性导则相似，同时也有其特殊性，部分设计导则通篇以原则架构，在每一项原则下阐述操作实践与实施方法（表 2-5b）。

　　促进积极生活的城市设计导则内容由于颁布机构不同，控制范围与管理内容也不尽相同，可以划分为两类：国际/国家层面颁布导则和城市政府层面颁布导则。国际性研究组织或者国家级机构颁布的导则内容宏观具有普适性，导则适用范围广泛，可以在规划过程的每个阶段和每个项目中应用。地方政府或研究机构颁布的导则具有问题导向性，内容贴近当地城市建设与市民生活实况。部分导则的内容划分具体，例如有专门针对公共空间、步行道、学校、社区等空间和场所提出专项规划设计导则。本文着重分析国家级和地方性两个层级的设计导则。不同层级的设计导则部分同时包含政策管理和设计导则两方面内容，部分导则只包涵政策或者设计，也有部分导则关注市场投资与专项规划（表2-6）。

城市设计导则类型（a）　　　　表2-5（1）　　　　城市设计导则类型（b）　表2-5（2）

内容架构	具体内容	内容架构	具体内容
设计目标	对城市设计预期达到的理想状态的整体描述	设计目标	预期到达的状态
设计原则	设计目标与将来形态的联系	宣传引导	如何实现达到标准
设计导则	实现设计目标的要求和详细规定	设计原则1	导则、操作、实施
宣传引导	如何实现目标和达到标准	设计原则2	导则、操作、实施
操作实践	案例、图示、评价	设计原则3	导则、操作、实施
实施方法	达到设计目标的实施方法	……	……

设计导则不同侧重点分类　　　　　　　　　　　　　　　　表2-6

导则内容	设计导则	政策制定	市场投资	专项规划	实施工具
国际/国家级	22~23、28~32、35、41	24、27、34	25~27、32、36	40	35、43
地方性	38、39、44、48	37	—	33、45、49~54	46~48

　　注：表中数字为参考文献编号。

2.2.2　国家级导则解析

　　本书以两个国家级别的设计导则为例，澳大利亚颁布的《健康空间和场所》和美国城市土地局颁布的《健康环境建设10项原则》。两国为世界范围内最早开展相关实证研究的国家，从而使得其设计导则基于丰富的科研成果。两部导则分别代表两种不同类型（表2-5），前者涵盖城市设计管理所有六部分内容，侧重对导则的宣传引导与实施操作；后者着重解析实现目标的详细方法。《健康空间和场所》内容同时包括了设计目标与原则、设计导则（表2-7）、宣传引导、操作实践与实施方法。导则应用类型广泛，包括全量开发、城市广场与社区公园、社区规划设计、娱乐设施、购物区、工作场所、退休住宿、学校、农村。导则可以应用于规划的不同阶段和规划系统的各个层次。该导则同时强调创造健康空间和场所的实施机制（表2-8），实施机制可以根据个体项目、政策和地区发展量身定做。实施机制可以应用于各种规模的战略规划、发展控制和社区参与项目。《健康环境建设 10 项原则》以原则为架构、设计导则（表 2-9）和操作实践与案例应用于每一项原则。

《健康空间和场所》设计导则内容概述　　　　表2-7

导则	内容概述
主动交通	包括步行和骑自行车在内的体力活动和公共交通工具
美学	区域的吸引力会影响整体体验和使用； 一个有吸引力的社区激励人们使用和享受公共空间并且感到安全
连接性	路径、街道或道路网络的连接性； 人们可以轻松便地在不同地方之间走动
适合所有人的环境	无论年龄、能力、文化或收入，所有人都可以安全且方便获得的地方，该地方提供符合多方需求的各种设施和服务
混合密度	不同户型、高度、密度的住宅开发促进多样化的社区，迎合不同的生活需求
混合土地利用	商店、学校、办公室、开放空间和咖啡馆等促进积极活动的公共场所混合规划
公园和开放空间	保护运动和娱乐空间的自然环境和绿色空间，加强城市雨洪管理
安全与监视	对安全的感知影响人们使用空间和场所； 旨在减少犯罪的设计可以增强身心健康和幸福感
社会包容	所有人都有机会充分参与政治、文化、经济生活
支持基础设施	基础设施鼓励安全的体力活动，如散步（人行道、照明、喷泉）、自行车（自行车道、自行车安置、标志）、公共交通（避难所、照明、标志）、社会互动（座位、树影）和娱乐（座位、播放设备）

实施机制　　　　表2-8

实施方法	内容
研究	基础研究，理解环境与健康的关系
整合	跨部门工作，协调职责、政策和计划
实现	分工明确，职责清晰，共享同一个目标
教育和培训	让不同的群体理解环境和健康的关联，因材施教
伙伴关系	基于共同的战略前景协调投资伙伴
实施评估	成功的实现，需要明确的目标和评估措施

《健康环境建设10项原则》内容摘要　　　　表2-9

原则	导则内容概述
以人为本	健康融入规划，在前期考虑健康影响，社区设计符合需求促进居民积极参与
认识经济价值	健康的场所可以为个人或公共部门创造更大的经济价值
选出健康领袖	领导人可以为建设健康的地方带来信誉，鼓励基层行动，建立品牌扩大宣传影响； 所有利益相关者都至关重要，需要积极沟通以建立可能的合作伙伴关系

原则	导则内容概述
激活共享空间	调查社区资产分布，优化更新方案； 重唤住区街道满足交往需求，组织活动促进空间利用与公共意识； 乐观尝试新想法与策略，鼓励公私合作
选择健康	营造安全的环境，增加交通设施的可达性和趣味性； 通过标识系统或者公共艺术等，增加目的地的辨识度
确保公平	为所有人群的需求设计
混合利用	鼓励混合利用，排除法规限制，引导正确发展；考虑停车问题
关注特殊地貌	将某些可以增加地方归属感的环境与自然环境结合，包括历史建筑、特殊地势、生态区等，其对身心健康有直接积极的影响
优化健康食物获取	将健康食品纳入当地土地使用管理和经济政策
建造积极的城市	聚集活动设施；把步行和骑自行车作为安全和愉悦的交通或娱乐方式； 实施积极生活设计导则，兼顾设计的灵活性

两种类型设计导则的共同点包括：①促进城市公共健康领域与城市规划设计的结合，为健康专业人员和设计人员提供合作并分享信息。组织机构汇集来自不同领域的专家。研究团队包含了广泛的跨学科专家，包括公共健康、建筑、规划、交通、金融等。②提倡多方参与是实现变革的有力工具，让广泛的利益相关者参与制定规划并确定优先解决的问题。③提高公众对体力活动与建成环境之间关系的认识，强调积极的生活方式对人们身心健康的好处。向更广泛的社区提供关于积极生活的信息。创造促进积极生活的社区需要坚定共同的发展目标才能带来发展。

2.2.3 地方性导则解析

地方性设计导则的编制与表达针对不同的城市体制与背景具有一定针对性。本书选取的案例分别代表城市设计导则的两种类型，分别应对城市发展的不同阶段。澳大利亚塔斯马尼亚市颁布的《塔斯马尼亚市积极生活环境规划设计导则》（以下简称《环境设计导则》）属于设计导则的第一种类型。塔斯马尼亚市的城市发展并没有重视通过环境创造机会，以改善人们身心健康的重要性。经济压力等导致城市规划决策对健康的影响往往被迫忽略，该市此前没有任何相关的政策或指示。设计导则的核心内容相较于其他发展成熟的导则更侧重最基本的环境规划设计。加拿大多伦多市颁布的《积极城市：健康设计》以原则为架构侧重实践案例。导则充分考虑多伦多本地的空间、场所和人的独特性与多样性。

《环境设计导则》包涵城市设计管理的六部分内容，应用类型广泛，以满足当地政府和个体的多样需求（表2-10）。导则的核心是更新改造并始终贯穿规划设计。改造的内容包括开放空间、城市中心区、城市街道和道路网等，改造可以在宏观和微观层面开展。改造计划坚持三项原则：承认并接受现有的模式和行为；成功的改造并非必须大规模的翻新或更换现有的基础设施，小型的本地化项目亦可；简化改造过程，促进现有的基础设施的使用。《环境设计导则》中设计导则有 10 项具体实现目标的规划设计内容，包括步行和骑行路径、开放空间、街道设计、公共交通、当地的服务设施、支持基础设施综合规划和政府决策、更新改造、激发社区精神。每一项内容都详细展开并且标注出该内容是否合适于更新改造。它们被称为"R"（更新）、"N"（新开发）和"N/R"（新开发和更新）。因此这些更新改造策略很容易被识别并被纳入当地政府的规划计划。本书以其中当地服务设施一项内容为例解析更新改造的具体应用（表 2-11）。

《环境规划设计导则》的应用类型　　表2-10

应用类型	内容
评估	评估公共场所的改造机会；评估发展提议
影响	影响规划方案；影响国家和地方政府的战略方向
规划设计	将积极生活的环境设计纳入战略规划；增强公共领域的可持续发展；制定设计导则；发展具有创新性的建成环境项目
教育	工程师、健康规划师、城市规划者和设计师、娱乐行业从业人员和景观设计师；地方政府人员等利益相关者——关于发展决策如何影响积极生活的方式

地方服务设施更新改造策略　　表2-11

鼓励多功能、适宜步行的社区
将日常生活设施放在住所和工作单位的步行距离内；步行范围通常在 400~800m 之间（N/R）；服务设施放在短距离内，在老年人口比例较高的居住地区鼓励使用手杖、轮椅来保证安全（N）；通过与社区中心、医疗设施、学校、公园等合作或建设咖啡馆等来创建社区集群鼓励社交活动（N/R）；社区混合开发是广泛基准，覆盖半径为 400m，相当于步行 5min（N）
提供社区"核心"以培育社区精神
设计社区建筑和公共空间以支持社区内各种各样的用途；充分利用公共空间在不同的时间提供活动，例如利用学校设施在课余时间进行社区学习；利用公园支持社区节日和时段性农贸市场等日常活动（N）；维护社区的建筑和空间为地方归属感作出贡献（N）；整合公共艺术，增强和丰富建成环境（N/R）
提供舒适便利的设施
在现有的服务设施中最大限度地提供便利设施，如饮水机、自行车点和废物箱等（N/R）；使用街边的树木和街道设施创造微气候，如夏天的树荫、冬天的阳光、避风港等（N/R）；在公共场所提供设施，如开放空间和公共广场娱乐设备、烧烤和野餐座椅等（N）
支持行人和自行车进入不同的目的地
清晰地标记行人通过停车场的通道（N/R）；提供安全的自行车停放设施（N/R）；在公园和休闲区周围的围栏上，确保有行人和自行车的出入口（N）；审查现有的标识，确保提供详细准确的信息（N）

《积极城市：健康设计》以多伦多城市问题为背景提出针对性设计原则（表2-12）与政策，以设计原则为核心，逐项深入说明并结合实践案例，同时充分考虑多伦多本地的空间、场所和人的独特性与多样性。

通过对比可以发现全市性设计导则侧重具体的规划设计方法，但是促进积极生活的规划理念发展阶段不同，相应的设计导则的内容和侧重，以及深度都各有差异。塔斯马尼亚市其城市发展、经济压力等导致城市规划决策对健康的影响往往被迫忽略，该市此前没有任何相关的政策或指示。《环境设计导则》侧重更新改造的方式从最基本的社区环境设计出发。设计导则的核心内容相较于其他发展成熟的导则侧重基本环境规划设计。《积极城市：健康设计》展示了不同规模和层次的实践项目，包括多伦多不同地区，以及来自其他城市的一些成功的案例。两部导则都呼吁政府机构、非政府组织、技术人员和公众等多方参与。

较早开展建成环境与健康相关研究的城市实施的设计导则种类更为丰富。美国各城市响应促进积极生活的规划理念，颁布了各种不同类型的指南或导则。部分导则内容具有针对性，例如纽约、波士顿、芝加哥、圣保罗等城市颁布了街道设计手册并且定期更新，[50, 51]西雅图、波特兰、丹佛等城市颁布了步行总体规划。[52, 53]部分导则内容涵盖相对更为广泛，指导内容更为细致，例如洛杉矶和密歇根市颁布的设计导则。[54, 55]地方性设计导则最具代表性的是纽约市政府颁布的促进积极生活的导则系列，包括《积极设计导则：促进体力活动和健康设计》《积极设计：塑造步行体验》《积极设计：社区团体指导》等。

《积极城市：健康设计》设计原则　　　　　　　　　　表2-12

塑造建成环境以促进积极生活的机会
在社区尺度下实现多种多样的土地混合利用
使用公共交通扩展主动交通模式的范围
有连接邻里、城市和区域范围路线的交通网络
为行人和骑自行车者提供安全的路线和设施
高品质的城市空间鼓励居民参与积极的生活
建设娱乐活动场所和公园
有促进体力活动的建筑物和空间
通过密度支持提供本地服务、零售、设施和交通
承诺所有居民都有机会保持积极的心态

2.2.4　设计导则应用实践

在我国城市设计导则仍未有统一解释，通常情况下设计导则包括规定性和绩效性两种类型。规定性导则为下一层次规划设计限定指标，绩效性导则提供设计城市空间的方法。促进积极生活的导则偏向于引导作用，旨在通过设计政策和设计导则达到城市设计的目标。

1. 多方合作增加体力活动的机会

城市发展的相关部门应该认识到建成环境对健康行为研究的重要意义，鼓励多方参与，认识到积极影响体力活动水平需要社会、经济、政治和环境健康政策的综合作用。我国近年来在公众参与城市发展建设方面取得很多成绩，在未来发展中可以进一步明晰多方参与者的不同职责。城市发展的相关部门与其他组织机构和公众共享信息和数据，促进多部门合作机制（表2-13），资助和支持促进体力活动和主动交通的基础设施项目和投资。

多部门合作机制　　　　　　　　　　　　　　　　　　　　　　　表2-13

相关单位	负责内容
地方政府	设立目标：将"积极生活"作为战略规划核心
	规划：将"设计下的健康"理念纳入工作日程； 确保区域发展策略包涵可持续交通、开放空间网络、支持高密度发展； 确保规划方案需要更新，确保资产和管理计划，让社区参与制定计划
	开放空间管理：审核现有的开放空间，更新现有空间，在日常维护活动中发现更新的机会
	交通工程：在所有道路规划中考虑慢性系统规划，审查现有路径，寻找更新机会完善设施
	城市设计：根据上位规划设计步行和骑行路径连接开放空间； 慢行系统中设计支持性基础设施使路径安全高效； 设计可以促进社会交往和社区发展的场所
开发人员	寻找发展机会，进行城市更新与整合； 在适当的地方实施混合土地利用； 结合不同户型与密度的住房以适应不同群体需求
规划人员	制定促进健康的规划设计； 创建清晰的街道网络，避免死胡同，优先考虑人行道和自行车道； 确保街道宽度可以通行公共交通，维护街边的树木，以及街道设施； 结合当地的目的地和兴趣点，创建开放空间的网络体系
建筑师	设计有出口连接到街道的建筑物； 在可能的情况下，考虑为步行者和骑行者提行程结束设施； 提供公共、商业楼宇及其他设施的自行车停放处

2. 宣传引导与实施方法

目前，我国大部分的城市设计导则只服务规划设计相关部门指导城市建设，缺乏针对政府管理人员、投资人员与社区使用者的宣传引导。为了促进社区居民走向积极的生活，相关部门应当通过宣传教育使不同的人们了解城市环境和体力活动之间的联系。设计导则本身就是宣传教育最好的范本。政府部门应该积极通过联系相关的公益组织、社区团体、商业协会支持和传播积极生活的理念，引导开发商在规划前期加入健康的环境设计，让人们广泛地认识到能够促进积极健康的生活住区本身也可以吸引更广泛的投资发展，提高本地的吸引力。社区居民也可以在社区团体中积极分享自己对于建设健康生活的兴趣。

我国现有的城市设计导则编制依赖设计方案，缺乏基础研究数据支持，以及实施机制。本书例举了设计导则的服务人群、应用场所与实施机制以期提供参考。通过增强基础研究以支持设计导则的编制，通过拓宽设计导则的服务人群进行广泛的宣传引导，通过增强设计导则的内容深度拓展导则的使用范围，从而实现多方参与。完善设计导则的实施机制，在编制导则内容时有针对性的区别不同空间与场所提出设计指导，针对具体区段提出专项规划。

3. 进行健康的空间与场所设计

通过对不同类型的导则内容的梳理，进行健康的空间与场所设计始终是促进积极生活导则的核心内容，也是规划设计领域的主要内容。本书对实现促进积极生活目标的设计方法进行了总结与概述（表2-14）。以期在进行规划设计时将健康理念纳入规划前期，强调健康问题导向的思路，实现自下而上的参与健康设计理念的转变。

促进积极生活的设计方法概述

表2-14

导则	内容解释
土地利用	存量发展增加土地使用混合度； 避免密度较低的地区，以及单一或隔离使用的土地； 鼓励职住结合以增加步行和骑行的机会
街道连接	鼓励发展交通导向的社区以支持混合土地利用； 将短距离的本地交通网络与主要城市网络连接； 结合当地的目的地和兴趣点，创建开放空间的网络体系
慢行环境	改善交通节点周围的慢行空间与设施，同时考虑不同行动能力的行人需求； 优先考虑人行道和自行车道，在行人拥挤问题的区域考虑行人干扰问题
公共空间	精心设计充满活力的公共场所，提供机会促进人际交往，吸引人们离开住所走进公共空间； 保护运动和娱乐空间的自然环境和绿色空间
设施	提供遮阳棚、座位、喷泉、照明等设施以支持公共用地和慢行空间； 使用高质量的材料维护公共场所的土地利用并适应季节变化
社会环境	解决不同群体的需求，摒除阻碍他们从事体力活动和主动交通的障碍； 给予所有人充分参与政治、文化和经济社会生活的机会； 创造安全的社会环境，鼓励积极的社交网络

我国健康领域和城乡规划学科的交叉研究还处于萌芽阶段，涉及健康问题的设计导则鲜少被官方和学界提及与讨论。只有少数学者对健康相关的设计导则进行了介绍。本文以积极生活为关注点，通过对欧美国家成功实施的30余部相关城市设计导则进行案例解析，对导则的类型与层次给予清晰的界定。本书选取的4个案例涵盖了设计导则的所有类型与层次，以及不同城市发展阶段颁布的导则。研究发现国际与国家层级的设计导则包括整体的环境规划设计、健康原则与政策制定，部分关注市场投资与项目开发，地方性设计导则（因地制宜以实证研究编制实施工具），并辅有大量专项规划。设计导则服务对象不同，其颁布城市的发展阶段不同，导则内容也各有侧重。

促进积极生活的设计导则综述，可以为在中国的国情下如何通过设计促进积极健康的生活提供借鉴案例。本书总结的不同类型的设计导则适合于设计与建设实践的各个层面。中国与欧美国家的国情和发展阶段都存在不同，中国城市人口密度大、用地紧凑，很少面临郊区化蔓延等问题。但是在我国，追求积极生活等健康理念并没有成为设计的主流价值观。对设计导则综述是期望拓展只有康体设施才可以促进健康的传统概念，将促进积极生活的设计理念融入政策、管理和规划设计，强调通过设计积极地影响人们的生活品质，从而主动地干预健康。

2.3　健康生活社会实践

"设计下的积极生活"（以下简称 ALbD）项目应对健康问题发起，更新项目理念与策略以适应新发展。首先，梳理积极生活相关研究的发展脉络与实施评估，其次，以时间为轴线例举不同层次的实践项目，包括计划初期、发展阶段和项目最新实践。研究成果、评估结果、实践经验都为 ALbD 模式更新提供基础。最后，重点分析 ALbD 新模式的理念、策略与发展变化，并结合案例提出设计需要兼顾合作与公平、可持续发展思想，同时要聚焦服务群体、调动民间资本、构建社会规制。通过解析设计的政策属性与制度导向，以期为我国的积极设计与研究提供借鉴。

2.3.1　设计下的积极生活

积极生活相关研究的发展为 ALbD 项目提供了更新扩展的基础。ALbD 是"积极生活"研究诸项目中的核心组成部分，计划的实施有科学的研究作基础。在 21 世纪初，研究理解政策和环境因素对于工业城市中缺乏体力活动的生活方式的关联，研究聚焦于广泛的体力活动形式。体力活动范围从休闲时间扩大到包括交通和其他目的的体力活动。体力活动概念的扩展，以及对环境和政策因素的研究的增多，都需要与不同研究人员和社会部门进行新的研究合作。[56]

现今关于如何通过政策改善建成环境的研究逐步增多。政策包括了促进积极生活的导则、原则、指示、相关法律和法规。例如，区划法规、交通规范、绿道规划等区域层面的政策都可能促进体力活动。尽管这些联系已经被证实，但目前尚不清楚哪些社区干预措施最有效地影响了体力活动行为。政策实施方是政策成功的一个可能的解释因素。城市规划法规是政策实施的重要内容。积极生活导向的区划法规与体力活动之间存在积极联系。法令的更新改革对于政策制定者来说是简洁有效的促进措施。[57]公众对于政策的支持态度与其体力活动的程度相关。[58]对于公众的宣传教育也是推动积极生活非常重要的部分。

美国"设计下的积极生活"计划应对健康问题发起。从 2003 年开始，ALbD 在全美范围内支持社区合作伙伴关系开展计划。该计划旨在探寻通过①社区设计、②公共政策、③交流传播来拓展健康促进新途径并对之进行评价，营造适合人的行为与心理的人工环境，支持积极的生活方式，从而促进公共健康问题的从根本解决和社会生活的全面健康发展。[59]经过十几年的发展，该项目在全美，以及世界其他国家都成功实施并取得成果。我国对于积极生活的研究还较为局限，并没有从综合角度考量促进积极生活的多方面因素。

2.3.2 积极生活项目实施

1. 项目实施评估

ALbD 项目经过十几年的发展，已经成功从最初的 25 个社区发展到世界各地，项目的成功实施为社区居民、公共机构与私营部门提供不同的经验。对于项目的评估总结促进了项目理念与执行策略的完善。

ALbD 项目评估计划在项目启动初期就已经形成。评估目的包括：①评估项目和政策对环境改变的作用；②记录干预政策的实施，以及相关结果；③辨析在规划、开发和实施干预政策时的重点和挑战。[60] 评估活动是由 ALbD 社区行动早期模型策略所指导的（图 2-4），社区行动模型"5P"策略包括准备、推广、计划、政策和实体项目。ALbD 项目的复杂性要求多种方法评估，包括合作关系能力调查、概念地图、项目报告系统、关键信息参访、群体聚焦、图片影像等。评估只关注短期和中期的终结点，因为其目的是研究支持社区伙伴关系是否足以改变已建成的环境，使其更有利于体力活动。

评估的结果主要包括合作关系与准备活动两个方面，有效地为社区模型的更新提供了基础。ALbD 的合作关系有利于影响决策者创建政策来改善建成环境。政策包括批准资金改善，街道设计标准和发展条例等。合作关系还有助于完成和批准有影响的规划项目。ALbD 社区合作伙伴关系的成就和挑战为积极生活领域提供了知识和最佳实践。[61] 做更多的准备活动的社区合作人实施更大量的积极生活推广活动，政策以及实体项目，准备活动包括评估和可持续性考虑。关系的建立对于改变政策和实施项目是至关重要的。[62] 增加组织之间的正式和非正式的关系，并将不相连的或外围的组织整合起来可以增加支持体系的能力，从而促进积极生活。[63]

2. 项目成功实践

ALbD 计划在全美国多个地区推行并且取得成效。本文以时间为线索通过三个层面的案例解析探讨 ALbD 项目的实施与经验（表 2-15）。第一个层面为 5P 策略的实施开展初期，从最初

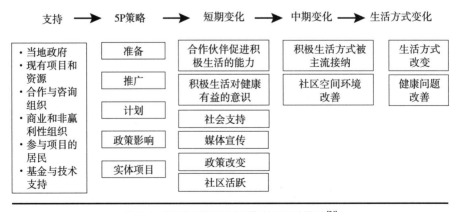

图 2-4 "设计下的积极生活"社区行动模型 [64]

的 25 个试点地区选取代表性的 5 个案例解析。第二个层面以 ALbD 发起地的积极生活项目为例。在 2006 年至 2012 年期间，38 个北卡罗来纳州的社区成功实施了健康社区计划。所有社区都将"5P"行动模型作为其工作的基础框架，但执行策略因地制宜。适合社区的项目涉及多个领域：公园、娱乐设施、学校、行人和自行车基础设施、花园和工作地点等。第三个层面再次以最初试点地区之一加利福尼亚州圣安娜市作为社区行动新模型的应用实例，通过对比展示经过十几年的发展后积极生活项目的实施情况。

ALbD项目的实施层次　　　　　　　　　　　　　表2-15

第一阶段 [62]		
策略	采取理念	实施效果
准备	多方参与	加利福尼亚州圣安娜市：该项目的领导最初从 31 个机构当中选了 64 名代表。这些代表包括当地政府官员、公园管理者、办公机构人员，组织形成当地的社区活动小组。活动的组织形式包括步行俱乐部、有氧运动课程和一些其他能促进积极生活的组织。组织者通过当地的募捐和政府机构的资金等多种途径获得了项目运营资金
计划	公共传播	明尼苏达州艾桑蒂县：组织者制定一张步行地图，标注市民最喜欢的路径，请当地的艺术家对其进行视觉上的美化并印制成精美的图册放到市民容易获得的地方；当地报纸等新闻媒体机构对该项目进行积极的宣传；项目组织者对步行路径沿途进行了美化活动，维护物质空间并举办一些文艺活动，丰富市民生活的同时也增加了体力活动，促进积极生活
推广	奖励措施	北卡罗来纳州查珀尔希尔市：该市的规划部门最早发起项目，关注学生和居民绿色出行。规划部门以及其他机构的志愿者合作创建了积极校园项目，该项目提供了一些奖项措施鼓励学生步行上学，以及在校园内为青少年设置一些活动项目来促进体力活动。积极校园项目包括了很多其他活动内容，这些活动的实施都有效地促进了学生们的体力活动
政策	政策调整	新墨西哥阿尔伯基市：相关组织募集到资金，成立城市更新项目，用来改善步行路径和街道景观。该组织通过政策调整了交通建设基金当中用来建设步行道和自行车道的项目并且制定了新的区划法规
项目	微观设计	纽约市布朗克斯区：空间改造项目筹集资金进行前期研究与规划，创建了一个 4 英里（约 6.4km）长的滨水公园，更新慢行设施；同时组织培训项目进行宣传教育，并且组织大家在社区内种植了 400 棵树木
第二阶段 [65]		
策略	采取理念	实施效果
公园娱乐设施	改善设施兴趣俱乐部委员会	伯灵顿北公园运动：完善人行道与交叉口，延长户外步行环路，改善铺装，增加照明，保证安全。兴趣运动俱乐部提高了社区居民的参与度，同时运动设施例如器材、自行车架和饮水机也供应完善。活动越来越丰富多样，儿童成人均宜，且增加了周末农产品摊位提供健康饮食。合作人发起领导顾问委员会，通过定期会议、正式和非正式的沟通过程、社区培训等加强领导组织能力。最终从当地媒体、城市领导人到居民之间逐渐呈现出积极的健康认知
慢行设施	公共艺术	格林斯伯勒绿道项目：4 英里（约 6.4km）的绿道环路环绕市区，公共艺术项目增强城市景观的美学体验，为体力活动和积极交通提供机会
社区花园	健康饮食可持续发展	奥兰治县：为有儿童的家庭提供空间和资源学习种植，让孩子们了解食物的来源。每个家庭都有自己的 10×10 平方英尺（约 $9 \times 9m^2$）的花园，通过年龄和文化背景进行合理规划，花园已经有效地吸引了很多人群，促进了园艺和健康饮食的发展

续表

第二阶段 [65]		
策略	采取理念	实施效果
工作地点	行为奖励 环境支持 健康食物	梅克伦堡县：为体力活动提供有偿休息时间。鼓励健康行为的奖励措施，例如为经常锻炼且不吸烟的员工提供更低的保险费，以及为使用积极交通和公共交通的员工报销。环境支持，改造楼梯并鼓励使用，提供户外步行路径和室内健身设备。禁止员工和供应商提供不健康的食物。提供农贸市场和蔬菜摊

第三阶段 [66]		
策略	采取理念	实施效果
合作	合作伙伴	15年前加利福尼亚州圣安娜市的公园娱乐社区服务机构主持项目推进。现今越来越多的合作伙伴参与项目，包括市议会、社区资源网络和社区发展部、加利福尼亚州立大学——儿童肥胖预防中心、健康保健机构、拉丁裔健康顾问、圣安娜联合学区等
准备	空间修复	一个汇集了众多合作伙伴的新项目诞生，旨在修复开放空间促进积极生活。当地的麦迪逊公园里一条柏油路布满涂鸦，造成居民的安全疑虑。项目委员会积极与居民沟通了解疑虑与需求，并直接合作更新改造开放空间，该项目在短时间内产生了良好反响并对整个社区的氛围起到良好作用
进程	共享政策	项目最大的成功之一就是提倡共享使用政策，允许社区在全市范围内使用学校操场，这一成就只有在居民、城市领导人和学校领导的支持下才能实现。政策需要深入的审查过程，确认各方职责以避免共享带来负面影响

2.3.3 积极生活行动模型

1. 社区行动模型

十几年的实践加深了 ALbD 项目对社区变化过程的理解，2016 年项目进一步更新社区行动模型。新模型与各种社区健康目标相关，定义了六种基本的核心实践，并将行动方法从最初的 5P 集中到新的 3P 方法（图 2-5）。ALbD 新社区行动模型 3P 策略包括：合作（Partner）、准备（Prepare）、进程（Process）。①"合作"指与他人合作解决复杂问题。持续有影响力的成果需要更广泛的多学科和跨部门联合设定共同的优先事项并共同行动。合作伙伴与居民建立一个具有凝聚力的联合组织，定期沟通，实现其目标。成功的合作联盟包括：一个有效的协调实体；有经

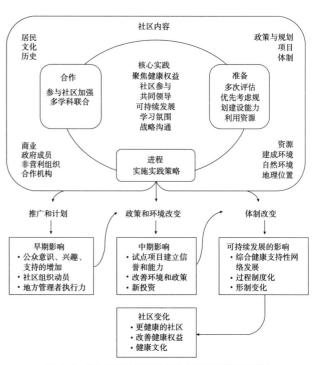

图 2-5 "设计下的积极生活"社区行动模型新版

验的社区领袖；专业人士，拥护者和具有不同专业知识的志愿者；最有可能受影响的当地居民。
② "准备"指持续不断的准备。准备工作并不局限于社区更新倡议的早期阶段而是贯穿于整个
进程。收集相关的评估数据来设计行动计划，确定优先事项，制定行动步骤，确定成功的标准，
为合作伙伴提供适当的培训，并提供资金和实物资源。③ "进程"指通过确定和实施实践战略
取得进展。每个社区都存在于其独特的环境中，更新计划可能并不都遵循同样的变化模式。健
康的社区策略必须在每个社区的范围内是可行的。

通过社区行动模型 3P 策略推动短期影响，进而影响政策和环境的改变。理想情况下，推
广项目的实施在某种程度上可以补充支持可持续的政策、体制和环境变化策略。政策和环境要
确保社区内健康行为的方便与安全。政策变化通常以政府条例、法规和协议为目标。非正式的
政策的变化，如组织实践等也可能具有影响力。与推广和计划一样，政策和环境变化本身可能
不会导致可持续的社区更新，而且往往需要整合推广计划来改善健康状况。但是当社区拥有一
个综合的支持网络，包括相辅的政策、规划、环境、资金和组织实践时，健康策略就会被制度化。

2. 项目发展变化

初期的积极生活执行策略步骤循序渐进、层层深入。从前期准备与宣传推广到执行计划与
政策影响，标示了一个社区应该如何通过设计促进积极的生活。新的社区行动模型弱化了执行
的顺序，而是强调执行的核心思想。合作、准备、进程三项内容都贯穿于项目始终，不再是一
个单一的程序。ALbD 在初期内容的基础上提出了新的实践内容（表 2-16）。新模型的实践策略
拓宽了设计的内容深度，可以分为两个部分。

一部分，聚焦公平与合作，包括健康权益、社区参与、共同领导、战略沟通。聚焦健康权
益强调所有人都应该享有健康生活的机会。为了实现健康公平，我们必须关注那些特殊群体的
需求，比如老年人、残疾人、低收入人群和其他少数人群。旨在促进健康权益的政策和实践不
会立即消除所有的健康差异，但可以为实现目标提供基础。社区参与、共同领导、战略沟通都
是以合作共赢为核心思想的实践策略。社区更新策略根植于人们的生活经历，通过与具有共同
兴趣或类似情况的居民合作，为他们提供积极生活的机会，给予居民参与社区组织行动的权利。
共同领导思想注重将个人的不同力量融合在一起的协同作用和价值。有效的沟通不仅需要了解
目标受众的价值观，还需要创造能够与听众产生共鸣的信息。良好的沟通可以通过相互理解和
共同的行动来帮助合作关系实现其潜力。

另一部分，强调可持续发展思想，包括可持续发展策略与学习氛围营造。可持续发展以合
作为前提。社区更新的可持续性倡议贯穿于整个过程。可持续的社区更新需要关注政策、体制
和环境构建战略，这些环境能够支持长期的健康生活质量。社区更新领导者需要从广泛的社会
环境中利用人力、物力和财政资源支持项目发展。学习氛围的建立也是推动可持续发展的重要
内容。参与社区更新规划的成员通过不断学习来发展成熟。因为社区更新涉及多学科和多部门
协作，各级领导的经验和技能可能会受到工作严格性的挑战。领导者需要机会去学习新技能，

获取新资源。通过与同类社区学习和交流有助于共同发现和解决问题。社区更新的参与人员可以通过网络会议、实地考察、团体教育和培训机会学习发展理念。社区更新项目需要合作伙伴通过定期评估工作进展来学习改进。

新社区行动模型核心实践 表2-16

核心实践	具体内容
健康权益	减少社区健康差异，消除社会经济和环境条件所造成的不公平问题
社区参与	鼓励居民真正参与并协助社区内规划和实施解决方案的过程
共同领导	参与者之间共享权力，由群体共同发起行动而不是领导人个体
战略沟通	以目标为导向进行沟通，将信息和策略与社区优势和居民价值观结合
学习氛围	创造机会并通过合作关系、协作分享与学习来提高社区的效率和影响
可持续发展	社会、环境、经济资产和机会是成功的社区更新所必需的

2.3.4 积极生活社会实践

近几年我国健康城市理念已然受到广泛关注，相关的研究逐步增多。已有学者对国际上应对健康问题的策略进行了介绍与总结。西方经验对中国的启示有：①提高公共意识：通过政策、管理和规划设计协调社会多方利益，提高城市空间质量和服务能力。跨学科交叉研究和执行层面多部门协同是高效达成目标的必要手段。②结合国情加强研究：我国高强度高密度的建设模式和较高的公共交通出行率对健康的影响是否达到与欧美相似的程度。③健康纳入政策与设计：将健康促进理念纳入政策制定流程，以康体为出发点设计积极的城市，增进社会交往，获得社会支持。只有采取有效的政策干预行动，才有可能最大限度地发挥城市环境当中的健康益处。[67] 发达国家的城乡规划与公共健康的研究不乏很多微观的社区尺度，我国由于数据限制阻碍了跨学科研究。本书通过对 ALbD 项目理念与案例的解析提出可资借鉴的经验。

1. 聚焦服务群体，保障参与权益

环境的改变受到公共政策的影响，城市更新与实施需要多方协调，宏观调控很难在短时间内成效，但小尺度的改造项目同样可以影响生活方式。从细微处着手将项目直接服务于较小的群体。为健康行为提供教育机会，提高公众意识，鼓励更多的人参与到社区生活当中。虽然这些策略本身并不能带来可持续的社区变革，但它们可以吸引并支持公众兴趣，且有助于动员居民参与。通过 ALbD 项目可以发现，任何改善都值得记录并鼓励，哪怕是细小的变化。给予居民参与社区组织行动的权利，共同领导，相互理解，有效沟通。公众意愿的倾听与解释的过程本身就是公共政策发挥化解社会矛盾作用的重要途径。[68]

2. 宣传经济利益，调动民间资本

在积极生活倡导中，经济论点通常比健康论点更能有效地促成多方合作。如果研究表明一个步行性良好的城市成本低于一个以汽车为导向的城市，将有助于城市将公共资金投资于步行

和交通服务。[69] 由 ALbD 项目的成功实施经验可知，多方参与是项目实施的关键因素。如何吸引广泛的合作伙伴是非常重要的一环，单纯由政府部门主导实施难度很大。已有研究表明可步行性不仅有利于居民健康，还可以增加房产价值。[70] 社会资本的投入需要政策支撑，同时通过宣传积极生活为各部门带来的经济利益，可以促进利益相关者的参与。ALbD 方法在不同的背景中展开，实施环境的差异会影响实施结果。[71] 以社区为单位因地制宜，建立公共决策平台，调动社会资本。

3. 传承积极运动，建构社会规制

将积极生活理念融入规划发展的整个过程，形成一种文化传承，实现可持续的发展策略。通过体力活动促进积极的生活方式并不是一个短期的解决方案，传承需要激活公众需求。如果居民、企业和其他利益相关方已经支持并开展这些计划，那么积极生活文化的形成可以使其在政府更迭时增加可持续发展的胜算。改变公共政策规范和法令来实现更多的体力活动，是在城市中创造文化期望的重要一步。在所有政策中贯彻健康理念，在健康社区的决策中明确指标，确定责任，分清轻重缓急，将积极生活作为优先解决方案。通过完善健康支持网络，制度化发展过程，建立社会规制，最终会带来更健康的社区。

我国健康领域和城乡规划学科的交叉研究方兴未艾。本书通过解析 ALbD 项目理念的更新与实践项目的发展，发现设计需要秉承公平与合作、可持续发展的理念，同时发挥其政策属性。ALbD 项目着眼于细微，着手于生活，将理念切实落实到每一处有发展潜力的方面，降低宏观调控的时效问题与实施难度。中国与欧美国家的国情不同，社会项目多由政府主导，多方参与机制并不成熟，追求积极生活等健康理念并没有成为设计的主流价值观。本书对 ALbD 项目的梳理，期望将促进积极生活的设计理念融入政策、管理和制度层面，强调通过设计积极地影响人们的生活品质，从而主动地干预健康。

本章参考文献

[1]　Peter Stair, Heather Wooten, Matt Raimi. How to Create and Implement Healthy General Plans[R]. ChangeLab Solutions, 2012.

[2]　General Plan Advisory Committee. Fullerton's General Plan[R]. 2012.

[3]　Los Angeles Department of City Planning. Plan for a Healthy Los-Angeles[R]. 2015

[4]　Chriqui J, Nicholson L, Thrun E, et al. More Active Living-oriented County And Municipal Zoning is Associated with Increased Adult Physical Activity—United States, 2011[J]. Environment & Behavior, 2016, 48: 111-130.

[5]　Fraser L K, Clarke G P, Cade J E, et al. Fast Food and Obesity: A Spatial Analysis in A Large United Kingdom Population of Children Aged 13-15[J]. American Journal of Preventive Medicine, 2012, 42 (5): 77-85.

[6]　Conditional Use Permit No. 2017006700[R]. Los Angeles County, Department of Regional Planning, 2018.

[7]　City of Raleigh. Unified Development Ordinance[R]. 2018.

[8]　Relyea, Kie. Whatcom Council Approves Second 6-month Ban on Crude Oil Exports[R]. The Bellingham Herald, 2017.

[9]　Sohn J, Knapp G. Maryland's Priority Funding Area and the Spatial Pattern of New Housing Development[J]. Scottish Geographical Journal, 2010, 126 (2): 76-100.

[10] 章征涛，宋彦，丁国胜，李志明. 从新城市主义到形态控制准则——美国城市地块形态控制理念与工具发展及启示 [J]. 国际城市规划，2018，33（4）：42–48.

[11] Arlington County Government[OL]. https：//projects.arlingtonva.us/neighborhoods/commercial-form-based-code/

[12] Arlington County，Virginia. Columbia Pike Neighborhoods Special Revitalization District Form Based Code[R]. 2016.

[13] Asheville，North Carolina. River Arts District Form-based Code[R]. 2017.

[14] Thomas I. Pushing Policy that Promotes Equity in Active Living – From the Outside and from the Inside[J]. Preventive Medicine，2017，95：148–150.

[15] Handy S，McCann B. The Regional Response to Federal Funding for Bicycle and Pedestrian Projects[J]. Journal of the American Planning Association，2011，77：23–38.

[16] 徐晓燕，叶鹏. 经济转型期城市设计作为公共政策的再思考 [J]. 城市规划，2017，41（11）：56–64.

[17] Susan A，Carlson，et al. Public Support for Street-scale Urban Design Practices and Policies to Increase Physical Activity[J]. Journal of Physical Activity and Health，2011，8（Suppl 1）：125–134.

[18] Heather Kuiper. A Road Map for Healthier General Plans[R]. Change Lab Solutions，2012.

[19] Kerstens S M，Spiller M，Leusbrock I，Zeeman G A. New Approach to Nationwide Sanitation Planning for Developing Countries：Case Study of Indonesia[J]. Science of Total Environment，2016，550：676–689.

[20] 章征涛，宋彦. 美国区划演变经验及对我国控制性详细规划的启示 [J]. 城市规划，2014，21（9）：39–46.

[21] 萧明. "积极设计" 营造康体城市——支持健康生活方式的城市规划设计新视角 [J]. 国际城市规划，2016，31（5）：80–88.

[22] Edwards P，Tsouros Agis D. A Healthy City is an Active City，A Physical Activity Planning Guide[M]. 2008.

[23] Edwards P，Tsouros Agis D. Promoting Physical Activity and Active Living in Urban Environments[M]. 2006.

[24] Global Advocacy for Physical Activity. The Toronto Charter for Physical Activity[R]. 2010.

[25] Global Advocacy for Physical Activity. Investments that Work for Physical Activity[R]. 2011.

[26] Commission for Architecture and the Built Environment. Space Shaper[R]. 2007.

[27] Local Government Improvement and Development and Planning Advisory Service，Community Engagement in Plan Making[R]. 2010.

[28] Urban Land Institute. Active by Design：Designing Places for Healthy Lives[R]. 2014.

[29] Toronto Public Health. Active City：Designing For Health[R]. 2014.

[30] Ontario Professional Planners Institute. The Shape of Things to Come：Improving Health Through Community Planning[R]. 2009.

[31] Ontario Professional Planners Institute. Healthy Communities Sustainable Communities[R]. 2007.

[32] Ontario Professional Planners Institute. Planning by Design：a Healthy Communities Handbook[R]. 2009.

[33] Australian Local Government Association. Age-friendly Built Environments[R]. 2006.

[34] National Heart Foundation. Blueprint for an Active Australia[R]. 2009.

[35] National Heart Foundation. Healthy Spaces & Places[R]. 2009.

[36] National Heart Foundation. Creating Healthy Neighbourhoods[R]. 2011.

[37] Department of Local Government. Creating Active Communities：Physical Activity Guidelines for Local Councils[R]. 2008.

[38] Heart Foundation. Healthy by Design-Tasmania[R]. 2009.

[39] Heart Foundation. Healthy by Design-Victoria[R]. 2004.

[40] Western Australian Council of State School Organisations. Healthy Environments Healthy Children[R]. 2009.

[41] U.S. Department of Health and Human Services. Physical Activity Guidelines Advisory Committee Report[R]. 2008.

[42] U.S. Department of Health and Human Services. Physical Activity Guidelines for Americans：Be Active，Healthy and Happy[R]. 2008.

[43] Urban Land Institute. The Principles for Building Healthy Places[R]. 2013.

[44] Karen K，Lee M D. Active Design Guidelines：Promoting Physical Activity and Health in Design[R]. 2011.

[45] Michael R. Bloomberg，Burden A，Burney D. Active Design：Shaping The Sidewalk Experience[R]. 2013.

[46] NYC Health Department. Active Design：Guide for Community Groups[R]. 2014.

[47] Roschen B，Pastucha S，Turco A，et al. Designing a Healthy LA[R]. 2013.

[48] Alaimo K，Bassett E，Wilkerson R. Design Guidelines for Active Michigan Communities[R]. 2006.

[49] 戴冬晖，金广君. 城市设计导则的再认识 [J]. 城市建筑，2009（5），106–108.

[50] Coleman C B. Saint Paul Street Design Manual[R]. 2016.

[51] City and County of San Francisco，Better Streets Plan[R]. 2011.

[52] Seattle Department of Transportation. City of Seattle Pedestrian Master Plan[R]. 2016.

[53] Denver Regional Council of Governments. Guidelines：for Successful Pedestrian and Bicycle Facilities in the Denver Region[R]. 2010.

[54] Roschen B，Pastucha S，et al. Designing a healthy LA[R]. 2013.

[55] Alaimo K，Bassett E，Wilkerson R. Design Guidelines for Active Michigan Communities[R]. 2006.

[56] Sallis J F，Linton L S，Kraft K. The First Active Living Research Conference：Growth of a Transdisciplinary Field[J]. American Journal of Preventive Medicine，2005，28（2S2）：93–95.

[57] Chriqui J，Nicholson L，Thrun E，Leider J，Slater S. More Active Living–oriented County and Municipal Zoning is Associated with Increased Adult Physical Activity—United States，2011[J]. Environment and Behavior，2016，48：111–130.

[58] Handy S，Sallis J F，Wecer D，et al. Is Support for Traditionally Designed Communities Growing[J]. Journal of American Planning Assocation，2008，74（2）：209–221.

[59] 刘滨谊，郭璁. 通过设计促进健康——美国"设计下的积极生活"计划简介及启示 [J]. 国外城市规划，2006，21（2）：60–65.

[60] Ross C. Brownson，Laura K. Brennan，MPH，Kelly R. Lessons from a Mixed–methods Approach to Evaluating Active Living by Design[J]. American Journal of Preventive Medicine，2012，43（5S4）：271–280.

[61] Bors B A. Capturing Community Change Active Living by Design's Progress Reporting System[J]. American Journal of Preventive Medicine，2012，43（5S4）：281–289.

[62] Evenson K R，Sallis J F，Handy S L，et al. Evaluation of Physical Projects and Policies from the Active Living by Design Partnerships[J]. American Journal of Preventive Medicine，2012，43（5S4）：309–319.

[63] Loitz C C，Stearns J A，Fraser S N，et al. Network Analysis of Inter–organizational Relationships and Policy Use among Active Living Organizations in Alberta，Canada[J]. Public Health，2017，17：649.

[64] Bors P，Dessauer M，Bell R，et al. The Active Living by Design National Program Community Initiatives and Lessons Learned[J]. American Journal of Preventive Medicine，2009，37（6S2）：313–321.

[65] Active Living by Design. Creating Healthy Places to Live，Work and Play across North Carolina[R]. 2009.

[66] Active Living by Design. Active Living by Design's Community Action Model[EB/OL]，2017. http：//activelivingbydesign. org/about/community–action–model.

[67] 刘正莹，杨东峰. 为健康而规划：环境健康的复杂性挑战与规划应对 [J]. 城市规划学刊，2016，2：104–110.

[68] 徐晓燕. 经济转型期城市设计作为公共政策的再思考 [J]. 城市规划，2017，41（11）：56–64.

[69] Thomas I. Pushing Policy that Promotes Equity in Active Living – From the Outside and from the Inside[J]. Preventive Medicine，2017，95：148–150.

[70] Alaimo K，Bassett E，Wilkerson R. Design Guidelines for Active Michigan Communities[R]. 2006.

[71] Brennan L K，Brownson R C，Hovmand P. Evaluation of Active Living by Design Implementation Patterns Across Communities[J]. American Journal of Preventive Medicine，2012；43（5S4）：351–366.

本章图片来源

图 2-1　改绘自，本章参考文献 [10].
图 2-2　引自，本章参考文献 [10].
图 2-3　改绘自，本章参考文献 [18].
图 2-4　改绘自，本章参考文献 [64].
图 2-5　改绘自，本章参考文献 [64].

表 2-1　本章参考文献 [1].
表 2-2　作者整理总结
表 2-3　本章参考文献 [10].
表 2-4 ~ 表 2-6　作者自绘 .
表 2-7、表 2-8　作者根据《健康空间和场所》设计导则内容整理 .
表 2-9　作者根据《健康环境建设 10 项原则》内容整理 .
表 2-10、表 2-11　作者根据《环境规划设计导则》内容整理 .
表 2-12　作者根据《积极城市：健康设计》内容整理 .
表 2-13、表 2-14　作者自绘 .
表 2-15　改绘自，本章参考文献 [62、65、64].
表 2-16　作者整理 .

第二部分
环境与健康研究方法与内容

第3章　环境与健康研究方法

本章将向读者介绍健康社区的研究方法。通常有两大类方法用来对研究方法和使用研究方法的研究者进行分类：实证主义方法（Positivist Methods）用于检验假设；解释方法（Interpretive Methods）通常用于构建理论。传统的研究方法包括定量研究和定性研究，通常与以上两种研究范式对应。本章首先介绍了传统的定量与定性研究方法。其次，重点介绍新的研究范式，即整合定量与定性研究。定量和定性研究方法是互补的，可以系统地在研究中加以整合，以最大限度地发挥优势和减少劣势。最后，介绍了因果推断在健康社区中的应用。

3.1　典型定量与定性分析

3.1.1　研究设计路径

1.研究设计基本原则

在进行社区健康相关研究之前首先要进行研究设计，即我们如何解决健康问题。通常情况下，作为初涉研究领域的相关人员，会最先接触到先进的、引人入胜的技术手段，从而激发兴趣。但是技术手段仅仅是我们解决问题的工具，在这之前需要更多的理论与方法论的依据，才会让研究真实可靠且具有可行性。在设计研究方案中，需要考虑以下问题：

1）本体论

本体论研究主要探究世界的本原或基质。

2）认识论

又称为知识论，探讨人类认识的本质、结构，认识与客观实在的关系，认识的前提和基础，认识发生、发展过程及其规律，认识的真理标准等问题的哲学学说。

3）方法论

对研究方式方法一般原理的系统探讨与评价，它只涉及科学发现与检验的原理和逻辑，而不涉及具体的事实。

4）研究方式

在某种方法论指导下，对一系列具体方法与技术的总称。例如调查法、实验法、观察法 / 个案法、文献法。

5）具体方法与技术

具体的操作层面的方法、资料技术和技巧等。

2. 本体论和认识论

本体论是指社会世界中存在什么样的事物，以及对该社会现实的形式和性质的假设。认识论关注知识的本质，以及认识和学习社会现实的方式。本体论帮助研究人员认识到他们对正在研究的物体的性质和存在的确定性。认识论影响着研究人员在试图发现知识时如何构建他们的研究。

本体论涉及一个核心问题，即社会实体是否需要被视为客观或主观。客观主义（也称为实证主义）描绘了社会实体存在于现实中的立场，社会现象及其意义具有独立于社会行为者的存在。主观主义（也称为建构主义）认为社会现象是由那些关心其存在的社会行为者的感知和随后的行为产生的，社会现象及其意义是由社会行为者不断完成的。[1]

认识论有两个主要流派，即实证主义和建构主义。实证主义者认为，调查世界的最佳方式是通过客观的方法。建构主义者认为，现实本身并不存在。相反，它是由人们构建和赋予意义的。因此，他们的重点是感受、信仰和思想，以及人们如何传达这些。

本体论和认识论的选择将对方法论产生影响。实证主义认识论，从假设开始通过实验收集数据证明或反驳他们的假设，从而证实或不证实他们的理论。此外，建构主义认识论，从问题开始就使用案例研究和调查来收集资料。实证主义方法则利用定量数据，建构主义方法倾向于利用定性数据源。定量数据是关于数量的，也是关于数字的。定性数据是关于所调查事物的性质，往往是文字而不是数字。

3. 方法论与研究方法

关于研究方法有三种：定量研究、定性研究、混合研究（表 3-1）

定量研究是指研究者主要运用实证主义知识观来建构知识，使用诸如实验、调查等研究的策略，以及用事先确定的工具收集统计数据。定性研究是指研究者通常基于建构主义的视角来建构知识观。定性研究还运用诸如叙事、现象学、民族志、扎根理论及案例研究等研究方法。

在此方法中，研究者以从资料中提取主题为初衷进行开放式或呈现性资料的收集。简而言之，定量方法涉及数字，倾向于提供可概括的结果，而定性方法涉及文本，倾向于关注现象的深入探索。

混合研究是指研究者以实证主义为基础建构知识观。它运用顺序法或并行法等资料收集方法为研究策略，以能最好地理解所研究的问题为目标，资料收集包含数量信息和文本信息两方面，以使最后的数据库既能代表定量研究也能代表定性研究。

定量研究、定性研究、混合研究   表3-1

定量研究	定性研究	混合研究
预设问题 基于问题的工具 行为数据、态度数据、观察数据、普查数据 统计分析	呈现方法 开放式问题 访谈资料、观察资料、文献资料、视听资料 文本和图像分析	既有预设法又有呈现法 既有开放式问题又有封闭式问题 源于所有可能的多种数据形式 统计和文本分析

研究设计在研究质量、执行和解释中起着重要作用。每个研究设计都有其固有的优点和缺点。研究设计的选择取决于许多因素，包括先前的研究，研究参与者的可用性，资金和时间限制。在公共健康领域，常见的研究设计分类模式包括研究设计的时间性质（回顾性或前瞻性），研究结果的可用性（基础研究或应用研究），调查目的（描述性或分析性），研究目的（预防、诊断或治疗）或研究者的角色（观察或干预）。[2] 但是在城市规划与公共健康交叉研究领域，我们通常应用较多的是偏向社会学调查的定量研究。

3.1.2 定量研究方法

定量研究是通过收集使用基于数学的方法分析的数值数据来解释现象。定量研究更容易定义和识别。因为产生的数据始终是数字的，并使用数学和统计方法对其进行分析。有些现象显然适合于定量分析，因为可以作为数字使用。然而，即使是本质上不明显是数值的现象，也可以使用定量方法进行检查，例如"李克特量表"。李克特量表可以将意见转化为数字。如果想调查研究对象对特定问题的看法，可以要求他们以五分制表达他们对陈述和答案的相对同意，其中 1 表示强烈不同意，2 表示不同意，3 表示中立，4 表示同意，5 表示强烈同意。关于李克特量表的详细介绍可以在社会学调查分析相关书籍中获取，实际应用案例可以参考本书最后章节的案例应用。使意见陈述可以直接转化为数值数据，类似技术的发展意味着大多数现象都可以使用定量技术进行研究。[3]

定量研究有几种方式：调查、实验、观测性研究、二次调查。调查设计是通过研究总体的样本来提供有关总体趋势的数值性描述。实验设计通常设置实验组（接受某种干预）和对照组

（不接受干预或无效干预）。随机实验是目前为止因果推论最好的方法。但是对于多数健康社区相关研究来说，我们进行的都是观测性研究，即研究人员在自然发生的情况下观察研究参与者，或者通过一些处理措施让观测性研究看起来更像随机实验。二次调查指利用国家政府数据等二手数据进行分析。

1. 调查方法设计

在健康社区研究中，调查研究应用最为广泛。我们通过调查以相同的方式向人群提出相同的问题，并获得大量回复。然后使用统计技术对这些反应进行分析，以获得可以概括整个人口的信息。调查既可用于横断面研究，即只收集一次数据，也可用于纵向研究，即在较长时间内多次调查同一样本。

调查研究设计的思路通常为，明确调查用途，确定调查对象，调查类型，设计调查问题，开展实地调查收集数据，分析结果和报告结果。明确研究思路后，需要对调查的细节进行设定，以便更合理地开展调查，具体构成要素见表 3-2。

调查设计构成要素　　　　　　　　　　　　　　　　　表3-2

1. 是否陈述了调查设计的目标？
2. 是否提出了选择这种设计的理由？
3. 是否确定了调查的特征（横向或纵向）？
4. 是否提及总体及总体的大小？
5. 是否将对总体进行分层？如果是，将如何进行？
6. 样本中的人数是多少？选择样本大小的基本标准是什么？
7. 如何对个体进行抽样（如随机、非随机）？
8. 调查中将使用什么工具，谁提出并发展了这种工具？
9. 令人满意的调查范围是多大？大小是多少？
10. 什么样的步骤将用于引导或对调查做现场试验？
11. 进行调查的时间期限是多长？
12. 研究的变量是什么？
13. 变量如何与调查的项目和研究的问题前后照应？
14. 资料分析时将采取哪些具体步骤：
1）分析反馈？
2）检查同应偏差？
3）进行描述分析？
4）编制量表条目？
5）检查量表的信度？
6）运用推断统计回答研究的问题？

2. 实验方法设计

环境与健康的研究中也会利用实验的方法开展研究，例如通过虚拟现实检测被试人群对特定场景的感知与感受，或者通过检测身体指标的变化反映情绪等。在实验中，研究者同样需要确定样本和对总体进行归纳，只不过实验的根本目的是检验实验干预对实验结果的影响，并控制所有可能影响结果的其他因素。控制的方法之一就是研究者对被试组进行随机组合，当一组接受实验处理、另一组不接受时，实验者就能分辨出到底是实验处理还是被试的个体特征或其他原因影响了结果。关于实验方法的讨论具有以下的标准形式：参与者、材料、实验程序、测量方法，这四个方面是研究计划必备的基本内容（表 3–3）。

实验设计构成要素 表3–3

1. 研究中的参与者是谁？这些参与者属于哪一总体？
2. 参与者是怎么选出来的？是否使用了随机抽样的方法？
3. 参与者将怎样被随机分配？要对他们进行匹配吗？怎样进行？
4. 实验组和控制组分别有多少参与者？
5. 研究中的因变量是什么？怎样对它进行测量？要测量多少次？
6. 实验的条件是什么？怎样进行操作？
7. 实验中的变量将要共变（Covary）吗？将如何对它们进行测量？
8. 什么样的实验研究设计将被运用？设计的视觉模式看起来是什么样的？
9. 什么工具将被用于测量研究的结果？为什么选择它？谁建立了这个工具？它已确立起效度和信度了吗？已获得了使用许可吗？
10. 实验过程的步骤是什么（如随机分配参与者到各组、收集人口统计学信息、前测的实施、实验处理的实施、后测的实施）？
11. 什么是实验设计和程序的内部效度与外部效度的潜在威胁？怎样将它们提出？
12. 是否对实验进行前测？
13. 将使用什么统计方法对数据进行分析（如描述和推断统计）？

3.2　混合研究——概念映射

　　传统的研究方法对定性方法和定量方法进行了过于严格的区分。社区健康经常关注没有单一答案的复杂健康问题。这些问题可能与政策、社会经济、干预措施和社区观念交织在一起。健康社区的一些创新方法模糊了传统定量方法和定性方法之间的界限。本小节将介绍一种创新的方法——概念映射。虽然概念映射的结果本质上是定性的，即对词的分类，但多维尺度和层次聚类分析等定量分析方法，也被用来组织和可视化定性数据。概念映射是定性和定量方法的集成，从根本上增强了对丰富数据的探索。

　　概念映射是一种研究方法，它为一个群体如何看待一个特定的话题或话题的一个方面产生一个概念框架。它使用结构化的数据收集过程以收集广泛的参与者的想法，然后使用定量分析工具对产生的思想进行分类。定量分析的结果用来绘制概念之间的关系图。该方法为定性生成的数据提供了客观性。

　　概念图是某个主题的概念及其关系的图形化表示。概念图是用来组织和表征知识的工具，也是思维可视化的表征。概念图又可称为概念构图（Concept Mapping）或概念地图（Concept Maps）。前者注重概念图制作的具体过程，后者注重概念图制作的最后结果。现在一般把概念构图和概念地图统称为概念图。

一幅概念图一般由"节点""链接"和"文字标注"成组。①"节点"由几何图形、图案、文字等表示某个概念,每个"节点"表示一个概念,一般同一层级的概念用同种的符号(图形)标识。②"链接"表示不同"节点"间的有意义的关系,常用各种形式的线链接不同"节点",其中表达了构图者对概念的理解程度。③"文字标注"可以是表示不同"节点"上的概念的关系,也可以是对"节点"上的概念详细阐述,还可以是对整幅图的有关说明。

案例:邻里之间获取食物的方式(食物沙漠与食物绿洲)有何不同

鉴于与食品购买行为相关的社会、行为、文化和其他因素的复杂性,必须使用概念图等复杂的方法来梳理这一公共卫生问题的各个方面是如何相互联系和相互关联的,以便最好地确定干预的方式。由于在所有年龄组、种族/民族、社会经济群体,以及男性和女性中超重和肥胖的比例不断上升,该研究团队将重点放了食物环境上。概念映射涉及六个步骤:①准备、②生成、③构造、④表示、⑤解释和⑥利用。

研究在两个社区(一个食物沙漠和一个食物绿洲)进行了概念制图。招募志愿的步骤如下:参与者通过张贴在社区居民常去的地方的传单招募,如便利店、汽车站、理发店等;应用一个改进的雪球样本来识别潜在的参与者;该方法允许成功注册项目的参与者进行推荐。最终25名参与者完成了概念绘图过程(12名参与者居住在食物沙漠,13名居住在食物绿洲中)。

接下来在室内组织志愿者开展讨论会议。①参与者可以选择更健康的零食,包括新鲜水果和麦片等,以及不太健康的零食,包括油炸圈和纸杯蛋糕等。②参与者被要求集体讨论焦点陈述,"什么事情,好的或坏的,影响你的食物购买行为?"③食物购买行为被定义为"你在哪里购买食物,你购买的食物类型,以及你何时购买食物?"

最终食物沙漠的居民提出了125个独特的陈述,而食物绿洲的居民产生了105个独特的陈述。讨论内容包括饮食偏好、贫困社区和乳糖不耐受症等内容。研究小组将这两个列表结合起来,以便随后在各组之间进行分析。对清单进行了合并,删除了重复或类似的陈述。例如,参与者认为公共汽车和班车的位置、老年人的交通、缺乏交通,以及社会保障或医疗保险的免费公共汽车的陈述是相似的。

如图3-1(a)所示,每一点代表一种说法。点地图上的数字没有值,但用来标识每个语句。点图考虑了语句排序的频率。参与者更频繁地将点图上彼此非常接近的点分类在一起,这表明与相距更远的陈述相比,这些概念被认为是密切相关的。随后的分析和分层聚类将点映射划分为集群或独特的概念。向与会者提交的初步集群地图包括6个集群。在阅读集群名称和每个集群中的语句后,参与者感到集群包含不止一个概念。集群的数量不断增加,直到参与者觉得每个集群代表一个独特的想法或概念。参与者选择的最后一个簇图是带有12个簇的图。通过要求参与者根据确定的评级量表对每个集群的相对重要性进行评级,可以使用评级数据来增强集群图(图3-1b)。

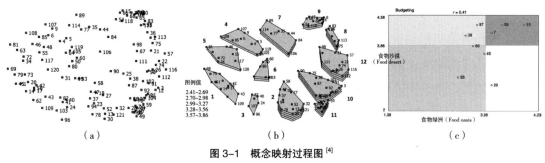

图 3-1 概念映射过程图 [4]
（a）陈述点图；（b）点图聚类；（c）go-zone

另一种概念图的表达形式是 "go-zone"，一种划分为 4 个象限的概念地图。每个象限根据感知到的优先级呈现数据。例如，图 3-1（c）中，水平线（3.86）表示居住在食物沙漠中的参与者的平均值。垂线（3.26）代表居住在食品绿洲参与者的平均值。x 轴代表食物沙漠居民感知的重要性，y 轴代表食物绿洲居民感知的重要性。在食物沙漠参与者中，位于左上角象限的陈述被认为是阻碍健康饮食的更重要因素，而在食物绿洲参与者中则不是。左下象限内的语句对两组来说都不重要。右下象限内的语句对食物绿洲参与者具有重要意义，而对食物荒漠参与者的重要性较低。在右上象限内的语句被两组都认为是最重要的（也就是说，两组都认为高于平均值）。它们代表了可能产生重大影响的区域，因此被称为 "go-zone"。

3.3 混合研究——空间分析

空间信息调查也是健康社区的理想方法之一。空间分析的本质是创建视觉地图，捕捉地理空间的定性和定量特征。该方法的优势之一是能够根据地理邻近程度将多种类型的信息并列，从而揭示了其他方法无法检测到的模式。并且可以进一步探索"健康的空间性质"，也就是说，疾病或健康促进行为集中在一个给定的社区。通过制图的视觉显示可以揭示差异的空间格局，为未来的研究提供参考。地理信息科学及其相关软件的发展，使人们能够方便地将数据合并到地图中进行可视化和解释，并进行地理上的空间分析，且根据特定的空间概念（例如距离、邻接和密度）创建数据要素。除了可视化和描述性分析，空间统计和建模空间关系的复杂方法也已完全融入公共卫生。对于基于社区的研究，了解地理结构对健康的影响至关重要。

什么样的问题可以应用空间分析？其一是基于地点的分析，本地参考信息被用来寻找可能因地点而异的相关信息。其二，空间可以作为一个综合框架用于考虑协同效应并带来跨学科或跨专业的关注。最后，健康过程的空间性质是核心内容。例如，邻近社区或学校的公园可能更容易影响家庭健康，而邻近商业区的公园可能是午餐时间散步团体的最佳场所。在这些例子中，正是地理特征本身创造了公共健康的含义。

　　许多健康领域的研究人员使用空间分析方法或地理学方法来探讨健康方面的问题。例如，空间平滑方法包括移动搜索方法、核密度估计、经验贝叶斯估计、局部加权平均法和适应性空间过滤法等。另一种常用于空间流行病学的方法是层次贝叶斯建模。地理学方法则寻求构建较大的样本以便获得更稳定的发生率。事实上，我们大部分关于环境和健康的研究都离不开空间分析，从数据获取到数据处理（数据获取和处理会在之后的章节展开介绍）。

案例：伊利诺伊州晚期乳腺癌风险的案例研究

　　区域化的一个主要挑战是同时考虑空间连续性（仅合并相邻区域）和属性同质性（仅对相似区域进行分组）。在伊利诺伊州的1364个邮政编码区中，2000年有1122个邮政编码区只有不到15例乳腺癌病例。研究通过REDCAP构建地理区域，REDCAP指的是一系列方法，称为"具有动态约束的集聚聚类和分区的区域化"。目标是通过聚合具有相似属性值（例如社会经济结构）的连续小区域来构建一组同质区域。区域化后，共产生了341个新区域，其中198个新区域在芝加哥都会区，143个在芝加哥以外。通过空间分析的方法聚合研究区域，在此基础上进行空间分析可以得到更好的模型拟合（图3-2）。

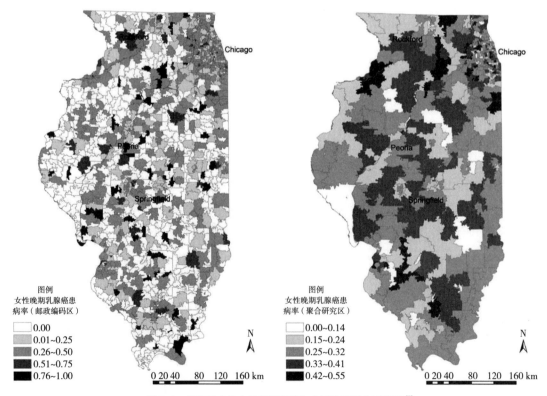

图 3-2　具有动态约束的集聚聚类和分区的区域化示意图 [5]

3.4　计算机仿真模型

1.方法介绍

公共健康领域的传统建模主要由统计建模组成，统计建模旨在探索人口统计学或行为特征与人群疾病负担之间的联系。虽然这种模型对于改善公共健康的重要因素非常有用，但静态统计模型不能反映系统的动态。系统如何随着时间的推移而演变，是多要素相互作用的结果。在过去的 30 年里，实证研究一直由抽样调查主导。但使用随机抽样的方法的一个弊端是将个人从社会环境中分离出来。如果我们的目的是了解人们的行为，那么我们可能需要更多的关注邻里、社交互动等社会环境因素。传统数据分析方法不适用于研究复杂系统。传统的统计建模通常假设因变量的变化与自变量的变化成比例的线性关系，而复杂系统的特征是非线性。传统的线性建模方法大多数仅限于单一层次，而复杂系统通常是多层次的。计算机仿真模型可以克服传统统计方法的局限性，控制实验检查复杂的过程，包括人与人之间以及人与环境之间的多种动态交互。[6]

自然界、社会和经济中大多数有趣的过程都来自复杂的系统。虽然形式定义可能有所不同，但人们普遍认为复杂系统具有以下特性：它们由大量异质元素组成；这些元素相互作用；这些相互作用产生了一种不同于单个元素作用的紧急作用。[7]这种影响会持续一段时间，并适应不断变化的环境。复杂系统三种常用的方法有社会网络分析（Social Network Analysis，SNA）、系统动力学（System Dynamic，SD）和基于代理的建模（Agent-based Modeling，ABM）。关于三种分析方法具体应用，已经有很多专著进行详细解析，在此不再展开介绍，仅在下一节针对基于代理的建模在健康社区的应用举例说明。

社会网络分析方法主要用于分析社会网络的关系结构及其属性。社会网络分析关注的焦点是关系和关系的模式，采用的方式和方法从概念上有别于传统的统计分析和数据处理方法。社会网络分析的意义在于对各种关系进行精确的量化分析，从而为实证命题的检验提供量化的工具。社会网络分析以数据挖掘为基础，采用可视化的图表，以及社会网络结构的形式表示。运用这种研究方法可以建立社会关系模型、发现社群内部行动者之间的各种社会关系。[8]

系统动力学最开始应用于解决复杂的商业问题，现在系统动力学的应用已经超越了对工业、商业和经济问题的理解，发展到对环境、发展、社会政策和公共卫生问题的理解。健康社区中广泛使用系统动力学模型解决当地的慢性疾病流行问题。[9]系统动力学为解决复杂系统问题提供了一种可扩展的方法。系统动力学不仅是一套系统建模工具和方法，而且是一种思维方式。系统动力学根据系统内部组成要素互为因果的反馈特点，从系统的内部结构来寻找问题发生的根源，而不是用外部的随机事件来说明系统的性质。

基于代理的模型是一种计算模型，它代表了一个由相互作用的离散微实体（人、组织）组成的人工社会系统。每个代理都有一组特征（如年龄、性别、收入），这些特征可能与所有其他代理不同。代理存在于环境中并遵循编程规则，这些规则使用每个代理的特征和可用信息来决定每个代理在每个时间步骤中做什么。ABM 可以表现传统统计模型难以表示的动态、反馈和适应过程。ABM 已应用于越来越多的社区健康问题。在过去的 10 年中，ABM 已经发展到与公共卫生有关的几个领域，包括传染病的传播和控制、药物和酒精的使用和滥用、社区犯罪和暴力、肥胖和锻炼、戒烟以及其他主题。所有这些主题都涉及个人在特定环境中的互动，并包括干预措施，这些干预措施可能试图影响个人与他人及其环境的互动方式。ABM 通过使用动态计算机模拟为这些交互作用提供分析平台。大量 ABM 研究表明，当无法通过观察或对照研究进行检查时，计算机模拟模型可用于评估健康干预措施的价值。

案例：基于 ABM 的住宅隔离背景下饮食不平等模型 [10]

这项研究构建了一个程式化的模型，探索人们居住社区中的健康食品资源、收入限制和健康食品偏好之间的协同效应。选择 ABM 进行健康研究的原因有两方面。一方面，没有经验数据可以对这些因素进行全面评估。另一方面，即使有数据可用，标准统计方法无法随着时间的推移纳入人与环境之间的多种反馈和适应机制。

在模型正式构建之前，对健康食品店进行居住隔离和空间聚类的极端情景设定。该计算模型用于确定哪一种情景显示了不同收入群体的饮食差异，以此检查隔离对饮食差异的影响。在此基础上，进行实验测试价格和偏好因素是否能够减少因隔离而产生的不同收入群体的饮食差异。

2. 研究包括两种类型的代理：家庭和食品商店

1）家庭属性是收入和食物偏好。家庭被随机分为低收入或高收入（低收入 =0，高收入 =1；50% 的家庭被分配到低收入类别）。为了保持模型的简单性并提高解释，这种分类忽略了中等收入类别。食物偏好可以从许多方面来考虑，比如偏好高热量、缺乏营养的食物（不健康），以及偏好全麦和新鲜蔬菜（健康）。家庭食物偏好被分配为一个从 0 到 1 的连续得分（0 是对不健康食品的偏好，1 是对健康食品的偏好）。在"偏好实验"中，偏好是随机分配的或者是根据家庭收入分配的。

2）商店根据食物类型分两类（不健康 =0，健康 =1；50% 的商店出售健康食品）。商店中食品的平均价格同样分为两类（便宜 =0，昂贵 =1；50% 的商店出售廉价食品）。不健康食品商店可以被认为是便利店，而健康食品商店可以被认为是新鲜农产品市场。由于模型测量的是一段时间内动态发生的交互作用，商店可以改变他们出售的食物类型，但商店的价格在整个实验过程中保持不变。在初始化阶段，要么价格是随机分配的，要么食品价格与健康食品挂钩。

3. 研究包括两种类型的行为：家庭的行为和商店行为

1）在每个时间步骤中，每个家庭选择一家商店去购物和购买食品，时间步骤可以被认为是大约每 2 ~ 3 天（参考在实证研究中的食品购买频率）。家庭在 4 个维度上对商店进行排名，即商店的食品价格、到商店的距离、家庭的习惯行为和家庭对健康食品的偏好。每个家庭使用效用函数给每个商店打分。

2）商店的行为：ABM 的一个关键优势是它能够整合反馈行为。模型允许商店改变地点和食品类型以检查当商店对顾客需求作出反应时，饮食差异的变化。家庭有机会重新评估在哪里购物。顾客最少的商店有可能会关闭空置一段时间，然后新商店搬入。基础实验表明，新商店有 10% 的机会改变其出售的食品类型。大多数新商店出售的食品类型与以前的商店相同，但有些商店改变了他们的食品类型。

此外，模型中加入了不确定性和随机性（如代理的位置和属性），因为商店行为和家庭对购物地点的选择并不总是可以用理性选择来解释的。

研究通过多种情境模拟不同环境下、不同收入群体的饮食差异。通过模型实验发现在没有其他因素的情况下，饮食差异是由于高收入家庭和健康食品商店与低收入家庭和不健康食品商店的空间隔离造成的。

3.5　因果推理

3.5.1　基本概念

因果推理，也称为因果推断（Causal Inference），对科学来说是必不可少的，因为我们经常想要得到因果关系，而不仅仅是相关性关联。查明因果效应，即根据部分或完全已知的因果结构和一些观察到的数据，确定干预措施的效果，通常被称为因果推理。例如，如果我们在一种疾病的治疗方法中进行选择，我们希望选择一种治疗方法，它能使大多数人得到治愈，同时又不会造成太多的不良副作用。因果推理是一项复杂的科学任务，它依赖于对来自多个来源的证据进行分析，以及对各种方法论的应用。

因果关系实际上是一个反事实问题。就是做某件事情的时候，反过来想一想，如果没有做这件事，情形会怎样？建立因果关系是实证研究的重要目标。从一个变量 D 到另一个变量 Y 的特定因果关系，通常不能从观察到的两个变量之间的关联来评估。因为至少部分观察到的两个变量之间的关联可能是由反向因果关系（Y 对 D 的影响）或第三个变量 X 对 D 和 Y 的混杂效应引起的。[11] 因果关系是科学中的一个基本概念，在解释、预测、决策和控制中起着重要作用。

1. "结果的原因"和"原因的结果"

传统健康社区研究通常采用"问题导向"思路，即先发现有一个需要分析的问题，然后通过具体的研究找出答案。问题导向的思路探寻"结果的原因"。先有一个因变量，然后倒推回去看什么因素影响了结果。这一分析思路虽然常见但却经常使得研究变得复杂。因为针对特定的结果变量可能有很多潜在解释，实际上很难真正确定解释因素究竟有多大的解释力。从因果推理的角度来讲，"结果的原因"这一分析思路将面对很多潜在的混淆误差。

"原因的结果"是以原因为导向，其分析的重点是了解自变量究竟能不能影响因变量。从本质上说，"原因的结果"背后是实验的逻辑。研究者会采用各种各样的研究设计，尽可能去控制其他混淆因素的影响。基本上，因果推断的统计方法都是采用这条路径，即如何确定自变量影响了因变量，同时把各种各样的混淆因素控制起来。[12]

"结果的原因"和"原因的结果"代表了两种不同的研究范式。"原因的结果"这个范式日渐兴起。这也就是为什么越来越多的研究开始讲求经验分析和研究设计，力求通过精致的经验考察，确定一个或者有限几个变量的因果关系。这也就在一定程度上超越了传统的以"结果的原因"为基本分析思路的研究，从而从强调相关关系转而强调因果关系。

因果科学中使用范围最广的模型，一个是著名统计学家唐纳德·鲁宾（Donald Rubin）教授在 1978 年提出的潜在结果模型（Potential Outcome Model）；另一个是图灵奖获得者朱迪亚·波尔（Judea Pearl）教授在 1995 年提出的结构因果模型（Structural Causal Model）。潜在结果框架的主要目标是估计不同干预下的潜在结果，以估计实际的干预效果。而结构因果模型则是通过构建因果图与结构方程来探究因果关系。无论因果框架的选择如何，现实生活中的因果研究分为两种不同的类型：实验和观察。实验研究需要具有因果关系的研究人员设计和进行实验。因此，干预是生成数据的过程的一部分。相反，观察性研究的数据生成过程要么不涉及干预，要么涉及无法控制的干预，例如社区健康政策对居民健康的影响。

2. 统计方法

因果推理的统计方法是利用试验性研究和观察性研究得到的数据，评价变量之间的因果作用和挖掘多个变量之间的因果关系。[13] 随机实验是目前为止最好的因果推论的方法。但是这种方法很难应用于人群，因此观测性研究成为选择方案。观测性研究比随机实验更复杂，需要控制很多潜在的混淆变量。和随机实验相比，观测性研究中很多潜在的混淆因素的影响都没有办法完全消除。但是，特定因果关系的成立需要满足四个假设：①单位处理变量值稳定假设（Stable Unit Treatment Value Assumption，SUTVA）：被研究对象所接受的处理变量的性质是固定的。处理变量的性质在不同对象之间不存在互相影响。②一致性假设（Consistency）：如果两个事件有因果关系，那么在所有节点上必须观测到这个因果关系。③可忽略性假设（Ignorability）：接受处理变量的影响（进入实验组还是控制组）是个随机事件。④正值假设（Positivity）：每个被研究对象接受处理变量特定取值的概率在 0 ~ 1。其中，可忽略性假设直接决定了是否有混淆性偏误。随机实验可以保证该假设成立，但是观测性研究很难利用随机实验的方式。因此，我们通过很多方法让观测性研究接近随机实验，例如回归断点设计、匹配方法、倾向值方法。[14] 研究者通过统计处理在实验组与控制组之间平衡混淆因素。

基于调查数据的因果推断需要面对内生性问题。内生性问题是指模型中的一个或多个变量与误差项存在相关关系。简单来说，我们建立回归方程函数时，等号左边是因变量，右边是自变量。在联立方程模型里，一个变量可能在方程左边，也可能在方程右边。即变量可能被其他变量决定，也可能影响其他变量，它们在整个模型中起了中间环节的作用。如果存在这样的问题，模型中的参数就会太多，以至于无法估计因果关系。内生性问题有四个来源。

1）遗漏变量

在实证研究中，研究者通常无法控制所有能影响被解释变量的变量，因此遗漏解释变量是很常见的事情。

2）选择偏差

选择偏差包括两种形式，即样本选择偏差和自选择偏差。

3）双向因果

变量通常是相互依赖的或者说是互为因果。

4）测量误差

模型使用数据和真实数据存在误差。

通过统计分析的方法可以解决内生性问题，主要包括工具变量（Instrumental Variable, IV）、固定效应模型（Fixed Effects Model, FEM）、倾向值匹配（Propensity Score Matching, PSM）、断点回归（Regression Discontinuity, RD）、实验以及准实验（Experiments and Quasi-Experiments）等。在环境和健康的研究中有一些相对独有的特征，这些特征往往使因果推理变得困难，因为它本质上侧重于在动态的人群中发生，以及它们特定的社会特征。气候变化、城市设计、公共交通、空气污染以及水土污染等问题通常都会影响整个社区的居民。例如，研究水环境与健康结果的关联，可能会被其他因素所混淆，例如经济发展水平，住房条件差和室内空气污染。[15]因此，对混杂因素的考虑至关重要。

健康社区研究中常用的方法与适用条件等见表 3-4。

健康研究中常用的因果推断方法[16]　　　　　　　　　　表3-4

方法	适用条件	优点	缺点
随机控制实验	随机分配处理组与对照组，对未观察到的混杂因素进行随机对照	从某种意义上讲，随机受控实验是最可信的一种评估方法；处理 X 与潜在结果与协变量的取值无关，可以保证潜在结果与处理分配 X 独立；通过随机化，可以使得已知的和未知的混杂因素在处理组和未处理组都达到平衡	样本容量很小时，估计量的精确度不足；存在自我选择效应；很难排除政策的溢出效应、替代效应；可能存在实验效应；系统误差无法完全避免；实施成本高，时间长
倾向得分匹配	适用于截面数据和纵向数据；必须满足很强的假设前提，并且要具有相当的数据量	不需要对可观测因素的条件均值函数和不可观测因素的概率分布进行假设；当许多因素与处理相关时，允许进行平衡比较，假定所有这些因素均已被精确测量，不会有无法测量的混杂因素	极强的前提假设；不能为所有的处理组个体找到控制组个体；数据量要求极大；结果的稳健性受到多种挑战

方法	适用条件	优点	缺点
工具变量	适用于截面数据、面板数据和纵向数据；工具变量要和内生解释变量相关，但是与扰动项和其他解释变量无关	在实验个体的处理不符合随机分配的情况下最容易被采用；可以很好地解决遗漏变量和双向因果问题	要找出满足条件的工具变量并不容易；只有当个体对政策反应的异质性不影响参与决策时，工具变量才能识别，但这是一个很强的假定
双重差分	适用于面板数据和纵向数据；需要满足平行趋势假设	控制了未观测的和可观测的时不变特征的异质性，因此不太容易因未测量的混杂因素或测量误差而导致偏差	数据要求更加苛刻；个体时点效应未得到控制；未考虑个体所处的环境对个体的不同影响；溢出效应的风险
断点回归	适用于截面数据和纵向数据；除处理变量以外，其他影响结果的协变量在分界点两侧不应有明显的断点；分组变量是连续的	类似于随机实验，因果推断最为清晰，结果最为可信，假设的可检验性也最强	不能完美地模拟随机实验的普遍性；阈值必须是一个真正的随机因素；因此，该方法可适用的范围较小
个体固定效应	适用于纵向数据；分析比较同一时间段内同一个人或群体内的多个观察结果，并揭示该策略导致的平均结果变化	由于每个人或组都会随时间与自己进行比较，因此可以消除即使经过测量仍保持不变的人或组之间的差异，并且不会混淆结果	容易受到不可观测的时变混杂因素的影响；剔除了个体之间的所有截面数据的变化；随着时间的流逝容易出现测量误差

3.5.2 分析方法

1. 匹配法

因果推论常用的方法之一，匹配法。匹配法和随机实验还是有所不同的。随机实验最终的目的是希望通过随机化的过程让混淆变量，尽量在实验组与控制组之间保持平衡。匹配法可以把一些测量到的混淆因素进行匹配。通过这种方法，匹配的结果在能够观测到的混淆因素上尽可能向随机实验靠近。随机实验不仅能够平衡可观测到的混淆变量，也可以平衡非观测到的混淆变量，但是匹配只能针对可观测的混淆变量操作。

倾向值匹配也是环境与健康应用较多的一种方法。居民所处的建成环境并非随机选择的结果，个体属性、行为偏好、生活习惯等因素都会影响确定住所的过程。由于这一自选择机制的存在，基于独立随机假设的回归难以处理反向因果关系和遗漏变量等内生性问题，加之本身存在线性假设和多重共线性等不足，极易产生有偏估计。倾向值匹配的方法则借鉴实验设计思路，通过对处理组和控制组中样本的逐一匹配，达到随机分配效果。[17] 倾向值匹配是指个体进入处理变量特定水平的概率。倾向值则通常是由一系列混淆变量决定的。在这种情况下，研究者可以通过特定的模型来估计倾向值。倾向值匹配是非参数模型，不受传统线性模型设定方式的限制。倾向得分匹配模型类似于多元线性回归。多元线性回归的无偏估计依赖于函数形式的正确设定，否则会出现函数形式误设导致估计量有偏。倾向得分匹配模型通过匹配可以减少对函数形式的依赖。[18]

2. 工具变量

工具变量是定量分析中解决内生性问题的重要手段，是基于调查数据进行因果推断的前沿方法。工具变量法可以解决遗漏变量、样本选择、双向因果和测量误差这四种违背经典线性回归假定情况的内生性问题。一般来讲，如果确定研究中存在内生性问题，又无法确定产生原因，可以考虑使用工具变量法。但是工具变量的选取并不容易，因此在计量经济学中应用较为常见，但是健康社区领域应用并不广泛。

3. 双重差分法

一般用于评估随机试验或自然实验（例如法律、法规的调整）的效果，而试验的效果常常需要一段时间才能显现出来，因此我们往往需要实验前后几年的数据，用以评估被解释变量试验前后的变化。

4. 断点回归

断点回归分析被认为是最接近随机实验的检验方法，能够避免参数估计的内生性问题，从而真实反映出变量之间的因果关系。[19]断点回归设计根据干预前措施的临界分数将参与者分配到干预和控制条件的设计，断点回归是评估方案或治疗是否有效的有用方法。断点回归设计是测试前——测试后两组设计，即在一些计划或治疗之前和之后施用相同的措施（或者可能是相同措施的替代形式）。

5. 固定效应

固定效应模型将个体在不同时点的差异固定起来，从而有效排除了未被观察到的遗漏变量对因变量的影响，以及对自变量和因变量关系的干扰作用。固定效应模型与随机效应模型能够在某种程度上解决缺失变量导致的估计偏误问题。二者主要的区别在于，固定效应模型将个体之间没有被观察到的差异当作固定参数来处理，随机效应模型则是将遗漏变量当作具有特殊概率分布的随机变量。[20]

3.5.3 结构因果模型

1. 因果图（Causal Diagram）

图形模型描述因果关系可以更好地理解和表达对因果关系的想法。我们前文提到的两种因果模型中，朱迪亚·波尔（Judea Pearl）教授提出的结构因果模型即应用因果图的思路进行因果分析。其中，概率图模型是利用图形模型来结构化各变量概率，描述变量间的相互依赖关系的一种方法。健康社区中常用的贝叶斯网络就是概率性的图形模型中的一种。概率图模型分为贝叶斯网络（Bayesian Network）和马尔可夫网络（Markov Network）两大类。贝叶斯网络可以用一个有向图结构表示，马尔可夫网络可以表示成一个无向图的网络结构。图模型理论是近年来最活跃的研究领域之一，越来越被广泛应用于大规模复杂系统的描述和统计推断。

变量间依赖结构由节点（描述变量）和有向弧（描述条件关系）以有向无环图（Directed

acyclic graph，DAG）的形式表示。学习贝叶斯网络涉及两个组成部分：结构学习，即发现最能描述数据中因果关系的有向无环图，以及参数学习，即条件概率分布。[21]

案例：城市社区环境与认知功能健康 [22]

我们在前文介绍过自选择现象会导致混杂效应，尤其是在社区环境相关的研究中。我们城市环境的很多方面都可能是潜在的混杂要素。居住环境的自选择，即人们选择居住地区提供设施或环境满足他们的首选的生活方式。在该项研究中包括了两个原因，娱乐设施的使用和目的地的使用。社会经济状况也被认为是一个潜在的地区层面混杂因素或协变量。如图 3-3 所示为如何通过有向无环图描述变量与控制混杂因素。变量之间假设的因果效应根据先前的研究和专家意见。研究通过广义加性混合模型评估环境属性对认知功能的直接和间接影响。

通过有向无环图描述社区属性、身体活动和久坐行为，以及认知功能之间的假设关系。通过向无环图可以充分控制潜在的混杂因素。圆圈表示的变量是潜在混杂因素的集合（人口统计学特征，如性别、年龄等，社区环境，如土地利用、密度、目的地等）。

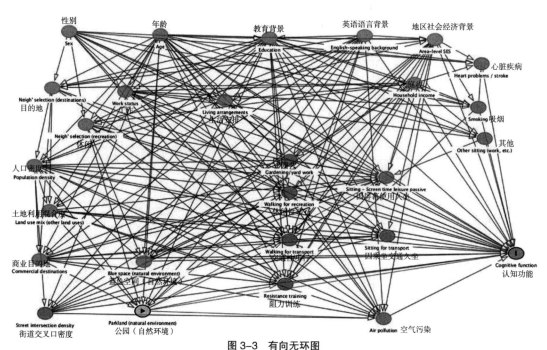

图 3-3　有向无环图
（表达自然环境绿地在社区认知功能中的总影响）

2. 结构方程模型（Structural Equation Modeling，SEM）

基于变量的协方差矩阵分析变量之间关系的多元数据分析工具，实际上是广义线性模型的扩展，可以同时分析处理多个因变量。[23] 结构方程模型是环境与健康分析中最常用的方法之一，例如通过结构方程分析邻里环境对居民健康的影响的中介效应[24] 等（图 3-4）。其相较于传统回归模型的优势有以下几点。其一，结构方程模型可以包含潜变量，即无法直接测量（比较抽象的概念和由于种种原因不能准确测量的变量），需要通过多个其他变量共同构成的变量。健康社区研究中很多心理健康、健康素养、健康政策等解释变量无法直接测量，均需要通过潜变量计算。其二，结构方程模型可以容忍多重共线性。很多规划领域常用的环境变量（密度、连通度、目的地可达性等）彼此之间存在的高度相关关系会影响到模型拟合结果。关于结构方程模型的专著和在健康领域应用的论文有很多，可供读者深入学习。

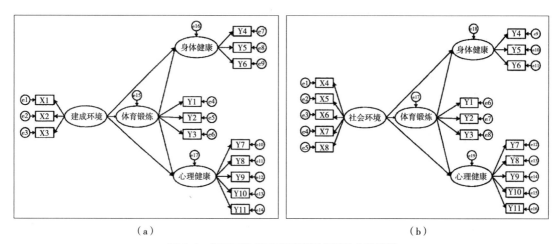

（a）　　　　　　　　　　　　　　　（b）

图 3-4　邻里环境对居民健康影响的结构方程模型

（a）模型 1 建成环境的邻里效应结构方程理论图；（b）模型 2 社会环境的邻里效应结构方程理论图

3. 因果中介效应

变量之间的因果关系可能包括直接和间接影响。直接因果效应是直接从一个变量到另一个变量的效应。当两个变量之间的关系由一个或多个变量介导时，就会发生间接影响。传统中介模型估计直接和间接影响的有局限性，环境变量和中介变量相互作用时结果无法解释。[25] 用于中介分析的因果推理方法——因果中介是传统方法的延伸。因果中介在健康领域已经有一定的应用，临床医学、[26] 生物医学、[27] 社会学相关例如医患关系 [28] 等。但是在社区环境与公众健康方面并不丰富。关于中介效应基本原理的详细内容可以阅读温忠麟老师的相关论著，包括中介效应方法、[29] 纵向数据中介分析 [30] 等。传统中介模型如何应用可以参考本书最后案例章节第 10.5 节多要素间的交互作用。

案例：儿童社会心理环境与成人心脏健康，一种因果调解方法 [31]

研究使用因果中介分析来评估儿童心理社会环境与成年期心脏健康的关联，以及中介变量成人健康行为的关联的程度。使用边缘结构模型评估儿童环境与心脏健康指标和通过健康行为的中介途径的关联。模型通过逆概率加权（满足上文提到的正值假设的一种方法）控制年龄、性别和时间依赖性混杂，由成人社会经济地位进行控制。使用边缘结构模型评估中介效应（图 3-5）。

4. 决策实验室分析（Decision-making Trial and Evaluation Laboratory，DEMATEL）

基于复杂问题、基于图论与矩阵工具而提出的一种结构建模方法，可用于分析系统组成

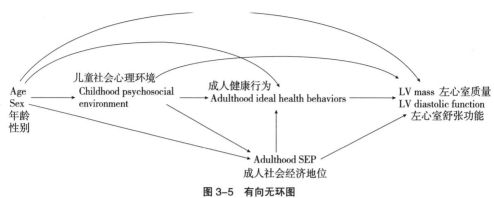

图 3-5　有向无环图
（描述儿童环境、健康行为和社会经济之间关系的概念模型以及健康指标）

部分之间的因果关系。DEMATEL 可用于确认组件之间存在关系或反映组件内关系的相对水平。因此，它可以用来解决涉及许多相互依赖关系的复杂问题。DEMATEL 方法不仅将因子之间的关系转换为因果群，而且还借助影响关系图找到复杂系统的关键因子。例如可以通过应用 DEMATEL 方法，确定医院服务质量指标的重要性，以及指标之间的因果关系。[32]

5. 贝叶斯网络

贝叶斯网络在健康社区中也有广泛应用，尤其是随着机器学习技术兴起。贝叶斯网络中的因果概率关系可以由专家提出，也可以使用贝叶斯定理和正在收集的新数据进行更新。此外，基于贝叶斯定理的其他应用，例如朴素贝叶斯分类器也广泛应用于各个领域。例如，很多研究利用朴素贝叶斯分类器通过社交媒体数据挖掘心理健康相关的指标，如情感、情绪、潜在抑郁等。对时间序列数据进行建模可以使用动态贝叶斯网络。基于贝叶斯模型的多变量中介效应等。贝叶斯网络，以及与机器学习的结合是目前环境与健康研究领域的研究热点。

因果推理与机器学习领域有着密切的关系。近年来，机器学习领域的蓬勃发展促进了因果推理领域的发展。应用机器学习方法可以更准确地估计结果。除了对结果估计模型的改进，机器学习方法也为处理混杂因素提供了一个新的思路，例如生成式对抗神经网络通过学习所有协变量的平衡表征来调整混杂变量。[33] 在机器学习中数据越多越好。然而，在因果推理中，拥有更多的数据只有助于获得更精确的估计，但它不能确保这些估计是正确和无偏见的。机器学习方法促进了因果推理的发展，同时因果推理也有助于机器学习方法的发展。

本章节仅对因果推理进行最简单的介绍，关于因果推理更深入地解析以及相关方法的应用可以参考两位因果领域奠基人的经典论著，以及哈佛大学的流行病学家詹姆斯·罗宾斯（James Robins）教授 2020 年出版的专著《因果推理：如果》。[34]

本章参考文献

[1]　Joshi，Himanshu. Social Research Methods[J]. 4th Edition，Abhigyan，2015，32（4）：77.

[2]　Thiese，Matthew S. Observational and Interventional Study Design Types；an Overview[J]. Biochemia Medica，2014，24

（2）：199–210.

[3]　Goldman，Robert N，et al. Interactive Statistics：Preliminary Edition[J]. The American Statistician，1998，52（3）：283.

[4]　Burke，Jessica G，Steven M. Albert. Methods for Community Public Health Research[M]. 1st editon. London：Springer Publishing Company，2014：chapter7.

[5]　Wang F，Guo D，McLafferty S. Constructing Geographic Areas for Cancer Data Analysis：A Case Study on Late–stage Breast Cancer Risk in Illinois[J]. Appl Geogr，2012，35（1–2）：1–11.

[6]　Burke，Jessica G，Steven M Albert. Methods for Community Public Health Research[M]. 1st edition. London：Springer Publishing Company，2014：chapter3.

[7]　Luke D A，Stamatakis K. A. Systems Science Methods in Public Health：Dynamics，Networks，and Agents[J]. Annual Review of Public Health，2012，33：357–376.

[8]　Freeman，Linton C. Social Network Analysis[M]. London：Sage，2008.

[9]　Loyo H，Batcher C，Wile K，et al. From Model to Action：Using a System Dynamics Model of Chronic Disease Risks to Align Community Action[J]. Health Promotion Practice，2013，14（1）：53–61.

[10]　Auchincloss，Amy H，PhD，MPH，et al. An Agent–based Model of Income Inequalities in Diet in the Context of Residential Segregation[J]. American Journal of Preventive Medicine，2011，40（3）：303–311.

[11]　Alberto Abadie，Causal Inference. Encyclopedia of Social Measurement[Z]，2005：259–266.

[12]　胡安宁 . 应用统计因果推论 [M]. 上海：复旦大学出版社，2020：19.

[13]　苗旺，刘春辰，耿直 . 因果断断的统计方法 [J]. 中国科学：数学，2018，48（12）：1753–1778.

[14]　胡安宁 . 应用统计因果推论 [M]. 上海：复旦大学出版社，2020：10.

[15]　Pearce N，Vandenbroucke J，Lawlor D. Causal Inference in Environmental Epidemiology：Old and New[J]. Epidemiology，2019，30（3）：311–316.

[16]　任国强，王于丹，周云波 . 个体健康研究中的因果推断——方法、应用与展望 [J/OL]. 人口与经济：1–31[2021–12–23]. http：//kns.cnki.net/kcms/detail/11.1115.F.20211216.1515.008.html.

[17]　张延吉，秦波，唐杰 . 基于倾向值匹配法的城市建成环境对居民生理健康的影响 [J]. 地理学报，2018，73（2）：333–345.

[18]　苏毓淞，倾向值匹配法的概述与应用从统计关联到因果推论 . 重庆：重庆大学出版社，2017.

[19]　李卫兵，邹萍 . 空气污染与居民心理健康——基于断点回归的估计 [J]. 北京理工大学学报（社会科学版），2019，21（6）：10–21.

[20]　李建新，刘保中 . 健康变化对中国老年人自评生活质量的影响——基于 CLHLS 数据的固定效应模型分析 [J]. 人口与经济，2015（6）：1–11.

[21]　Shen Liu，James McGree，Zongyuan Ge，Yang Xie. Classification Methods，Computational and Statistical Methods for Analysing Big Data with Applications[M]. Salt Lake City：Academic Press，2016：7–28.

[22]　Cerin E，Barnett A，Shaw J E，et al. From Urban Neighbourhood Environments to Cognitive Health：A Cross–sectional Analysis of the Role of Physical Activity and Sedentary Behaviours[J]. BMC Public Health，2021，21（1）：2320.

[23]　曹晨，甄峰，汪侠，姜玉培 . 基于结构方程模型的南京市就业者通勤行为特征对健康的影响研究 [J]. 地理科学进展，2020，39（12）：2043–2053.

[24]　林静，周钰荃，袁媛，刘于琪 . 邻里环境对居民健康的影响及其差异——基于广州市 28 个社区的结构方程模型 [J]. 现代城市研究，2020（4）：9–17.

[25]　Imai K，Keele L，Yamamoto T，et al. Identification，Inference and Sensitivity Analysis for Causal Mediation Effects[J]. Statistical Science，2010，25（1）：51–71.

[26]　Zhang Z，Zheng C，Kim C，et al. Causal Mediation Analysis in the Context of Clinical Research[J]. Annals of Translational Medicine，2016，4（21）：425.

[27]　Jérolon A，Baglietto L，Birmelé E，et al. Causal Mediation Analysis in Presence of Multiple Mediators Uncausally Related[J]. The International Journal of Biostatistics，2020，17（2）：191–221.

[28] 李锋, 刘杨. 互联网使用、社会信任与患方信任——基于因果中介模型的分析 [J]. 中国社会心理学评论, 2020（1）: 81–94+185.

[29] 温忠麟, 叶宝娟. 中介效应分析: 方法和模型发展 [J]. 心理科学进展, 2014, 22（5）: 731–745.

[30] 方杰, 温忠麟, 邱皓政. 纵向数据的中介效应分析 [J]. 心理科学, 2021, 44（4）: 989–996.

[31] Corrigendum: Komulainen K, Mittleman M A, Ruohonen S, et al. Childhood Psychosocial Environment and Adult Cardiac Health: A Causal Mediation Approach[J]. American Journal of Preventive Medicine, 2019, 58（5）: 195–202.

[32] Shieh J I, Wu H H, Huang K K, et al. A Dematel Method in Identifying Key Success Factors of Hospital Service Quality[J]. Knowledge-based Systems, 2010, 23（3）: 277–282.

[33] Yao L, Chu Z, Li S, et al. A Survey on Causal Inference, ACM Transactions on Knowledge Discovery from Data[J]. 2021, 15（5）: 1–46.

[34] Hernán M A, Robins J M. Causal Inference: What If [M]. Boca Raton: Chapman & Hall/CRC, 2020.

本章图片来源

图 3-1　摘录自，本章参考文献 [4].

图 3-2　摘录自，本章参考文献 [5].

图 3-3　摘录自，本章参考文献 [23].

图 3-4　摘录自，本章参考文献 [24].

图 3-5　摘录自，本章参考文献 [32].

表 3-1 ～ 表 3-3　摘录自《研究设计与写作指导》.

表 3-4　摘录自，本章参考文献 [16].

第4章 环境与健康研究内容

4.1 测量维度——建成环境

建成环境概念解读：环境大致可分为建成环境、自然环境、社会环境三部分，其中建成环境和自然环境大多能够通过客观指标进行定性定量的测度和分析，如建筑密度、绿地率等，而社会环境主要通过主观指标进行感知和评价，如幸福感、满意度等。三者共同构成人居环境，从不同的维度影响人们的生产生活活动。

建成环境是多个学科普遍关注的研究对象，如规划、建筑、交通等，因此研究的切入点多种多样。具体来说，建成环境是指人为建设、改造的各种建筑物和场所，以及那些通过政策、人为行为改变的环境，由土地利用、交通组织、空间设计等一系列要素组合而成。建成环境研究的关注点与研究尺度密切相关，不同的研究尺度，关注的重点存在差别。在城市尺度上，建成环境的研究多着眼于城市形态、城市整体空间结构、城市重大基础设施，以及公共服务设施的布局等；在街区尺度上，建成环境的研究多着眼于建筑密度、土地混合使用强度、街道连接性等方面；在个体场所尺度上，建成环境的研究多着眼于步行环境、美学、安全等方面。

4.1.1 建成环境与公共健康

现代城市规划的缘起与公共健康密切相关，创造健康的人居环境、提升居民生活水平是城市规划的主要目标之一。进入 20 世纪以来，随着城市的快速发展，以牺牲环境质量为代价的发展模式屡见不鲜，新的健康问题已经从传染性疾病转向慢性疾病，如肥胖、心血管疾病等。

而城市规划与公共健康相关联的重要环节在于建成环境。建成环境作为城市规划建设在空间上的反映，是影响居民公共健康的重要载体，其作用不容忽视。大量研究表明，健康不仅受到遗传因素、生活方式、社会经济等因素的作用，还与建成环境要素密切相关。减少消极的建成环境要素，增加积极健康的建成环境要素，将会不同程度促进居民的体力活动，从而减少慢性疾病的发生概率，在更广阔的范围内促进健康和福祉。

普遍认为，建成环境与人类健康存在一定关系。但如何识别对健康有影响的建成环境要素，这些要素又是通过何种途径影响人类健康等问题，仍然处在探索之中。国际领域的探索表明，关于社区建成环境与健康的研究，大多以行为作为研究中介。但建成环境和行为的测定均具有多样性和多维度特性，并且目前大部分研究属于横断面研究，只是建立了环境因素与体力活动的相关性关系，由于只是集中在某一个时间点上，没有建立因果关系。除此之外，建成环境对于体力活动的影响是一个复杂的过程，一方面建成环境对体力活动的影响具有多因素和多层次性，另一方面，人的体力活动也是心理和生理活动两方面相互作用的结果。目前，大部分研究仅针对单个建成环境因素与体力活动的关系，并没有考虑多个因素及其之间的关系对体力活动的影响，且研究的因素多为环境物理指标，对于主观感知因素的研究不足，无法真实反映建成环境对于体力活动的影响。因此，除了针对单个建成环境因素与健康关系的研究，也要进一步确认多种因素与健康的关系，以及因素与因素之间的作用。同时，对于建成环境与体力活动的关系，可以从能动选择和被动制约两个方面进行探讨，以理解居民体力活动行为的复杂性。

4.1.2 建成环境的测量

1.建成环境测量指标

社区建成环境要素分析多聚焦于中微观尺度，包括密度、土地混合使用强度以及微观环境等。20世纪末，塞韦罗和科克尔玛（Cervero and Koekelma）提出了著名的"3D"测度指标体系，即密度（Density）、多样性（Diversity）、设计（Design），[1] 从而推动了后续关于指标体系的研究。之后，有大量学者提出了新的指标框架，如汉迪（Handy）从基于社区层面的交通研究角度出发，提出了五个需要测度的建成环境要素，即密度和强度、土地混合使用度、街道连通性、街道尺度、美学等。在各种探讨中，尤因和塞韦罗（Ewing，Cervero）提出的"5D"指标体系广受人们关注和认可。"5D"指标体系是在原来"3D"指标体系的基础上，增加了衡量社区交通便捷程度的指标，即目的地可达性（Destination Accessibility）和公交换乘距离（Distance to Transit）。[2] 当前，"5D"要素已经成为社区建成环境重要测度指标。这五项要素充分描述了社区内外部环境特征，其中前三项主要侧重于描述内部环境特征，后两项侧重于描述社区与外部空间联系的便捷程度。后来，又有学者提出了"6D""7D"指标体系，但总的来说，与"5D"指标本质上并没有差异。因此，建成环境测度指标一直是国内外城乡规划学科研究的重点和难点。

1）密度（Density）

密度是最为普遍的建成环境测度要素之一，它反映了单位用地面积上所承载的人类活动强度。[3]密度没有统一的定义标准，通常指的是单位面积内人、住宅、树木、建筑等的数量。[4]密度进行计算时，包含哪些因素，在何种缓冲区尺度上进行测量，都会导致密度产生差异。此外，密度的高低也没有统一的衡量标准，一般来说，高密度意味着较为紧凑的土地利用开发，出发地和目的地之间的距离较短，这将会有助于缩短出行距离，促进步行、自行车出行等非机动车出行，促进人的体力活动。但也有学者指出，过高的密度可能会导致街区混乱，从而抑制健康出行行为。[5、6]因此，密度与体力活动之间的作用关系尚不明确，且密度指标是否存在最佳阈值，若存在，那阈值又是多少，这些都是尚未解决的难题。另外，高密度这一建成环境特征并不是孤立存在的，通常高密度也意味着较高的土地混合程度，因此影响体力活动强度的是密度本身还是其他潜在的因素，还需要进行详细地探索。[7]

常用土地利用密度指标及其计算方法　　　　　　　　　　　　　　　表4-1

指标类型	指标名称	计算公式
人口密度类	人口密度	$\dfrac{人口总数}{总面积}$
	特定类型人群密度	$\dfrac{特定类型人群总数}{总面积}$
	就业密度	$\dfrac{就业人口数}{总面积}$
建筑密度类	建筑密度	$\dfrac{建筑物基底面积}{总面积}$
	特定类型建筑密度	$\dfrac{特定类型建筑总数}{总面积}$

常用的密度指标包括人口密度和建筑密度两方面内容（表4-1）。其中，人口密度指的是单位面积内的人口数、居住单元或工作岗位的数量，包括总人口密度、特定类型人群密度、就业岗位密度等。其中特定类型人群密度研究多聚焦于老年人、儿童、学生等弱势群体，去探究环境对弱势群体的友好程度。在对人口密度进行统计时，包含特定开放空间人口密度、社区总人口密度等，根据研究目的的不同，有针对性地选择相应指标进行测算。建筑密度类指标包括建筑密度、特定类型建筑密度等，侧重于衡量社区的土地开发强度。其中特定类型建筑密度包括公寓建筑密度、住宅建筑密度、商业建筑密度等。随着通信技术的不断发展，上述数据获取方式不再局限于政府统计年鉴、遥感测绘数据、现场调查数据等，越来越多样的数据类型为城市研究的定量化分析奠定了基础，从而提高了城市规划的科学性，例如精细到个人的人口热力图数据、手机信令数据、住房数据等都为人口密度和建筑密度类指标提供了新的获取方式。

2）多样性（Deviersity）

多样性是促进体力活动的又一重要指标。一方面，适当的土地利用组合增加了"休闲性步行"（如步行到公园）和"交通性步行"（如步行到工作场所）的水平，另一方面通过提供公共空间、公园、街道等多种目的地来激发居民步行的乐趣。一个多样化程度较高的地区，往往存在多样化的人群和场所，从而使得建成环境更具有趣味性。

多样性包括两方面含义，一方面指的是土地使用用途的多样性，如"居住用地""行政办公用地""商业用地"和"绿地"等不同用途的土地在某一城市区块中水平方向的混合程度或某一类的占比情况；另一方面指的是各类业态的丰富程度，根据业态划分类型计算混合程度或各类业态分布情况，业态通常分为餐饮、购物中心、零售、学校、公园等。其中在土地利用混合度的研究中，多采用熵指数[8]来反映各类用地的空间构成情况，即熵指数越高，土地混合使用程度越高。此外，还可以用差异性指数[9]反映某一类用地周边情况与之差异情况。在业态丰富度研究中，水平方向上可通过计算具有两种以上业态的建筑所占比例来衡量，或通过一栋建筑内纵向业态混合程度来衡量（表4-2）。

常用土地利用多样性指标及其计算方法 表4-2

指标类型	指标名称	计算公式
土地利用占比类	特定类型用地比例	$\dfrac{特定类型用地面积}{总面积}$
	特定类型机构密度	$\dfrac{特定类型 POI 数量}{总面积}$
	职住平衡	$\dfrac{就业人数}{居住人数}$
	商住平衡	$\dfrac{零售商业数量}{住房数量}$
土地利用多样性类	土地利用混合熵	$\displaystyle\sum_{j}\frac{P_j\ln P_j}{\ln J}$ 式中　J——土地利用类型的综述； P_j——第 j 种土地利用类型所占的比重（$j=1,2,3\cdots j$）
	土地利用差异性	$\displaystyle\sum_{j}^{K}\sum_{i}^{8}\frac{X_i}{8K}$ 式中　K——研究区域内所包含多有格网的总数； j——第 j 个格网，当以直角坐标网络进行划分的时候； i——比邻每一个中心小格的 8 个格子，当周边小格存在与中心小格不一样的土地利用类型时 $X_i=1$，否则 $X_i=0$
业态多样性	具有两种以上业态的建筑比例	$\dfrac{建筑业态在两种以上的建筑物数量}{建筑物总量}$
	建筑纵向业态混合率	商业综合体内业态混合熵

3）设计（Design）

设计主要集中于表征社区微观层面的要素特征。近年来，随着城市精细化设计和管理的不断发展，人本尺度的社区空间量化分析测度将更具实践性和普适性。相比于宏观层面的建筑密度、土地混合使用程度等，微观层面的设计要素将更加直观地影响人们的主观感受，从而作用于人们的外出活动。并且微观层面要素能够以更快的速度更换或修整，效率更高，作用更为直接，成本更加低廉。因此，设计指标的确定和测度十分重要。

20 世纪末赛韦罗等人（Cervero et al.）将设计要素分为街道网络设计、步行道及自行车道设计、场地设计三大类，这三大类又详细划分为不同的指标测度要素，共同衡量社区的整体设计。其中街道网络设计包括四向交叉口所占比例、区域内路网密度、街道平均宽度等，步行道及自行车道设计包括具有人行道或种植带、行道树等要素的街区所占的比例、具有信号控制的交叉口所占的比例、步行道平均宽度、路灯间距平均距离等，场地设计包括具有街边停车场的商业零售和服务地块所占的比例等。随着研究的不断深入，设计要素包含的内容越来越全面。目前，设计要素并没有统一的标准框架，大多根据选取研究区域的差异，分别纳入不同的指标要素进行测度。例如在对街道空间进行研究时，有学者将街道要素分为街道整体设计（街道长度、街道高宽比、天空开阔度、节点空间设置等）、街道界面设计（通透系数、商业界面占比等）、街道设施设计（座椅密度、路灯密度、绿化设施等）等。[10]有研究表明，街道设计越丰富越能激发人们进行休闲活动的兴趣。[11]

4）目的地可达性（Destination Accessibility）

目的地可达性指的是克服时间、空间、经济等各种阻力到达各类设施用地的难易程度。通常来说，设施包括购物中心、商场、公共服务设施、休闲娱乐设施等。可达性计算方法多种多样，总的来说分为三大类：第一类是从供给角度衡量目的地可达性，包括指标统计法、[12]缓冲区分析法；[13]第二类是从需求角度衡量目的地可达性，包括最小临近距离法[14]和费用加权距离法；[15]第三类则是基于供给和需求双重角度衡量目的地可达性，包括引力势能模拟法[16]和两步移动搜索法。[17、18]

指标统计法指的是统计单元内部某类设施的数量或占地面积比例，此方法较为简单，能够快速衡量某类设施的可达性。缓冲区分析法指的是某类设施在其服务半径覆盖的范围内潜在服务的人口数量或居住用地面积等。随着研究的不断发展，设施服务半径的确定越来越趋近于真实状态，例如基于网络分析法确定的覆盖范围是以道路网络为基础，结果更具可靠性。最小临近距离法是以居住地为中心，计算居住地到周边某类设施的最近距离，该距离可以是最近空间距离或最短时间距离。费用加权距离法指的是以各类设施分类的栅格数据为基础，通过最短路径搜索算法计算到达公园的累计阻力（距离、时间、费用等）。[19]引力势能模拟法指的是各类设施的可达性不仅受距离的影响，还与设施自身品质相关，该方法对可达性进行了全面的分析，因此建模较为复杂。两步移动搜索法分别以供给点和需求点为中心移动搜索两次，设置一个明确临界范围，测算结果由供给点与需求点的供需情况决定，不限于行政边界。[20]

5）公共交通邻近性（Distance to Transit）

公共交通邻近性通常指的是社区到达最近的交通站点的距离。根据交通站点类型，划分为公共汽车邻近性、地铁邻近性、轻轨邻近性等。此外，公共交通邻近性也可以通过计算某一范围内某类交通站点设施数量进行测度。

上述"5D"指标大多基于俯视的视角去测度建成环境，但这可能与人本尺度所观测到的环境有所差异。目前，随着大数据的发展，新的数据获取方式层出不穷，例如绿视率、天空开阔度等，这些数据将更加准确全面地测度建成环境，补充现有"5D"要素测度的不足，更利于推进建成环境的精细化治理。

2. 建成环境测度方法

我们可以客观地测量建成环境要素，例如建筑密度、容积率等，但是这可能不符合个体对于建成环境的评价。[21]因此，建成环境测度需要从客观测量和主观感受两方面来相互补充。麦吉恩等人认为，客观环境要素与人对环境的感知，二者对体力活动的影响关系是独立的，也印证了上述观点。因此，建成环境的测度维度包括物质空间的客观测度与人对环境的感知测度。

建成环境的客观测量方法有很多，如实地调研数据、统计数据、开放组织数据、企业数据等。传统的数据方式主要包括实地踏勘数据、遥感测绘数据、统计类数据等，但随着大数据时代的到来，新的数据形式层出不穷，为建成环境测度提供了更多的方法，如开放组织数据中的百度地图开放平台、谷歌地球引擎，企业数据中的大众点评数据、安居客房产数据等。客观的测量更有可能反映建成环境的实际空间属性，并促进研究成果直接转化为规划实践，但很难对居民在建成环境中的体验、暴露和互动及三者如何影响居民健康行为和结果形成完整、准确的评估。相对于客观建成环境属性，对建筑环境的感知也在健康方面发挥着至关重要的作用，并可能补充建成环境客观测量的研究。并且一些建筑环境属性，如美丽、活泼，是难以客观衡量的。因此，主观指标的测量同样非常重要。

与客观测度相比，主观感知是基于个人属性特征对客观环境作出评价，例如感知可达性、路网密度、交叉口数量等，除此之外还可以补充无法定量研究的要素，例如美观度、安全性、安静性等环境属性。[22]主观感知是从个人视角出发，因此个人属性特征的差异将会导致主观感知的不同。传统的建成环境主观感知测度方法包括发放调研问卷、访谈等，但这些方法耗时耗力，并且容易出现回忆偏差。目前，有学者结合街景影像和深度学习技术等手段获取主观感知评价，这将会为建成环境主观感知测度提供新途径。[23]

通过不同测量方式获得的环境要素对结果的检验并不一致，感知环境和客观环境变量之间的一致性较低。研究发现，最常见的与环境感知和客观环境变量之间的一致性相关检查因素是年龄、性别、教育程度、体力活动水平、体重指数和对邻里的看法。[24]建成环境和体力活动之间的关联的证据主要来自个人层面对于环境认知的自我报告。[25] 例如，那些主观上认为居住环境不利于步行的居民，比真正居住在可步行性较差的居民缺乏运动意愿，更容易缺乏体力活动。[26] 物质空间环境与交通性步行相关，但是主观感知的道路连接性与交通性步行无关联。[27] 此外，主客观环境对不同的体力活动类型的影响也不同。[28] 休闲性步行与建成环境之间的关系跟交通性步行有很大差别，有一些建成环境要素对休闲性步行有很大影响，有一些则毫无关系。[29] 近年来，随着计算机视觉和深度学习技术的发展，结合街景影像（如谷歌、腾讯、百度）提供的大数据，为评估建成环境的主观感知提供了新路径。

4.1.3　微观建成环境的测量

微观建成环境是在建成环境概念的基础上提出的，目前对建成环境的研究可分为宏观尺度和微观尺度，相对于宏观尺度对土地混合度、密度等问题的关注，微观尺度则更加聚焦于城市建设的物质细节，通常包括步行环境、美学和安全，影响其相关微观建成环境因素相互交叉。基于现有研究中的对微观建成环境的描述，对相关环境因素进行如下整理，见表 4-3。

微观建成环境内容　　　　　　　　　　　　　　　　　　　　　　　表4-3

微观建成环境内容	主观感知	相关建成环境因素
步行环境	舒适度	道路宽度、空气质量指数等
	安全性	路面质量、平整度、车流量、车速等
美学	生动性 自然感 开放度 一致性 颜色对比度	街道家具（喷泉、公共座椅、雕塑、花架、自行车支架、售卖亭、遮阳篷、广告牌）、水景、景观绿化、商店招牌等
安全	安全性	交通标识、夜间照明、隔离带、底层商铺开放度等

大量研究表明，社区建成环境微观元素影响人们对于空间的直接感受。美国社会学家威廉·怀特（William Whyte）于 1970 至 1980 年的 10 年间，对美国户外休闲娱乐场所、公园、休闲场地进行了纵向研究。研究发现包括阳光、树、水景、坐凳空间，以及食品服务等，微观环境元素对城市公共空间的品质和使用程度具有重要的影响。[30] 周燕珉在对北京某社区持续 15 年跟踪调研的过程中发现，老年人更愿意在互相连接、彼此通达，拥有较高人气的场地上进行活动，这样有利于社交活动的发生，而对于与其他活动场地缺乏连接，设计复杂曲折的水系和碎石铺装，并且缺少停留的空间且植被茂密的场地，鲜有老人活动的迹象。[31] 这说明微观建成环境元素贴近居民生活日常，对居民活动及场地的偏好及选择产生直接影响。且相较于对现有街区尺度，土地利用混合度等社区宏观尺度进行改变，对微观品质的改变相对较为容易。从更

加贴近社区居民日常生活行为的角度出发，如增加广场休憩座椅，修复不平整道路等小微环境，由此可促进更多的体力活动，激发人们的社会交往，以及对社区公共事务的支持力度，从而强化邻里社会凝聚力，通过给个体提供有意义的社会联系及相互尊重来增加居民的生活获得感，最终积极地影响个体健康。[32]

1. 可识别性

可识别性也译作自明性，是能够在凸显其内容、特性、特征和价值的前提下，从自身所处环境要素中被区分出来的性质。在过去的研究中发现，观察者视觉对建筑的清晰识别是影响可识别性的重要因素，建筑的尺度、色彩、符号、形态、构成，以及肌理都可以影响人的视觉，由此可见建筑的可识别性较大程度受到环境的影响。因此可以从环境和围绕建筑发生的活动两方面来对建筑识别性进行度量。

2. 尺度

尺度研究的是街区的长宽及两侧建筑物高度之比带给人们心理上的不同感受。高宽比的不同，对人会产生不同的视觉效果。根据现有研究整理可得，若将街道两侧的建筑外墙高度设置为 H，将街道宽度设置为 D，将 $D:H$ 与视觉分析比较，可以得出不同的比值会引起不同的心理反应，从而影响人群互动。当 $D:H$=1：1 时，街道空间会给人带来封闭，非常狭窄的感受。$D:H$=2：1 时街道空间会带给人空间上的围合感，但较于前者，狭窄的感受会降低一些；当 $D:H$=3：1 时街道空间产生较强的空间感，不会过宽；$D:H$=6：1 是能保持空间围合感的最大比例，且建筑不阻挡街道视线。

3. 围合度

街道围合度主要描述街道两侧界面中，树木和建筑街道的占比，其所占比例决定了街道的围合程度。绝大多数城市空间的围合度都处于一定的合理的范围内，围合度过大或过小都不利于空间功能的发挥，给人"不舒服"的感觉。通过学者们对街道围合程度的研究可以看出，合适的围合度能够给行人带来一定程度的稳定感和安全感，但应控制好建筑高度、街道宽度，以及两侧树木的高度，不然则会适得其反，给行人带来压抑和窒息感。一般来讲容易形成视觉焦点的空间更容易形成围合感，在设计中可以通过对不同的建筑细节、铺装形式和街道植被来营造不同的围合程度。

4. 共享空间

共享空间是指公众共同使用的空间。随着以人为本的社区营造理念逐渐实施，学者们提出了多种社区空间共享模式，其中老幼作为对社区公共空间使用的高频人群，其共享模式的研究较为成熟。吕元等人基于不同年龄段老幼的差异性行为方式，梳理了社区公共空间老幼共享活动及互动关系。[33] 分别从功能组织、空间布局、环境设计三个维度提出看护型和参与型两种老幼共享模式，为社区代际交流公共空间的建设提供参考依据。在环境设计方面，作者提到应从老幼生理及心理特征出发，在空间入口，公共服务设施等重要节点处设置彩色标牌或记号，引起他们的注意。在营造场所舒适性方面，可以通过吸引人的道路铺装、绿植、木质的构筑物材质等方法，从视觉、听觉、嗅觉等多方面提升居民的感官舒适度。

5. 材质

材料可以作用于使用者的视觉触觉，使得他们产生不同的心理感受。在选择材料时，除了关注材料的物理性能外，还应注意材料的心理性能。通过相关学者对材质质感对使用者主观感受的影响，可以发现木材带给人的主观感受多为自然、耐久、亲和、细腻，常用于室内，在社区范围的微观建成环境中，常常被用作休憩座椅，儿童游戏区等拉近环境与使用者关系的场景中。玻璃带给人现代感，对其的特性描述多为冰冷、平整、透亮、光洁，在室外更能引起关注，多用于商店橱窗围合，起到展示商品和采光的作用；金属、合金作为建筑外立面材料使用，多数遭到腐蚀变得粗糙且有缺损，显得破败、脏乱，带给人们较差的感官体验，容易使人觉得该环境破旧；砖石、混凝土、石膏，以及陶土类材料的带给使用者的质感体验相似，但表面处理上更为复杂，适用于室内外墙面等的装饰。[34]

6. 街道家具

"城市家具"的说法最早源于欧美，指街道中的家具，如在城市中设置的景观小品、休憩座椅、邮筒、路灯，以及报刊亭等体积较小且具有一定装饰性质的街道元素。随着城市功能的扩充，以及城市体量的增大，城市家具包含了更加广泛的内容，当前概念中，城市家具包括了所有处于城市空间中，能够满足人类城市公共活动需求的各类设施。[35]

在《克拉斯诺亚尔斯克街道家具设计的新方法》一文的研究中，研究对象是位于克拉斯诺亚尔斯克重要区域广场上的娱乐场所、建筑形式和户外家具。作者基于对民意调查、专家访谈、专业团体在科学会议上提出概念性问题和结论的分析方法，分析了克拉斯诺亚尔斯克居民的需求。此外，还对家具和材料的质量进行了技术检查。提出了由于长椅形式重复且面对道路，导致使用率低，以及因为材质和季节的原因，夏季树木的胶质会腐蚀座椅导致无法使用等问题。通过调研结果对街道座椅重新设计，在解决安全性舒适性等基本问题的基础上增加了座椅的可识别性，让座椅成为该城市的名片。

7. 隔离带

通过在街道上设置路障、绿化带、边沿或行道树，包括人行天桥、人行地下通道、步行街、步行区等措施，可以大大提高行人安全保障，使得人流和车流可以完全分开，各行其道，不受干扰。保障自行车出行安全可以实现人与人面对面的身心交流，释放城市生活的紧张与压力，是感受城市美好生活的最基本、必不可少的活动载体；从人性化角度出发，营造规模宜人、环境优美的慢行环境，可以增进社区居民之间的情感交流，保障居民的生命安全，促进城市居民的创造力，直接支撑城市发展的提升。

客观测度案例介绍：基于二维和三维模型构建街道环境品质测度 [36]

本研究使用二维和三维地理信息系统（GIS）客观测量纽约州布法罗市（Buffalo）的街道

水平城市设计质量，并测试其与观察到的行人数量和步行分数的相关性。研究结果表明，三维GIS有助于生成客观的视图相关特征度量。这些客观指标可以帮助我们更好地理解街道层面城市设计特征对步行性的影响，从而设计和规划健康城市。

二维 GIS 虽然已经广泛应用于规划，但是它在垂直维度和空间关系上的分析存在局限。而三维 GIS 是在二维 GIS 和建筑物、树木等物体的三维模型基础上建立起来的虚拟三维环境，可以帮助人们更加直观全面地理解城市肌体内部复杂的空间关系，从而帮助我们进一步规划决策。

本研究区域位于纽约州布法罗市，是纽约州人口第二多的城市，包括了八个区域。建成环境宏观测度数据，如地块数据、建筑数据、树木数据、海拔数据等，来源见表 4-4。微观测度数据即测量街道水平的城市设计质量，采用二维 GIS 和三维 GIS 两种方法。

带有权重和数据源的城市设计品质变量汇总 表4-4

设计质量	街道特征	数据	数据来源	权重
可识别性	人	行人计数	现场工作	0.02
	历史建筑比例	建造年代	地块信息	0.97
	庭院、广场、公园	公园、广场、庭院	地块信息、谷歌地图	0.41
	户外就餐	餐馆	地块信息、商业信息	0.64
	非矩形轮廓的建筑	体育场、教堂等的外观照片	地块信息、谷歌街景、必应地图	0.08
	噪声水平（等级）	交通噪声	布法罗交通运输部门	−0.18
	有特征的建筑	餐厅、酒店、加油站、零售、剧院、体育场、宗教建筑、银行、教堂	地块信息、商业信息	0.11
围合性	同侧街道墙的比例	三维模型、照片	建筑、谷歌街景、必应地图	0.72
	对侧街道墙的比例	三维模型、照片		0.94
	前方天空比例	三维模型	建筑、树	−1.42
	天空的比例	三维模型		−2.19
	长视线	三维模型	调查、谷歌街景、必应地图	−0.31
人性化	长视线	三维模型	建筑、谷歌街景	−0.74
	街道家具及其他街道物品	照片	谷歌街景	0.04
	一楼带窗户的建筑比例	照片	谷歌街景	1.10
	同侧建筑高度	建筑高度	建筑	−0.003
	小盆栽	照片	谷歌街景	0.05
透明度	一楼带窗户的建筑比例	建筑	谷歌街景	1.22
	有活跃用途的建筑比例	公寓、餐厅、零售、剧院、服务、学校、医院	地块信息、商业信息	0.53
	同侧街道墙的比例	三维模型	建筑	0.67

续表

设计质量	街道特征	数据	数据来源	权重
复杂性	人	行人计数	现场工作	0.03
	建筑	建筑	建筑	0.05
	主要建筑颜色	建筑、照片	建筑、谷歌街景、必应地图	0.23
	环境颜色	建筑、照片	建筑、谷歌街景、必应地图	0.12
	户外就餐	餐馆	地块信息、商业信息	0.42
	公共艺术	照片	谷歌街景	0.29

二维 GIS 测度方法：根据尤因等人（Ewing et al.）的研究，纳入了描述标志性、围合性、人、透明度和复杂性这五类城市设计质量中的 27 个变量因素，以计算每个抽样街区的步行性得分，这些变量大多使用二维 GIS 信息进行测量（表 4-4）。

三维 GIS 测度方法：基于二维 GIS 数据库中的信息，包括海拔、建筑足迹、建筑高度、树木位置、类型和胸径等，使用 ArcGIS 的三维模块 ArcScene 来建立三维 GIS 模型。三维 GIS 测度包括长视线测量和天空开阔度测量两方面。长视线测量的方法是当你站在某一点，前、左、右三个方向均可看到至少 1000 英尺（约 304.8m）的距离，则该点的长视线数为 3。因此为每个观测点创建 1000 英尺半径，以估计天际线是否达到 1000 英尺的截止线。如果一个天际线延伸到 1000 英尺的边界，没有树木和建筑物的阻碍，观测点被编码为在这个方向有一个长长的视线，最高得分为 3 分（图 4-1）。天空开阔度测量用 ArcGIS 中的天际线工具创建视觉框架和天际线，计算天空能见度。

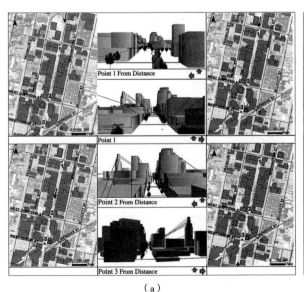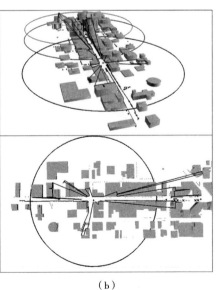

（a）　　　　　　　　　　　　　　　　　　（b）

图 4-1　三维 GIS 测度方法示例

（a）长视线分析示例；（b）天空开阔度示例

使用二维和三维 GIS 测量所有五种城市设计质量后，使用尤因与汉迪（Ewing，Handy；2009 年）和玻塞尔等人（Purciel et al.，2009 年）的权重和常量将表 4-4 中的变量相加，计算每个街区的步行性得分。

4.2 测量维度——自然环境

自然环境通过多种途径直接或间接影响心理健康。自然环境暴露的健康效益理论目前有三种解释机制。第一种是通过减少环境风险暴露降低压力源引起的烦恼；第二种是帮助缓解心理生理压力和提高注意力；第三种侧重个体能力建设，即自然环境可以通过鼓励身体活动和社会凝聚力来促进个人能力建设。本章以最常见的绿色空间为例，为读者介绍自然环境的测量方法。

4.2.1 自然环境与公共健康

1. 绿色空间特征与个体差异

绿色空间自身属性特征对公众心理健康影响研究主要从分布格局、组成成分、功能、规模、开放程度、土地利用及植被群落等多个维度展开。在分布格局方面，绿色空间的分布格局是指斑块所呈现的集中或分散的空间分布。同等的绿地总量，若绿地斑块布局相对分散，则为公众接触自然、进行娱乐活动提供了更多的机会。在内部环境方面，绿色空间的内部环境是指绿地的自身特征，包括绿色空间的类型、组成成分、质量与生物多样性等。研究发现，可进入的、能够提供公共娱乐和社交机会的结构化绿色空间所产生的公众心理健康效益远大于仅有观赏价值的自然植被。[37] 社区内的绿地质量比数量更重要，城市绿色空间的质量（即维护与整洁度）与体力活动的频率增加有关，公众体力活动频率越高，其心理健康状况越好。[38] 在外部联系方面，绿色空间的健康效益作用于利用绿地的人群身上，因此绿色空间与人群之间的空间关系，是影响心理健康效益的重要因素。

从个人层面而言，即使处于自身特征与暴露特征相同的绿地条件下，不同个体从绿色空间中获得的心理健康效益也会存在差异。因此个人及社会属性特征（包括：性别、年龄、婚姻状况、就业状况、文化程度、家庭收入及宗教信仰等）在绿色空间对心理健康影响研究中通常作为控制变量。从社会层面而言，邻里社会经济因素（包括社区居民的社会经济地位、低保户与流动人口的数量等）、物理因素（包括交通噪声）和社会资本因素（包括社会凝聚力与安全感）均会对居民心理健康状况产生影响。

2. 直接与间接影响机制

绿色空间通过多种途径直接或间接影响心理健康，其中直接影响是指人通过视觉、听觉及嗅觉感官与绿色空间进行直接接触而产生心理恢复作用，缓解压力与注意力疲劳。绿色空间以乔灌草等自然植被为主体，依据减压理论（Stress Reduction Theory，SRT）：[39] 当人体处于压力或应激状态时，具有寻找无害自然环境进行放松的本能，与某些自然环境的直接接触可缓解由应激源造成的心理伤害，绿色空间中的植被要素具有直接的压力缓解作用。依据注意力恢复理论（Attention Restoration Theory，ART），[40] 多数绿色空间具有远离性（Being Away）、魅力性（Fascination）、延展性（Extent）以及兼容性（Compatibility）四个特征，从而能够促进人体集中注意能力的恢复，有助于人们保持清晰的认知功能，高效率地进行日常工作与生活。

间接影响是指绿色空间通过减少环境风险暴露，提供活动与交往场所，促进健康行为与积极情绪的产生，从而间接影响心理健康。绿色空间与公众健康状况之间存在多因素影响与多机制协同作用，考虑单一中介因子不能完全解释绿色空间与心理健康之间的关联。众多研究表明，绿色空间对于公众心理健康的间接影响主要中介途径有：减少环境风险暴露、鼓励体育活动、增强社会凝聚等。首先，长期暴露于交通噪声与空气污染物（如 PM2.5、NO_2 等）之下，会增加居民抑郁焦虑的风险。[41] 绿色空间中的植被可以减少空气污染物与颗粒物的含量并降低噪声的易感度 [42] 等，从而减少有害环境对人的干扰。绿色空间也是生活压力与心理健康之间的缓冲。[43]其次，绿色空间为附近居民提供体力锻炼的场所，从而鼓励居民参与体力活动，促进心理健康。邻里绿地的可达性、数量、质量是影响居民体力活动频率与持续时间的重要因素。[44] 在自然环境中进行体力活动比在城市建成环境与室内环境进行体力活动对心理健康产生的效益更大。[45]此外，绿色空间为邻里之间的互动交流提供了良好的环境，从而促进了邻里社区的社会凝聚力。

然而不同绿色空间暴露特征对公众心理健康影响机制的中介路径还存在争议，例如研究发现，感知街景绿化量对公众心理健康的影响机制中，社会凝聚力的中介效应较强，而体力活动的中介效应相对较弱。[46] 在街景绿视率与公众心理健康的影响机制中，空气质量与噪声、体力活动、社会凝聚力及压力起到了部分中介效应，在归一化植被指数（NDVI）和公众心理健康的影响机制中，只有体力活动和社会凝聚力起到了部分中介效应。[47]

4.2.2 自然环境的测量

1.绿色空间测度方法

绿色空间可获得性的客观测度主要基于遥感图像或土地利用图，对特定区域内的绿化水平（绿量）或绿地数量进行统计。其具体指标有：归一化植被指数（NDVI）、树冠覆盖率、绿地占总用地面积的比例或特定类型绿地的数量等。也可通过调查居民在特定区域内的绿化感知或安排评分员对区域进行绿量评估。其次，绿色空间可达性的客观测度主要通过计算距离住宅最近绿地的欧氏距离或网络距离，也可通过调查居民对于绿地邻近程度的主观感知获得。此外，绿色空间可见性以特定位置的绿色视野为指标，主要客观测度方法为计算街景图片蓝绿空间像素占比，也可通过调查居民在建筑内部或街道行走时看到的绿化水平或安排观察员对街道绿量进行评估。

在空间尺度方面，既有研究的缓冲区常设为距离住宅 100~3000m 半径范围内，缓冲区距离范围的选取一方面基于所在地区制定的绿地规划指标，另一方面基于研究人群日常活动范围。多数研究认为绿色空间产生健康效益在一定的阈值范围内，但绿色空间产生健康效益的空间阈值范围存在争议。例如：研究发现归一化植被指数（NDVI）与青少年抑郁与焦虑症状的关联性存在于住宅周围 400m 和 800m 缓冲区内，[48] 而其他研究发现可用绿地与居民精神障碍的关联存在于 3km 半径缓冲区内。[49] 未来需要进一步考虑不同人群的行为活动的差异化，综合探讨居民与绿色空间接触互动的阈值尺度。

2. 个体与环境的交互行为调查方法

个体与绿色空间的交互行为调查有助于深入了解个体偏好、认知及情感等主观机制，进一步挖掘绿色空间对公众心理健康的具体影响路径。主要内容包括参观绿地频率、持续时间、行走路线及活动方式等。可通过环境行为学调查方法如活动日志法（Behavior Logging）、行为注记法（Behavior Mapping）、照片投影法（Photo-Projective Method）及内容识别法（Content-Identifying Methodology）等，并结合常规问卷调查与半结构化访谈法以全面探讨多因素影响。

4.3 测量维度——社会环境

社会环境是相较于自然环境的范畴，可以按照研究范围和内容的差异分为广义的社会环境和狭义的社会环境。其中狭义的社会环境是指个体之间和各团体共同形成的关系网络，是其生存发展的特定环境；广义的概念还囊括了政治环境、经济环境、文化环境和心理环境在内的更宽的范畴，同样与组织的发展密切相关。[50] 本章节在介绍社会环境对健康结果的影响时选取了其狭义层面的概念，介绍了体现社会环境的社会资本、社会凝聚力、社会支持和社区归属感几个富有代表性的指标和相关案例。

4.3.1 社会环境与公共健康

社区特征包括客观社区特征和主观社区特征，其中客观社区特征主要指的是建成环境的特征，而主观社区特征则表现在社区居民对社会环境及建成环境的心理评估，例如社会凝聚力、邻里交流、感知安全和危险。[51] 许多研究表明，主观环境特征同样影响居民健康结果。社会和经济因素与健康之间的存在着相关性已经得到了学者们的充分证实。一个人社会等级地位不仅影响着其收入水平，还影响着他的健康。[52] 贫富差距的扩大导致社会凝聚力的瓦解，对健康和死亡率造成直接或间接的影响，从而引发更高的死亡率。[53] 威肯逊（Wilkinson）认为社会不平等包括收入水平、权力和地位的不平等，而这对于社会关系有着根本的影响[54]（图 4-2，表 4-5）。

社区邻里环境测度指标及健康指标　　　　　　　　　　　　　　　　表4-5

本章参考文献 （来源见本章末）	社区邻里环境	健康结果
[55]	社会凝聚力和支持，非正式社会控制，社区组织参与	一般健康
[56]	环境不文明（垃圾、噪声），认知社会资本，社会不文明行为（袭击／抢劫次数），安全感	心理健康
[57]	噪声，垃圾，交通问题，商业和娱乐设施，暴力，社会凝聚力	心理健康
[58]	人力和社会服务，邻里支持，绿地和自然环境，邻里可承受性	心理健康
[59]	邻里之间的信任、友好和剥夺社会凝聚力、混乱和不安全感	自评健康
[60]	社会认同感，混乱和不安全感	一般健康
[61]	邻里安全，暴力犯罪	糖尿病，BMI
[62]	社区凝聚力与无序性	心脏代谢风险
[63]	邻里安全，社会凝聚力	心理健康
[64]	安全与信任	心理健康
[65]	社区满意度、安全和信任	自评健康
[66]	卫生相关资源，交通，垃圾，住房密度，土地利用多样性，服务可用性，交通，垃圾，安全，获得商业或公共服务的机会或质量，社会凝聚力，集体效能，睦邻	死亡率，发病率，心理健康
[67]	剥夺 邻里问题（垃圾、不安全、交通、噪声），社区凝聚力	心理健康
[68]	邻里剥夺（住房、获得服务的地理位置） 邻里关系紊乱、邻里关系、信任、安全和吸引力	BMI，腰围
[69]	邻里剥夺，邻里负面评价（信任、安全、友好、不友善、清洁）	自评健康

4.3.2　社会环境的测量

1. 社会资本

社会资本（Social Capital）这一定义是出现在西方学界融合了经济学和社会学的跨学科思维的体现，是区别于经济资本和人力资本的社会学的概念，基于互惠性的规范和由此产生的信任的社会网络，是个体在社会中所处的位置而带来的资源。[70]关于社会资本的描述最早可以追溯到古典社会学和经济学，[71、72]波茨（Portes，1998 年）提出，社会资本已逐渐意味着"通过网络和其他社会结构中的成员身份来获取利益的能力"。[73]社会资本可分为宏观和微观两个层面，宏观层面上的社会资本描述为在国家与社会之间的联系或者国家行动与民众利益之间的协同作用程度；微观层面上的社会资本体现在社

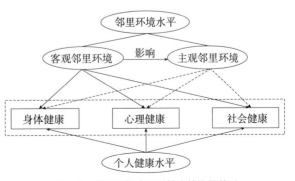

图 4-2　邻里环境水平对健康的作用关系

区层面，对社区层面的社会资本的诠释又可分为嵌入性和自主性两种不同的联系类型，对社区内部的紧密联系概括为嵌入性（Embeddedness），而社区内个体松散的与社区之外的联系则为自主性（Autonomy）。[74]

社会资本存在于社会网络之中，网络结构的松散与紧密取决于社会成员是否关心其自身及其直接联系的群体成员或与社会机构之间的互动。社会资本与经济资本相同，在获取时需要投入时间和精力等必要的"成本"以维护网络，但不同于大多数实物资产会随着使用而被贬值，社会资本的使用会致使其规模相应的扩大。正如贝克（Becker）所认为的那样，对社会资本的投资是非竞争性的行为，投资者的投资行为通常会引发网络成员及投资者的积极反应，使得社会资本的总存量成比例增加。[75]

2. 社会支持

20 世纪 70 年代学界提出了社会支持的概念，各领域的学者倾向于从行为性质、互动关系和社会资源作用的角度来定义社会支持。柯布（Cobb，1976 年）的对于社会支持的经典定义包括三方面：感觉被爱、感觉被重视或被尊重、处于同一社会网络。[76] 从行为性质来看，皮尔斯等人（Pierce，Sarason et al.）认为社会支持是个体对其在社会网络中能否得到帮助性行为的感知和对他人的社会需要的反馈；[77] 马奈克（Malecki，2002 年）进一步概括社会支持的来源是社会网络中的支持性行为，这种行为有助于增强个体的社会适应性，能帮助其减少受到环境带来的伤害。[78] 从社会互动关系来看，社会支持强调社会网络中可以有效帮助应对突发挑战的相互依存的关系，正如艾德微纳（Edvina，1990 年）认为社会支持是个体之间的互动关系，并非单向地被帮助和支持。从社会资源的作用角度来定义时，是将社会支持作为一种潜在资源，这种资源在个人处理压力事件时发挥作用巴雷拉（Barrera，1981 年）认为社会支持包括支持源、支持行为和对支持的评价，是以被支持者为中心与其周围的个体或组织构成的发散性网络关系。

概括说来，社会支持是社会成员对自身的人际关系质量所作出的感知性评价，有助于个体增强社会适应性，并且可以用来描述个体拥有的社会关系。社区层面的社会支持的评价来源多见于弱势群体对包括精神和物质层面的诸多内容感知。库特罗纳（Cutrona，1990 年）曾将社会支持归纳为"情感性支持、社会整合或网络支持、满足自尊的支持、物质性支持和信息支持"，并认为针对不同心理需求的人群对社会支持的需要程度和类别不同。[79]

3. 社区归属感

社区归属感是指社区居民自发将自己带入到社区群体当中，归入特定的人群集合体中的心理状态，其中同质人群更容易形成社区归属感。在社区归属感的测量维度上可以细分为社区满意度、社区依恋、社区认同和对社区事务的关心程度等多个方面。实证研究证明，当社区居民的社区归属感高时，他们认同自己是社区的一员，倾向于自愿维护社区环境并且愿意为建设生活环境付出精力。西方社会学者研究表明，环境满意度、居住时间、参与社区活动频率和人口密度等对居民的社区归属感有显著影响，加拿大的全国健康调查涉及对当地社区归属感的评价，其调查结果表明，社区归属感与几种基于网络的社会资本指标呈正相关。同时在社区归属感的对社区居民活动的影响上来看，呈现出地域的差异性。[80]

4. 社会凝聚力

在社会学上，社会凝聚力（Social Cohesion）通常指把社会成员紧密聚合在一起的某种社会吸引力，是一种社会成员趋同的精神心理过程，概括为紧密联系的社会关系。社会凝聚力的衡量涉及四个方面，包括社会关系、任务关系（Task Relation）、可感知的集体性和情感。实证研究证明绿色空间、公共服务设施和新住宅的质量和数量的增加有助于加强社会凝聚力，并促进与邻居的交流。社区层面的社会凝聚力会影响社区居民的健康状态，更加紧密的社会关系即"罗塞托"效应：尽管与周边社区有着类似的脂肪摄入量、锻炼水平以及吸烟的习惯，但具有更紧密联系的该意大利裔美国人社区，其居民心脏病发病率却低于半数的周边社区。[81、82]建筑和社会环境与心理健康是相互交织相互影响的，存在着直接或间接的关系，在对于步行环境的探索性研究中，证明了居民对于邻里步行环境的感知与其所处特定的社会经济和文化等社会环境密切相关。[83]

5. 社会健康状况评价

我国对于社会健康状况的评价缺乏统一的标准，目前可由社会凝聚力和支持量表修订版对居民的社会健康进行评估，该量表是一个可靠而有效的措施，以评估居民在多大程度上能体验到社会凝聚力和获得邻居的社会支持。社会支持从性质上分为客观的支持和主观体验的支持，例如萨拉森（Sarason，1981 年）的社会支持问卷（SSQ）在社会支持的客观部分用可提供帮助的人的数量来衡量，主观体验用满意度进行评价。考虑到不同环境中对于社会支持的反应和影响的不同，在制订社会支持的量表时加上社会支持可利用度的部分作为社会支持评价的第三个维度。针对不同的人群，社会支持的评价量表有所差异，需要针对其社会支持的来源作出一定适应性修正。我国学者依据我国国情，参考国外相关资料设计了包括客观支持、主观支持和社会支持的利用度三个维度的《社会支持评定量表》，具有较好的信度和效度（表 4-6）。

社会支持评定量表内容总结　　　　　　　　表4-6

主观支持	1. 可以提供支持和帮助的朋友数量
	2. 邻居是否关心您
	3. 同事是否关心您
	4. 从家庭成员得到的支持和照顾程度
客观支持	1. 近一年来与谁一同居住
	2. 遇到急难情况时，得到的实际帮助来源
	3. 遇到急难情况时，得到的安慰和关心的来源

续表

对支持的利用度	4. 遇到烦恼时的倾诉方式
	5. 遇到烦恼时的求助方式
	6. 参加团体组织活动的频率

案例：社会和环境邻里类型与肺功能关联性研究

在低收入城市人口的社会和环境邻里类型与肺功能（Jamie L. Humphrey，Megan Lindstrom，2019 年）这篇文章中，在环境邻里类型的测量变量中包括呼吸健康、家庭物质环境特征、绿色空间、与交通有关的空气污染、暴力和财产犯罪率、社会人口统计数据。[84]

本例社会环境的测度内容分为犯罪率、社区的种族特征和社会经济地位见表 4-7。犯罪率的计算通过汇总得到每个人口普查区的暴力和财产犯罪事件总数。社会经济地位的指标选取个体收入、学历、是否拥有住房作为测度指标。外界的空气环境质量影响着个体的肺功能，而绿色空间对生态环境和空气质量有着重要的积极意义，因此本例研究目标社区内的地表绿度情况作为衡量绿色空间的指标，在空气质量的测度方面选取交通层面的污染源细颗粒物（PM2.5）和氮氧化物（NO_x）进行社区尺度的模拟。

本例通过社会和环境邻里类型变量之间的潜在特征分析（LPA），发现社会因素和环境危害的累积影响，会造成城市地区的健康差异，即生活在弱势社区的低收入人群可能有更糟糕的肺部

基于邻域类型的人口普查区域LPA输入变量的特征   表4-7

LPA 输入变量		混血，高度贫穷，中等贫穷的物质环境	西班牙裔和白人，高犯罪率，中度贫困，恶劣的自然环境	西班牙和白人，中等贫困，中等物质环境	白人，富有，良好的物理环境	差异检验	
						F	P
物理环境	绿色空间（平均 NDVI）	0.24	0.22	0.27	0.28	50.94	< 0.001
	年平均 NO_x（ppb）	36.00	60.48	17.20	5.70	204.97	< 0.001
	年平均 PM2.5（μg / m³）	2.84	7.12	1.33	0.43	218.5	< 0.001
社会环境	暴力犯罪率	4	13	5	1	54.13	< 0.001
	财产犯罪率	63	130	13	4	68.34	< 0.001
种族 / 族裔	非西班牙裔白人	46%	63%	72%	78%	92.69	< 0.001
	非西班牙裔黑人	12%	5%	1%	3%	94.53	< 0.001
	西班牙裔	35%	25%	21%	12%	49.67	< 0.001
社会经济地位	低于联邦平均水平	19%	17%	15%	6%	61.57	< 0.001
	大学毕业	33%	45%	40%	48%	17.14	< 0.001
	拥有房屋者	50%	48%	62%	77%	70.12	< 0.001
	家庭收入中值	$51282	$62801	$61866	$86854	59.83	< 0.001
研究区内的人口普查区 [N（%）]		139（22%）	109（17%）	178（28%）	206（33%）		

状况。然而本例只抽样了符合为低收入人群提供服务的联邦计划或政策的低收入家庭，这意味着本例研究结果可能适用于美国的其他低收入人群，但可能不适用于高收入人群或其他国家。

案例：社会支持对压力和健康关系的影响

上节中提到社会支持对于身心健康有显著的影响，选取了对于工作压力感知明显较高的军人群体，对其所感知的工作压力、社会支持和身心健康进行调查研究，并证明了对于军人群体而言，社会支持对于调节工作压力和对身心健康都具有正面影响。该研究对通过管理工作压力和加强军队工作场所的社会支持，进而改善军队人员的健康与福祉具有参考价值。[85] 在基础信息层面选取性别、年龄、婚否、学历、军衔、服役年数、个人收入等调查指标，在军队层面选取这些指标对标社区层面的相关指标具有对标性，如服役年数对应居住年限，军衔对应社会地位。

社会支持的来源多样，可以根据研究侧重点和研究对象的特征来进行甄别和选取。上级和同事的社会支持是缓解工作压力对军人健康感知的影响，是提高军人身心健康水平的关键因素。该例中在社会支持部分的指标选取了六项，采用封闭式问题设计（5 分制，从 1 分——非常不同意到 5 分——非常同意）；其中六项社会支持项目中有三项得分最高，分别为"同事友好、支持""上司经常给我实用的处理问题的建议"和"上司积极关心我，了解我在工作中遇到的困难"。在社区层面的社会环境相关研究和调查中，本例可以提供一些研究思路和指标的参考（表 4-8）。

指标构建和测量项目名称　　　　　　　　　　表4-8

工作压力	1. 由于工作繁重，我经常感到疲惫
	2. 我对我目前的工作感到焦虑
	3. 我觉得我不能胜任现在的工作
	4. 当我值班的时候，我感到无精打采
	5. 我觉得在我的部门不重要
	6. 当别人批评我的工作表现时，我感到无助
社会支持	1. 我的上司积极关心我，理解我在工作中遇到的困难
	2. 我的上司经常给我提供实用的解决问题的建议
	3. 我的同事很友好，也很支持我
	4. 我的同事们彼此关心
	5. 我的部门提供了足够的支持，帮助我完成任务
	6. 我所在的部门提供了充足的心理咨询，帮助缓解工作压力
身心健康	1. 我睡不好觉，醒来的时候感觉没有休息好
	2. 我经常感到疼痛（如胸部、腿部或全身）
	3. 我经常感到疲劳和 / 或缺乏能量
	4. 我经常感到紧张和压力
	5. 我曾经有过一段时间感到特别低落
	6. 我觉得未来没有希望

案例：社会资本与社区归属感调查指标

实证研究证明，社区归属感与几种基于网络的社会资本指标呈正相关。因而社区归属感作为健康调查常用的指标之一，经常被用来衡量社会资本。

里查德、卡皮亚诺等人（Richard M，Carpianoa et al.）将社会资本分为一般网络社会的资本措施和以地理为基础的社会资本的衡量，前者侧重于社会结构、关系结构和社会活动的调查，而后者侧重于邻里社会关系的强度（在当前城市／社区的近亲、在当前城市／社区的朋友、认识该社区内的居民人数、和该社区居民熟悉到可以寻求帮助）。在关于社区归属感的调查中，通常将描述社区归属感的反应以"非常强""强""弱""非常弱"进行四段式表达。可以通过这种描述性统计指标作为分析社区归属感与健康之间相关性分析的依据，通过运用二元 logistic 回归对社区归属感、社会资本和生理及心理健康之间的关系进行分析并得出相关性的结论。

4.4 测量维度——健康结果

世界卫生组织的报告中提到，"健康"包括身体、心理和社会的完全健康，并不仅仅是指没有疾病或体质虚弱。[86] 在这三个维度中，身体健康被定义为拥有强健的体格和良好的自我保护能力，实现外界环境对机体伤害的影响减小，并较快恢复平衡状态。心理健康即情绪健康的状态，人们可以认知自己潜力，并有效应对压力。社会健康是指人们拥有良好的人际关系和社会适应能力。

4.4.1 体力活动

体力活动是最为广泛的健康结果测度方法。休闲性体力活动和交通性体力活动是最常用来与建成环境要素做研究的两种体力活动类型。在未来的几十年里，最有可能增加日常生活中运动量的方式将是增加体力活动的参与度。[87] 体力活动的测定结果通常以代谢当量（MET）表示相对能量代谢水平和运动强度。体力活动时间和频次以及代谢当量都可以作为健康结果评判指标。

1.建成环境和体力活动

研究表明，建成环境将对人的时空行为产生显著影响。近年来，"大数据"的迅猛发展使我们获得个体数据越来越容易。通过大量数据获悉人的行为规律，对建成环境进行评价，并在此基础上对建成环境进行有效改善。按照行动的目的，行动可以分为交通性身体活动和休闲性身体活动。交通性身体活动指的是为了进行社会生产和日常生活从出发地到目的地的空间移动过程，包括乘车、汽车、步行等方式；休闲性身体活动指的是自由可支配的时间内，为了满足自己的兴趣爱好而进行的各类活动，包括步行等低中高强度的身体训练等。

对体力活动有影响的建成环境要素有很多，但建成环境和体力活动间的研究结果并不一致。部分原因可能是由于大部分研究仅对个别地理位置进行评估，环境差异性很小，很少使用标准化措施，以及过度依赖自我报告等。大部分研究受到选择偏差和对混杂因素控制不足的限制。[88] 柳叶刀的一项研究通过评估五大洲的 14 个城市的建成环境来提供通用证据，发现 4 个与体力活动显著线性相关的要素：居住密度、交叉口密度、公共交通站点数量和步行距离内的公园数量。[89]

对体力活动有影响的建成环境要素概括来说包括密度、土地利用混合度、街道连接和微观环境。首先，密度与体力活动有正相关的关系，紧凑的土地开发可以减少居民日常生活购物出行距离，增强邻里商业，进而促进居民步行。[90] 密度对体力活动的影响主要体现在交通性步行方面，[91] 与休闲性体力活动，以及总体体力活动的关系并不明确。[92] 其次，土地利用混合度是最为常用的指标，相关文献研究表明其与体力活动呈正相关关系。增加土地利用混合度使日常服务和目的地更加接近，使得人们更容易选择步行或骑自行车到达目的地。土地使用与体力活动的相关关系受土地利用混合度影响较大，当土地混合利用超过一定密度时，土地使用对交通性步行影响最大，其他次之。[93] 当土地利用混合度较低时，超市新鲜食品供应不足，这种情况会存在较高的肥胖风险因素。[94] 再次，道路连接性创建更多的路线到这些目的地。网格状的街区和路径长度特征与行人行为和模式选择具有相关性。[95] 但不是所有这些研究都证明连接性和体力活动之间的积极关联，许多关联是很微弱的，即使在统计上显著。[96] 此外，微观尺度的变量同样可以解释体力活动。[97、98] 微观尺度下的建成环境要素通常包括步行环境、美学和安全。有助于美学特性的设计要素包括小尺度建筑细节、建筑立面结构中的透明度，街道树木、变化的景观、街道设施和行人照明，这些特征都有助于塑造场所感。[99]

2. 体力活动测量

体力活动观测有两种类型：一种是通过观测人员在特定的地点观察人们的体力活动行为以及相关个体特征；另一种是通过受试者自我报告体力活动。测量具体哪一种体力活动类型会对结果产生不同的影响，因为相同的空间环境对于不同的体力活动类型的影响是不同的。新技术的发展扩展了体力活动的测量方法，利用记速表和 GPS 物理跟踪等可穿戴式通信设备可以更实时地获取体力活动相关信息。但测度工具的优势是可以清晰地分辨不同体力活动的类型。建成环境对于不同类型的体力活动影响是不同的。休闲性活动与建成环境之间的关系跟交通性活动有很大差别。客观物理环境与主观感知环境对休闲性步行的影响也各有不同。[100] 同时，影响体力活动的因素复杂多样，包括物理环境与社会环境。

体力活动观测的测量内容包括不同类型的体力活动和促进体力活动的环境特征。实地观测和主观报告都可以同时包括以上两方面内容或者只侧重其中一个方面（表 4-9）。其中国际体力活动问卷（IPAQ）是应用最为广泛的问卷量表之一，[101] 问卷在多地区检测有效并有多语言版本。七天内的体力活动时间也被很多学者应用于不同侧重的研究当中。有些同时测量户内和户外两种环境下的体力活动空间，没有区分体力活动的类型；有些侧重户外体力活动空间和总体体力活动，没有区分体力活动类型；有些测量尺度同时包括宏观层面和微观层面；只有较少的审计工具强调特定类型的体力活动。

体力活动测量工具

表4-9

工具	物质环境	社会环境	体力活动	应用形式
体力活动环境支持问卷（ESPAQ）	√	√		当面采访
国际体力活动问卷（IPAQ）			√	自我报告
女性体力活动调查（WPAS）			√	电话采访
体力活动资源评估（PARA）	√			实地观测
观察社区中娱乐休闲活动（SOPARC）			√	实地观测
社区体力活动问卷（NPAQ）	√		√	自我报告
体力活动环境（SL-EPAI）	√	√	√	电话采访
自然环境中观测娱乐活动（SOPARNA）			√	实地观测

4.4.2 心理健康

结合世界卫生组织提出的概念，[102] 心理健康不仅指未患有精神障碍疾病，还指一种动态的内部平衡状态，其外在表现包括三个功能维度：具有基本的认知功能和社交能力，能够识别、表达和调节自己情绪以及正常应对来自社会与生活中的压力。因此，心理健康状况的评价标准概括为综合心理健康状况、具体精神障碍疾病及外在功能表征三个方面。目前主要有电子医疗记录、主观评价量表及生理指标测度三种信息获取方法（表4-10）。

1. 通过电子医疗记录获取信息的方法，通常应用在基于城市尺度对于绿地面积占比与分布格局的横断面的研究，但目前中国相关医疗记录私密性较强，信息获取较为困难。

2. 利用主观评价量表来获取居民心理健康信息最为普遍，目前心理学研究人员编制了众多量表工具，用于不同群体、不同维度心理健康问题筛查，在国际上已广泛应用于城市尺度与社区尺度的绿色空间与心理健康相关研究。其中绝大部分筛查工具已在中国本土化研究中被证实有良好的适用性与信效度。

3. 生理指标测度常与情绪、压力量表结合应用于小规模干预对照实验，其中，唾液皮质醇与心率通常被作为压力的生物标志物，[103] 心率测度能够捕捉到急性应激生理变化，唾液皮质醇的测度可获得慢性应激生理变化；脑电图（EEG）中FAA值与积极情绪相关，由此可检测实验者在不同环境内的情绪变化。[104] 近年来，可穿戴智能技术的普及发展为连续性动态感知测度提供了可能，利用GPS定位结合便携式生物传感器，虚拟现实技术结合生理测度等数据收集方法，目前主要应用于小样本的、特定群体的调查研究，是未来心理健康效应实验类研究发展的主要趋势。

心理健康主观评价量表　　　　　　　　　　　　　　　　表4-10

类别	主观评价量表
综合心理健康状况	健康状况调查问卷（The Short-form 36/12 Health Survey, SF-36/ 12） 12项总体健康问卷（12-item General Health Questionnaire, GHQ-12） 世界卫生组织幸福感指数量表（World Health Organization-5 Well-being Index, WHO-5）
具体精神障碍疾病 （包括：抑郁症、焦虑症、注意力缺陷障碍等）	抑郁焦虑压力自评量表（Depression Anxiety Stress Scales, DASS） 医用焦虑抑郁量表（Hospital Anxiety and Depression Scale, HADS） 流调中心用抑郁量表（Center for Epidemiologic Studies-Depression Scale, CES-D） 凯斯勒心理困扰量表（Kessler Psychological Distress Scale, K10/6） 老年抑郁量表（15-item Geriatric Depression Scale, GDS-15） 优势与困难问卷（Somatoform Dissociation Questionnaire, SDQ） Spence 儿童焦虑量表（Spence Children's Anxiety Scale, SCAS）
外在功能表征 （包括：情绪、压力、认知）	正负情绪量表（Positive and Negative Affect Schedule, PANAS） 心境形容词检测表（UWIST Mood Adjective Checklist, UWIST- MACL） 心境状态量表（Profile of Mood States, POMS） 压力感知量表（Perceived Stress Scale, PSS） 感知恢复量表（Perceived Restorative Scale, PRS）

4.5　测量维度——环境公平

随着全球的迅速发展，全球化与城市化的进程急速推进，世界经济快速发展，随之而来了许多如自然资源消耗、环境恶化以及气候变化等问题，环境资源和健康差距也在扩大，这种差距出现在各个层面，包括国际之间、各代人之间、当代人之间、人与自然之间等。随着人们的权利意识和对环境的重视，越来越多的人开始关注环境资源、公共服务、环境影响等分配不公平问题，世界各地开始了环境公平运动。

4.5.1　环境公平与健康

1.环境公平概念

环境保护局（EPA）将环境公平定义为：环境公平寻求所有种族、文化、收入和教育水平的人在环境计划、法律、规则和政策的制定、实施和执行中的公平待遇和参与。基本包含了分配、程序和预防层面的公平：分配公平要求在人口和地理范围内公平分配环境风险的成本和环境价值的收益；程序公平是指政治决策及实施程序中要公平公正；预防层面的公平是指对人们在日常生活和工作所处的环境条件出现条件恶化，对人们造成的短期或长期环境影响的可能性作出预防决策，以保护公共健康免受损害。[105]

随着全球化和城市化进程不断推进，环境恶化带来了更大的挑战，环境公平的概念变得更加广泛，可以分为代际环境公平、代内环境公平和国际环境公平：代际环境公平具有可持续性，是指当代人有责任为后代人考虑并确保一定的自然资源、健康安全的环境等，避免环境恶化，注重长期的环境保护；代内公平是指不论国籍、年龄、种族、性别、经济发展水平和文化等方面差异的当代所有人都享有利用自然资源、健康和安全的环境的平等权利；国际环境公平主要表现在要保证各个国家间享有公平地利用自然资源的权利上，许多发达国家为了保护自身资源环境，从发展中国家进口或掠夺资源，同时将污染型生产等转移至发展中国家，不利于全球的可持续发展。[106]

2. 环境公平与健康

确保公众健康不仅是指关注个人的健康状况，人口健康会受到环境决定因素之间相互作用的影响。城市环境的多样性、城市隔离和不同的社会经济特征导致了健康不平等。本章节主要是从环境公平的视角，阐述城市规划如何影响城乡环境的公平，从而进一步影响人们的健康。[107]

环境公平最初的问题就是环境污染问题，环境污染不仅会影响当代人们的健康，还有可能影响代际间人们的健康。在规划层面，主要关注道路交通产生的空气污染和噪声、土地用途变更、工业项目选址及突发性环境事件。有研究表明，社会经济地位、收入水平的不同会一定程度影响环境暴露的程度，收入高的劳动者，能够享受到较好的公共人力资本投资福利（包括教育、医疗与社保等），而收入较低的劳动者，更容易暴露在环境污染之下，影响人们身体健康，如果长此以往，就会将这种影响进一步扩大，形成代际间的差异。[108]

在日益城市化的背景下，城市绿地是城市环境中可持续和健康社会的一个重要因素。城市中的绿色空间能够通过空气净化、水和气候调节，吸收大气中的某些空气污染物，同时也为城市居民提供休闲娱乐、社会互动、运动健康等活动空间，促进城市居民的运动、福祉和公共健康。在城市中，这种绿地空间的分布并不总是公平的，城市绿地的可达性通常因收入、种族、年龄等因素差异分化而形成高度分层，城市绿地在规模、质量、设施、娱乐资源等方面存在差异。多项国外学者的研究表明，无论采用哪种度量方法，都有大量证据表明城市绿地的分配是不公平的。与白人或富人相比，少数族裔和穷人享受绿色空间的机会更少，除此之外，地方政府将更多的公共和非营利资金投资于富裕或白人群体居住的地区，从而大大减少了对少数族裔和低收入群体的支出。中国由于发展进程和国情背景都与欧美的发达国家大不相同，国内几乎不存在种族歧视方面的问题，研究主要从公园绿地的数量指标、空间布局、供需等方面关注城市绿地空间供给的不公平，以及城市居民收入差距日益扩大和绿地空间改造带来的绿地空间分布不公平等情况。[109]

环境公平还包括了设施的公平性问题。医疗卫生设施、无障碍设施、运动设施、绿色基础设施等，都从不同方面影响人们的身体健康。在医疗卫生领域，其服务的地点和目标人群的可达性都对居民能否得到医疗服务有重要影响，[110]进而影响居民健康。在公共空间中，体育活动设施、绿色基础设施与居民身体活动水平存在相关性，目前二者已被研究证明与身体活动水平呈正相关，除能够增加身体活动外，居住在这些空间附近有助于降低压力水平和减少心理健康问题，评估该类设施的公平性能在一定程度上预防因缺乏体育活动而造成的疾病。[111]

环境公平方面主要关注体育活动设施、绿色基础设施密度及可达性与运动频率之间的关联，这种关联会受收入、年龄、性别、种族等因素影响。从社会公正的角度来看，每个公民都应该能够平等地享受公共产品或服务，在环境公平方面关于设施的研究主要是评估不同群体之间的差异，如非裔美国人集中度较高的社区和社会经济弱势地区，相对于其他地区两者的运动设施通达性较差。

4.5.2 环境公平分析

在环境方面，环境公平关注环境对人群带来的不利影响及环境带来的有益资源的获取。在城市规划与健康方面，包括表4-11所列环境关注对象及示例。在对象选择上研究经常选择特定人群，这些特定人群所处的环境及身心状况更容易被忽视。

环境公平研究关注的环境对象[112]　　　　　　　　　　表4-11

环境暴露范围	研究对象示例
噪声	1. 交通噪声（高速公路和公共汽车站） 2. 邻里噪声
室外空气污染	临近污染排放源，例：公共汽车站、交通量大的道路
住房质量	1. 居住条件，例：没有集中供暖，屋顶漏水，墙上有裂缝 2. 潮湿，霉菌 3. 洪水风险高的地区 4. 住房拥挤程度 5. 花园或绿地
街区	1. 市政基本服务设施 2. 公共绿地、娱乐设施 3. 行人安全 4. 对犯罪的恐惧，破窗指数，清洁度
运输系统	1. 交通和公路的环境影响 2. 移动性 3. 无障碍设施
其他	1. 工业污染 2. 有害物质 3. 水质

环境公平的分析方法通常包括以下模型。

1. 容器模型

容器模型相对于其他方法更加简单，是基于行政区划边界的二元分类方法，决定了城市绿地是否属于某个行政单元，如人口普查区。但由于行政区划边界是人为划定的，行政单位的大小往往不同，可能对结论产生重大影响。

2. 覆盖模型

"覆盖"模型是由位于城市绿地特定距离内的人口决定。这些模型通常被认为是容器模型的替代方案，它们可能包括缓冲区分析、基于道路网络的服务区方法和核密度分析。这是基于地图上以该位置为中心的平滑锥体（核）所代表的绿地点位置，并根据面积进行加权。然而，在覆盖模型中很难确定指定的距离和服务区域，因此，这些模型的结果有些粗糙。由于距离阈值的限制，建立了针对泰森（Thiessen）多边形的覆盖模型，它产生的多边形（通常是不对称的形状）定义了每个绿地的影响区域或所谓的"服务区"。每个泰森多边形都是一个服务区，它们没有重叠，每一个都只有一个人口中心。通过计算每个泰森多边形的居民人数，可以估算出城市绿地的总需求。这项技术使估计潜在的绿色空间拥挤和确定缺乏绿色空间的地区成为可能。然而，这种方法假设所有居民都将使用离他们家最近的设施，因此在涉及公园的情况下可能不现实，因为个人可能会选择从更广泛的地理区域访问更大的公园。尽管这两种方法很简单，但它们存在两个瓶颈。如上所述，在现实生活中，由于各种原因，居民可能会参观遥远的绿地，而不是最近的公园。此外，这些方法没有考虑到不同社区的人口可能有很大的差异，因此对绿地的压力也可能不同。

3. 引力模型

基于引力模型克服了最近绿地假设，结合了吸引力和摩擦力的概念来评估可达性。这些模型在指标上提供了一些概念性的改进，并支持了文献中的证据，表明城市绿地、设施等在吸引不居住在其附近的游客方面发挥了作用。基于引力的模型对所有城市绿地进行连续、平滑的测量。为了解决过度平滑的问题，另一种被广泛接受的测量方法是使用路网的欧几里得距离。

4. 浮动集水区模型

采用两步浮动集水区法（2SFCA）是一种可达性度量方法，通过使用绿色空间等阈值来衡量潜在的空间可达性。该方法具有明确考虑供给、需求及其相互作用的优点，如在卫生保健服务领域。该模型的另一个限制是，它默认在集水区内统一访问，而不分配权重。为了解决这一限制，增强的两步浮动集水区提高了阈值，包括多个集水区。将高斯函数集成到增强的两步浮动集水区模型中，称为基于高斯的两步浮动集水区模型，以减少流域内的访问。这种方法用来有效地划分缺乏绿色空间的区域。

案例：环境公正视角下空气污染和死亡人数的空间分析及关系研究 [113]

研究者运用空间分析、空间回归模型和描述性统计分析等研究方法，分析研究城市中弱势群体（婴儿、老年人、无业人口、农村户籍流动人口）在不同空气污染水平下的空间分布。

具体操作如下：从第六次人口普查提取出各项社会经济特征、各乡镇街道的死亡人口构成比（反映居民健康水平的空间差异），基于加拿大大气成分分析组公布的全球尺度高分辨率的空气质量数据，并结合加权回归等方法对地面的 PM2.5 的浓度进行估算，获得空气污染数据，再结合 GIS 等方法分析得到空间分布图。

案例：城市绿地公平性分析——以北京市中心区为例[114]

研究主要运用街景地图、CFCA 等方法评估城市绿地空间可达性，并通过最小二乘模型进行多元回归，采用三种交通方式对城市绿地可达性差异进行评价。

研究区域选取北京市中心区，通过绿地系统规划得到城市绿地空间数据，并通过街景地图得到街道绿视率，并爬取搜房网获得研究范围内住区房价数据作为居民收入划分的依据。通过 CFCA 对居住区绿地可达性进行评分，并比较不同社会经济生活区绿地通达性。若实验组与对照组存在显著差异，则各虚拟变量的系数均可通过置信检验。

本章参考文献

[1]　Cervero R，Kockelman K. Travel Demand and the 3Ds：Density，Diversity，and Design[J]. Transportation Research Part D：Transport & Environment，1997，2（3）：199–219.

[2]　Ewing R，Cervero R. Travel and the Built Environment：A Synthesis[J]. Transportation Research Record，2001，1780（1）：87–114.

[3]　张文佳，鲁大铭. 影响时空行为的建成环境测度与实证研究综述 [J]. 城市发展研究，2019，26（12）：9–16.

[4]　孙佩锦. 多维视角下住区环境对健康的影响研究 [D]. 大连：大连理工大学，2020.

[5]　Neuman M. The Compact City Fallacy[J]. Journal of Planning Education and Research，2005，25（1）：11–26.

[6]　Melia S，Parkhurst G，Barton H. The Paradox of Intensification[J]. Transport Policy，2011，18（1）：46–52.

[7]　Feng J，Glass T A，Curriero F C，et al. The Built Environment and Obesity：A Systematic Review of The Epidemiologic Evidence[J]. Health & Place，2010，16（2）：175–190.

[8]　Frank L D. Impacts of Mixed Used and Density on Utilization of Three Modes of Travel：Single–occupant Vehicle，Transit，Walking[J]. Transportation Research Record Journal of the Transportation Research Board，1994，1466：44–52.

[9]　Munshi K. Community Networks and the Process of Development[J]. The Journal of Economic Perspectives，2014，28（4）：49–76.

[10]　魏子雄. 利于步行友好的居住街区街道空间优化策略研究 [D]. 南京：南京工业大学，2020.

[11]　Saelens B E，Handy S L. Built Environment Correlates of Walking：A Review[J]. Medicine & Science in Sports & Exercise，2008，40（7）：S550–S566.

[12]　姚雪松，冷红，魏冶，庞瑞秋. 基于老年人活动需求的城市公园供给评价——以长春市主城区为例 [J]. 经济地理，2015，35（11）：218–224.

[13]　施拓，李俊英，李英，尹红岩. 沈阳市城市公园绿地可达性分析 [J]. 生态学杂志，2016，35（5）：1345–1350.

[14]　白永平，张文娴，王治国. 基于 POI 数据的医药零售店分布特征及可达性——以兰州市为例 [J]. 陕西理工大学学报（自然科学版），2020，36（1）：77–83.

[15]　陈永生，黄庆丰，章裕超，李莹莹. 基于 GIS 的合肥市中心城区绿地可达性分析评价 [J]. 中国农业大学学报，2015，20（2）：229–236.

[16]　Joseph A E，Bantock P R. Measuring Potential Physical Accessibility to General Practitioners in Rural Areas：A Method and Case Study [J]. Social Science & Medicine，1982，16（1）：85–90.

[17]　李鑫，马晓冬，薛小同，Khuong Manh Ha. 城市绿地空间供需评价与布局优化——以徐州中心城区为例 [J]. 地理科学，2019，39（11）：1771–1779.

[18]　仝德，孙裔煜，谢苗苗. 基于改进高斯两步移动搜索法的深圳市公园绿地可达性评价 [J]. 地理科学进展，2021，40

（7）: 1113-1126.

[19] 朱玮,简单,张乔扬.融合出行质量的骑行可达性——指标构建及在上海市公园中的应用 [J]. 规划师,2018,34（2）: 108-113.

[20] 汤鹏飞，向京京，罗静，陈国磊.基于改进潜能模型的县域小学空间可达性研究——以湖北省仙桃市为例 [J]. 地理科学进展，2017, 36（6）: 697-708.

[21] Zandieh R，Martinez J，Flacke J，et al. Older Adults' Outdoor Walking: Inequalities in Neighbourhood Safety, Pedestrian Infrastructure and Aesthetics[J]. International Journal of Environmental Research & Public Health, 2016, 13（12）: 1179.

[22] 李艺彤.提升老年人居住满意度的街区地块环境优化研究 [D]. 大连：大连理工大学，2021.

[23] Wang R，et al. Perceptions of Built Environment and Health Outcomes for Older Chinese in Beijing: A Big Data Approach with Street View Images and Deep Learning Technique[J]. Computers, Environment & Urban Systems, 2019, 78（C）: 101386.

[24] Orstad S L，McDonough M H，et al. A Systematic Review of Agreement Between Perceived and Objective Neighborhood Environment Measures and Associations with Physical Activity Outcomes[J]. Environment & Behavior, 2017, 49（8）: 904-932.

[25] Brownson R C，Hoehner C M，Day K，Forsyth A，Sallis J F. Measuring the Built Environment for Physical Activity: State of the Science[J]. American Journal of Preventive Medicine, 2009, 36（4）: 99-123.

[26] Gebel K，Bauman A E，Sugiyama T，Owen N. Mismatch between Perceived and Objectively Assessed Neighborhood Walkability Attributes: Prospective Relationships with Walking and Weight Gain[J]. Health & Place, 2011, 17（2）: 519-524.

[27] Owen N，Cerin E，Leslie E，et al. Neighborhood Walkability and the Walking Behavior of Australian Adults[J]. American Journal of Preventive Medicine, 2007, 33（5）: 387-395.

[28] Saelens B E，Sallis J F，Black J B，Chen D. "Neighborhood-based Differences in Physical Activity: An Environment Scale Evaluation[J]. American Journal of Public Health, 2003, 93（9）: 1552-1558.

[29] Ball K，Jerery R W，Crawford D A，Roberts R J，et al. Mismatch between Perceived and Objective Measures of Physical Activity Environments[J]. Preventive Medicine, 2008, 47（3）: 294-298.

[30] （美）威廉·H. 怀特.小城市空间的社会生活 [M]. 叶齐茂，倪晓辉，译.上海：上海译文出版社，2016.

[31] 周燕珉,王春彧.营造良好社交氛围的老年友好型社区室外环境设计研究——以北京某社区的持续跟踪调研为例[J]. 上海城市规划，2020（6）: 15-21.

[32] 赵阳.城市特色街道识别方法及提升策略研究 [D]. 哈尔滨：哈尔滨工业大学，2016.

[33] 吕元，曹小芳，李婧，张健.社区公共空间老幼共享模式研究 [J]. 建筑学报，2021（S1）: 80-85.

[34] 王冲，陆伟.建筑材料质感汉语语义描述量化研究 [J]. 建筑与文化，2020（10）: 80-82.

[35] 刘颖，张新宽，任新宇.论城市家具设计的原则及维度 [J]. 家具与室内装饰，2020（11）: 25-27.

[36] Yin L. Street Level Urban Design Qualities for Walkability: Combining 2D and 3D GIS Measures[J]. Computers, Environment and Urban Systems, 2017, 64: 288-296.

[37] Wood L，Hooper P，Foster S，Bull F. Public Green Spaces and Positive Mental Health – Investigating the Relationship between Access, Quantity and Types of Parks and Mental Wellbeing[J]. Health & Place, 2017, 48: 63-71.

[38] Akpinar A. How is Quality of Urban Green Spaces Associated with Physical Activity and Health[J]. Urban Forestry & Urban Greening, 2016, 16: 76-83.

[39] Ulrich R S，Simons R F，Losito B D，et al. Stress Recovery During Exposure to Natural and Urban Environments[J]. Journal of Environmental Psychology, 1991, 11（3）: 201-230.

[40] Kaplan S. The Restorative Benefits of Nature – Toward an Integrative Framework[J]. Journal of Environmental Psychology, 1995, 15（3）: 169-182.

[41] Kioumourtzoglou M，Power M C，Hart Ja E，et al. The Association Between Air Pollution and Onset of Depression among Middle-aged and Older Women[J]. American Journal of Epidemiology, 2017, 185（9）: 801-809.

[42] Dzhambov A M, Markevych I, Tilov B G, et al. Residential Greenspace Might Modify the Effect of Road Traffic Noise Exposure on General Mental Health in Students[J]. Urban Forestry & Urban Greening, 2018, 34: 233–239.

[43] Van den Berg A E, Maas J, Verheij R A, Groenewegen P P. Green Space as a Buffer between Stressful Life Events and Health[J]. Social Science & Medicine, 2010, 70（8）: 1203–1210.

[44] Akpinar A. How is Quality of Urban Green Spaces Associated with Physical Activity and Health[J]. Urban Forestry & Urban Greening, 2016, 16: 76–83.

[45] Mitchell R. Is Physical Activity in Natural Environments Better for Mental Health than Physical Activity in Other Environments？[J]. Social Science & Medicine, 2013, 91（SI）: 130–134.

[46] De Vries S, van Dillen S M E, Groenewegen P P, et al. Streetscape Greenery and Health: Stress, Social Cohesion and Physical Activity as Mediators[J]. Social Science & Medicine, 2013, 94: 26–33.

[47] Wang R, Helbich M, Yao Y, et al. Urban Greenery and Mental Wellbeing in Adults: Cross-sectional Mediation Analyses on Multiple Pathways Across Different Greenery Measures[J]. Environmental Research, 2019, 176: 108535.

[48] Mavoa S, Lucassen M, Denny S, et al. Natural Neighbourhood Environments and the Emotional Health of Urban New Zealand Adolescents[J]. Landscape & Urban Planning, 2019, 191: 103638.

[49] Nutsford D, Pearson A L, Kingham S. An Ecological Study Investigating the Association between Access to Urban Green Space and Mental Health[J]. Public Health, 2013, 127（11）: 1005–1011.

[50] 陶应虎, 顾晓燕. 公共关系原理与实务 [M]. 北京: 清华大学出版社, 2006.

[51] Jones R, Heim D, Hunter S, et al. The Relative Influence of Neighbourhood Incivilities, Cognitive Social Capital, Club Membership and Individual[J]. Health & Place, 2014, 28: 187–193.

[52] Marmot M, Feeney A. General Explanations for Social Inequalities in Health[J]. Iarc Sci Publ, 1997, 138（138）: 207–228.

[53] Kawachi I, Kennedy B P, Lochner K. Long Live Community: Social Capital as Public Health[J]. The American Prospect, 1997, 35: 56–59.

[54] Wilkinson R. Unhealthy Societies. The Afflictions of Inequality[M]. London, New York: Routledge.1996.

[55] Carpiano R M. Neighborhood Social Capital and Adult Health: An Empirical Test of a Bourdieu-based Model[J]. Health & Place, 2007, 13（3）: 639–655.

[56] Jones R, Heim D, Hunter S, et al. The Relative Influence of Neighbourhood Incivilities, Cognitive Social Capital, Club Membership and Individual Characteristics on Positive Mental Health[J]. Health & Place, 2014, 28: 187–193.

[57] Echeverría S, Diez-Roux A. V, Shea S, et al. Associations of Neighborhood Problems and Neighborhood Social Cohesion with Mental Health and Health Behaviors: The Multi-Ethnic Study of Atherosclerosis[J]. Health & Place, 2008, 14（4）: 853–865.

[58] O'Campo P, Salmon C, Burke J. Neighbourhoods and Mental Well-being: What are the Pathways？[J]. Health & Place, 2009, 15（1）: 56–68.

[59] Tampubolon G, Subramanian S V, Kawachi I. Neighbourhood Social Capital and Individual Self - rated Health in Wales[J]. Health Econ, 2013, 22（1）: 14–21.

[60] Ruijsbroek A, Droomers M, Hardyns W, et al. The Interplay between Neighborhood Characteristics: The Health Impact of Changes in Social Cohesion, Disorder and Unsafety Feelings[J]. Health & Place, 2016, 39: 1–8.

[61] Tamayo A, Karter A J, Mujahid M S, et al. Associations of Perceived Neighborhood Safety and Crime with Cardiometabolic Risk Factors among A Population with Type 2 Diabetes[J]. Health & Place, 2016, 39: 116–121.

[62] Robinette J W, Charles S T, Gruenewald T L. Neighborhood Cohesion, Neighborhood Disorder, and Cardiometabolic Risk[J]. Social Science & Medicine, 2017, 198: 70–76.

[63] Choi Y J, Matz-Costa C. Perceived Neighborhood Safety, Social Cohesion, and Psychological Health of Older Adults[J]. Gerontol. 2018, 58（1）: 196–206.

[64] Toma A, Hamer M, Shankar A. Associations between Neighborhood Perceptions and Mental Well-being among Older

Adults[J]. Health & Place, 2015, 34: 46-53.

[65] Oshio T, Urakawa K. Neighborhood Satisfaction, Self-rated Health, and Psychological Attributes: A Multilevel Analysis in Japan[J]. Journal of Environment Psychology, 2012, 32(4): 410-417.

[66] Yen I H, Michael Y L, Perdue L, Neighborhood Environment in Studies of Health of Older Adults: A Systematic Review[J]. American Journal of Preventive Medicine. 2019, 37 (5): 455-463.

[67] Gale C R, Dennison E M, Cooper C, et al. Neighbourhood Environment and Positive Mental Health in Older People: The Hertfordshire Cohort Study[J]. Health & Place, 2017, 17(4): 867-874.

[68] Bell J A, Hamer M, Shankar A. Gender-specific Associations of Objective and Perceived Neighborhood Characteristics with Body Mass Index and Waist Circumference among Older Adults in the English Longitudinal Study of Aging[J]. American Journal of Public Health, 2014, 104 (7): 1279-1286.

[69] Godhwani S, Jivraj S, Marshall A, et al. Comparing Subjective and Objective Neighbourhood Deprivation and Their Association with Health over Time among Older Adults in England[J]. Health & Place, 2019, 55: 51-58.

[70] Hawe P, Shiell A. Social Capital and Health Promotion: A Review[J]. Social Science & Medicine, 2000, 51 (6): 871-885.

[71] Portes A. Social Capital: Its Origins and Applications in Modern Sociology[J]. Annual Review of Sociology, 1998, 24: 1-24.

[72] Wall E, Ferrazzi G, Schryer F. Getting the Goods on Social Capital[J]. Rural Sociology, 1998, 63: 300-322.

[73] 崔元起, 楼超华. 关于社会资本及其测量的综述 [J]. 健康教育与健康促进, 2019, 14 (3): 4.

[74] Woolcock M. Social Capital and Economic Development: Toward a Theoretical Synthesis and Policy Framework[J]. Theory & Society, 1998, 27: 151-208.

[75] Becker G S. Accounting for Tastes[M]. Cambridge MA: Harvard University Press, 1996.

[76] Cobb S. Social support as a Moderator of Life Stress[J]. Psychosomatic Medicine, 1976, 38: 300-314.

[77] Pierce G R, Sarason I G, Sarason B. R. General and Relationship-based Perceptions of Social Support: Are Two Constructs Better than One[J]. Journal of Personality & Social Psychology, 1991, 61 (6): 1028.

[78] Malecki C K, Demary M K. Measuring Perceived Social Support: Development of the Child and Adolescent Social Support Scale (CASSS) [J]. Psychology in the Schools, 2002, 39 (1): 1-18.

[79] Cutrona C E. Stress and Social Support—In Search of Optimal Matching[J]. Journal of Social & Clinical Psychology, 1990, 9 (1): 3-14.

[80] Carpiano R M, Hystad P W. "Sense of Community Belonging" in Health Surveys: What Social Capital is It Measuring[J]. Health & Place, 2011, 17 (2): 606-617.

[81] Kawachi I, Kennedy B P. Health and Social Cohesion: Why Care about Income Inequality? [J]. British Medical Journal, 1997, 314: 1037-1040.

[82] Lomas J. Social Capital and Health: Implications for Public Health and Epidemiology[J]. Social Science & Medicine, 1998, 47: 1181-1188.

[83] 卢银桃, 王德. 美国步行性测度研究进展及其启示 [C]// 中国城市规划学会国外城市规划学术委员会及国际城市规划杂志编委会会. CNKI; WanFang, 2011: 14-19.

[84] Humphrey J L, Lindstrom M, Barton K E, et al. Social and Environmental Neighborhood Typologies and Lung Function in a Low-Income, Urban Population[J]. International Journal of Environmental Research & Public Health, 2019, 16 (7).

[85] Hsieh C M, Tsai B K. Effects of Social Support on the Stress-Health Relationship: Gender Comparison among Military Personnel[J]. International Journal of Environmental Research & Public Health, 2019, 16 (8): 1317.

[86] World Health Organization. WHO Releases Country Estimates on Air Pollution Exposure and Health Impact[OL]. World Health Organization Web, 2016.

[87] Godbey G C, Caldwell L L, Floyd M, Payne L L. Contributions of Leisure Studies and Recreation and Park Management Research to the Active Living Agenda[J]. American Journal of Preventive Medicine, 2005, 28 (2 Suppl 2): 150-8.

[88] Smith M, Hosking J, Alistair W, et al. Systematic Literature Review of Built Environment Effects on Physical Activity and

Active Transport-an Update and New Findings on Health Equity[J]. International Journal of Behavioral Nutrition & Physical Activity，2017，14：158.

[89] Sallis J F，Cerin E，Conwey T L，et al. Physical Activity in Relation to Urban Environments in 14 Cities Worldwide：A Cross-sectional Study[J]. Lancet，2016，387：2207-17.

[90] Cervero R，Kockelman K. Travel Demand and the 3Ds：Density，Diversity，and Design[J]. Transportation Research Part D：Transport & Environment，1997，2（3）：199-219.

[91] Frank L，Pivo G. Impacts of Mixed Use and Density on Utilization of Three Modes of Travel：Single-occupant Vehicle，Transit，and Walking[J]. Transportation Research Record，1994，1466：44-52.

[92] Forsyth A，Oakes J M，Schmitz K H，et al. Does Residential Density Increase Walking and Other Physical Activity？[J]. Urban Studies，2007，44（4）：679-697.

[93] Learnihan V，Van Niel K P，Giles-Corti B，et al. Effect of Scale on the Links between Walking and Urban Design[J]. Geographical Research，2011，49（2）：183-191.

[94] Davis B，Carpenter C. Proximity of Fast-food Restaurants to Schools and Adolescent Obesity[J]. American Journal of Public Health，2009，99（3）：505e10.

[95] Scott M M，Dubowitz T，Cohen D A，Regional Differences in Walking Frequency and BMI：What Role Does the Built Environment Play for Blacks and Whites？[J]. Health & Place，2009，15：897-902.

[96] Rodriguez D A，Aytur S，Forsyth A，Oakes J M，Clifton K J. Relation of Modifiable Neighborhood Attributes to Walking[J]. Preventive Medicine，2008，47：260-264.

[97] Sallis J F，Slymen D J，Conway T L，et al. Income Disparities in Perceived Neighborhood Built and Social Environment Attributes[J]. Health & Place，2011，17（6）：1274-1283.

[98] Linand L，Moudon A V. Objective Versus Subjective Measures of the Built Environment，Which are Most Effective in Capturing Associations with Walking[J]. Health & Place，2010，16（2）：339-348.

[99] Southworth M. Designing the Walkable City[J]. Journal of Urban Planning & Development，2005，131（4）：246-257.

[100] Ball K，Jerery R W，Crawford D A，Roberts R J，et al. Mismatch between Perceived and Objective Measures of Physical Activity Environments[J]. Preventive Medicine，2008，47（3）：294-298.

[101] Craig C L，Marshall A L，et al. International Physical Activity Questionnaire：12-country Reliability and Validity[J]. Medicine & Science in Sports & Exercise，2003，35（8）：1381-95.

[102] Galderisi S，Heinz A，Kastrup M，et al. Toward a New Definition of Mental Health[J]. World Psychiatry，2015，14（2）：231-233.

[103] Roe J，Mondschein A，Neale C，et al. The Urban Built Environment，Walking and Mental Health Outcomes among Older Adults：A Pilot Study[J]. Frontiers in Public Health，2020，8：575946.

[104] Gao T，Zhang T，Zhu L，et al. Exploring Psychophysiological Restoration and Individual Preference in the Different Environments Based on Virtual Reality[J]. International Journal of Environmental Research & Public Health，2019，16（17）：3102.

[105] Environmental Justice：Social Disparities in Environmental[Z].

[106] 温海霞. 基于环境公平理论对我国环境政策评析及调整对策研究 [D]. 天津：天津大学，2006.

[107] Salgado M，Madureira J，Mendes A S，et al. Environmental Determinants of Population Health in Urban Settings. A Systematic Review[J]. BMC Public Health，2020，20（1）.

[108] 祁毓，卢洪友. 污染、健康与不平等——跨越"环境健康贫困"陷阱 [J]. 管理世界，2015（9）：32-51.

[109] 城市绿地空间环境公平研究进展 [Z].

[110] Luis R B. Spatial Access to Health Care in Costa Rica and Its Equity：A GIS-based Study[J]. Social Science & Medicine，2004，58（7）：1271-1284.

[111] Dony C C，Delmelle E M，Elizabeth C. Re-conceptualizing Accessibility to Parks in Multi-modal Cities：A Variable-width Floating Catchment Area（VFCA）Method[J]. Landscape & Urban Planning，2015，143：90-99.

[112] Bolte G，Pauli A，Hornberg C. Environmental Justice：Social Disparities in Environmental Exposures and Health：Overview[J]. In Encyclopedia of Environmental Health，2011，2：459–470.

[113] 马静，周创文，Gwilym Pryce. 环境公正视角下空气污染和死亡人数的空间分析及关系研究——以河北省为例 [J]. 人文地理，2019，34（6）：9.

[114] Wu J，Feng Z，Peng Y，et al. Neglected Green Street Landscapes：A Re-evaluation Method of Green Justice[J]. Urban Forestry & Urban Greening，2019，41：344–353.

本章图片来源

图 4-1　摘录自，本章参考文献 [36].
图 4-2　改绘自，本章参考文献 [48].

表 4-1、表 4-2　改绘自，本章参考文献 [3].
表 4-3　作者自绘 .
表 4-4　改绘自，本章参考文献 [36].
表 4-5、表 4-6　作者整理 .
表 4-7　改绘自，本章参考文献 [43].
表 4-8　改绘自，本章参考文献 [44].
表 4-9、表 4-10　作者整理 .
表 4-11　改绘自，本章参考文献 [112].

第三部分
环境与健康数据采集与分析

第5章　多源数据采集方法

在上一章节，我们了解了社区环境与公众健康研究方法及其具体内容之后，本章将为读者展示如何开展研究。简单来说，当我们明确了研究的问题、研究的内容、研究的方法之后，该如何采集数据与分析数据。数据以不同的形式存储信息，收集数据是保证研究质量的关键，是作出正确决策的基础。数据包含了各种类型，通过什么样的方式采集数据要根据我们的研究问题和研究设计来确定。如果前期对研究框架不明晰，开展数据采集工作以后再更改将会造成成本损失，尤其是人力成本较高的社会调查类数据采集工作。所以如何开展数据采集工作非常重要。数据采集的方法依据研究方法的分类，包括调查、实验、观察、档案数据，以及定性研究中的民族志等。

社会调查可以帮助我们获取研究人群的自评式健康状态（上一小节中很多健康量表都是通过自我报告的形式获取），主观评价的社区环境（例如社区的绿化、密度等），自我报告的健康行为（体力活动、健康饮食、健康偏好等）。实验方法可以帮我们获取实时的健康状态（实验室进行的对虚拟环境的评价）。实地观察可以通过测量工具获取环境特征和观察人群行为。健康相关档案数据资料可以帮我们分析更宏观的健康问题，例如中国居民膳食营养与健康状态的长期变化等。随着大数据与新兴技术的发展，很多网络数据资源也可以为我们提供环境或者健康信息。

本章将为读者介绍调查、实验、观察数据的获取，以及环境健康领域较为常用的大数据的采集与应用，包括地图数据、遥感数据、社交网络数据、传感器数据。

5.1 数据采集方法——调查数据

5.1.1 社会调查

1. 社会调查

在社区环境与公众健康领域，最常用的方法之一便是社会研究中的社会调查。社会调查是通过系统性的程序和结构来实现现象认知的方法，从发现社会问题入手选定调查题目，到最终以调查报告的形式得出调查结果。社会调查的主题主要分为三类：①某一人群的社会背景（包括性别、年龄、职业、婚姻状况、文化程度）、家庭构成、居住形式、社区特点等；②某一人群的社会行为和活动；③某一人群的意见和态度。社会调查的准备过程包括选题和调查设计、抽取样本、变量测量，以及问卷设计。

社会调查可以分为普遍调查和抽样调查，前者包括人口普查等统计报表形式呈现的调查，后者以自填式问卷和结构式访问这两种形式为主，因此问卷设计的科学性就显得极为重要，需要针对特定问题确定测量指标，进而通过这些指标来把握和描述社会现象，实现描述或解释实验现象的目的。

2. 研究对象

个体是社会学最常见的分析单位，个体可以被赋予社会群体成员的特性，汇总个体并对个体所属的群体进行概化，可以分析某一类型群体的社会特征。群体的属性可以通过群体中个体的属性来划分，如可以通过年龄或教育程度来描述一个家庭。组织是指正式或非正式的社会组织，包括企业、院校、社会团体。在研究过程中和得出结论时，需要时刻警惕两种类型的分析单位的错误推理：区位论和简化论。前者是仅依据对群体的观察来对个体作出结论，后者是用一组简化后的狭窄的概念来总结所有事物。

社区作为一定地域中人们的生活共同体，也可以作为调查中的分析单位。无论是乡村、城市，还是街道、集镇，我们都可以用社区的人口规模、社区异质性程度、社区习俗特点、社区的空间范围等特征对它们进行描述，也可以通过分析社区不同特征之间的关系来解释和说明某些社会现象。如同以个人为分析单位的社会调查中的个人那样，从每一个具体的社区中所收集的资料，既用来描述和反映这一社区自身的具体特征，又作为若干个具体社区的集合中的一个个案，参与到描述整个社区的集合特征，以及解释某些特定的社区现象中去。

3. 时间维度

社会研究根据研究时间跨度可以分为截面研究和纵向研究。前者是以某个时间点的观察为基础的研究，调查难度较小；后者是跨时段观察某一现象的方法，侧重事物变化和变化产生的规律的研究。历史研究根据研究方法的不同又可以细分为趋势研究（同一问题随着时间推移大众态度和认知的变化）、世代研究（侧重于一代的追踪）和小样本多次访问（特定特征群体的多次访问）。

5.1.2　具体操作

1. 操作化的概念

操作化是将抽象的概念转化为可观察到的具体指标的过程，或者是在更高的抽象层次上对这些概念进行具体度量时所使用的程序、步骤、方法和手段的详细描述。简单来说，很多健康相关的调查会用到较为抽象或者说很难直接询问的概念，例如心理健康、抑郁、焦虑、幸福感、归属感等概念。这类问题如果直接进行询问，就会因为答题者的个人理解不同造成偏差，或者涉及隐私问题不愿意如实回答。例如，直接询问一个人生活幸福感，很可能会因为对幸福感的理解程度不同而产生偏离研究者意图的答案。此时，我们将一个抽象的概念简化为一个或者几个具体的问题。例如将"社会支持"转化为"遇到困难愿意向他人倾诉"。例如将生活幸福感这一概念变成多个具体的问题。有学者在研究时更侧重幸福感中的生活满意度这一认知成分，并采用生活满意度量表（Satisfaction With Life Scale，SWLS）测度受访者的生活满意水平，该量表分为 5 个问题，见表 5-1，采用李克特 7 点量表汇总得分，从而得到个人的整体生活满意度，以此表示个人的生活幸福感。操作化是社会调查中衡量社会现象的重要组成部分，在社会调查中起着极其重要的作用。可以说，它是社会调查从理论到实践、从抽象到具体过程的"瓶颈"。

生活满意度量表 表5-1

1. 我的生活在大多数方面都接近于我的理想
2. 我的生活条件很好
3. 我对我的生活很满意
4. 到现在为止，我已经得到了在生活中我想要得到的重要东西
5. 如果我能再活一次，我基本上不会作任何改变

2. 操作化过程

包括以下两个方面的工作：一方面是界定概念，另一方面是发展指标。

概念是对某一社会现象的抽象，是一种事物属性的主观反映，例如生活幸福感。概念的抽象程度也有高低之分，抽象程度越高，覆盖范围越大，特征越模糊，反之亦然。概念包括变量和常量两部分，其中变量是一个多值的概念或一个多范畴的概念，而常量是仅有一个取值的概念。例如，街道空间安全感这一概念包括活动安全感、交通安全感、防卫安全感等。变量有两个重要的属性：第一，组成变量的值必须是穷尽的，即每个被调查者的情况都应该能够属于某个值；第二，组成变量的值必须是互斥的。根据变量值性质的不同，可分为定类变量、定序变量、定距变量和固定比率变量。

指标表示一个概念或变量含义的一组可观察的事物，称为该概念或变量的一组指标。概念

是抽象的,而指标是具体的。概念是人的主观印象,指标是事物的客观存在。因此,概念只能想象,而指标可以观察和确定。

界定概念和指标,可以直接采用一个现成的定义,也可以在现有定义的基础上自己创造出一个新的定义。其次要列出概念的维度,许多比较抽象的概念往往具有若干不同的方面或维度,例如社会地位——包括政治地位、经济地位、法律地位、教育地位和家庭地位等不同的维度。最后需要确定发展指标,可以寻找和利用前人已有的指标,或者需要先进行一段时间的探索性调查,采用实地观察和无结构式访问的方式,进行资料收集的初步工作。

但是,操作化也可能面临两个问题:一是操作化以后是否能够准确测量出事物真实情况,能够反映数据的准确性(效度);二是数据的可靠性程度(信度)。这类问题会通过后续的数据检验进行一定的处理(见下一章节的数据检验),但是如果能在前期对概念和指标精确定义并将测量误差减小,更能保证研究的可靠性。关于操作化(见第 8.3 节环境与健康指标体系构建)以及信度和效度(见第 9.4 节数据整理方法)的具体案例可以参考本书最后案例章节。

3. 测量层次

我们上文提到变量包括四种不同类型,测量不同类型的变量涉及四种不同的测量层次。测量是根据一定的法则,定性或定量地确定一个特定分析单位的特定属性的值或水平的过程。因为不同的数据类型对应了不同的数据分析方法,不同的研究问题对应了不同的测量层次。例如,在肥胖和超重的研究中,如果因变量是一个人的体重指数,就可以通过定距测量,相应地可以应用线性回归模型;如果因变量是肥胖,超过指标为肥胖,否则为正常,此时因变量为定类数据,相应的可以应用二元逻辑回归模型。上文提到的幸福感和满意度之类的量表数据多为定序数据,通过有序逻辑回归进行分析。此外,不仅仅是因变量的数据类型,自变量数据类型不同也要应用不同的分析方法。

1)定类测量

定类测量(Nominal Measures)也称为类别测量或定名测量,是测量层次中的最低层次,所有的定性测量都是定类测量。定类测量按照调查对象的特征加以分类,并表明名称或符号进行区分。定类测量的数学特征主要是"属于"与"不属于"(或者"等于"与"不等于"),具有互斥性和无遗性。在社会调查中,对诸如人们的性别、职业、婚姻状况、宗教信仰等特征的测量,都是常见的定类测量的例子。

2)定序测量

定序测量(Ordinal Measures)也称为等级测量或顺序测量,同样具有互斥性和无遗性。定序测量是将调查对象以某种规律或逻辑进行大小排序,并以此划定其等级或顺序。比如测量人们的文化程度,可以将其分为文盲、半文盲、小学、初中、高中、大专、大学及以上等,这是一种由低到高的等级排列;测量城市的规模,可以将它们分为特大城市、大城市、中等城市、小城市等,这是一种由大到小的等级排列。

　　3）定距测量

　　定距测量（Interval Measures）也称为间距测量或区间测量。定距测量除了将调查对象分为不同的类别和等级之外，还确定了调查对象之间相互间隔和数量差别。比如对温度的测量就是这一层次的测量。

　　4）定比测量

　　定比测量（Ratio Measures）也称为等比测量或比例测量。定比测量具有定类测量、定序测量、定距测量的全部性质，除此之外还具有一个绝对的零点（有实际意义的 0 点）。比如，对人们的收入、年龄，以及某一地区的出生率、性别比等所进行的测量，都是定比层次的测量。它们的测量结果都能进行加减乘除运算。

5.1.3　调查问卷和量表

　　问卷法和量表法是指通过发放问卷或者量表，调查居民对日常生活于其中的建成环境要素、类型、形态、距离、分布、景观美学、舒适性等的主观感知情况。问卷与量表的区别在于，量表是在问卷的基础上对调查内容进行了严格地编制、专家论证和目标群体使用的信效度检验等。

　　问卷法指的是调查员将问卷表发送给（或者邮寄，或者用电子邮件发送给）被调查者，由被调查者自己阅读和填答，然后再由调查员收回（或者邮寄回，或者用电子邮件发送回）的资料收集方法。这种方法可以说是现代社会调查中最常用的一种资料收集方法。此外，还有一种资料收集方式——结构访问法，指调查员依据事先设计好的调查问卷，采取口头询问和交谈的方式，向被调查者了解社会情况、收集有关社会现象资料的方法。

　　自填问卷法中又可分为个别发送法、集中填答法、邮寄调查法和网络调查法。个别发送法是在选取好抽样样本后将打印好的问卷逐个分发给被调查者，并讲明调查的缘由以求合作和配合，最后将问卷回收。该方法也可由政府部门或组织机构代为发放。集中填答法是在条件允许的情况下将被调查者召集在一起集中作答，填写完毕后统一回收。邮寄调查法是通过邮寄的方式来统一发放和回收问卷，在西方国家使用比较普遍，在我国很少采用，回收效率不高。网络调查法是目前比较新兴的问卷采集方式，通常包含三种方式：第一种是将电子问卷发放到任意互联网空间，记录所有人的作答数据，形成调查数据库；第二种是将电子问卷发布在特定网页上，与上述不同的是仅针对能够浏览此页面的特定对象；第三种是在选取好样本后将电子问卷通过邮件的方式投递到对方邮箱，来获取特定研究对象的作答情况。网络调查法有着巨大的应用潜力，但也有着一定的缺陷，在获取老年人或儿童等群体的具体情况时可能不太理想，还需要与其他调查方法相互补充。

　　调查量表是不同调查响应选项的有序排列。它通常由一系列特定的数字选项组成，受访者可以在调查或问卷中回答问题时从中进行选择。在上一章节定性研究与定量研究中提到过，调查量表可以帮助受访者量化他们的想法或他们对某些事情的感受。量表有很多形式，评级量表是常用的形式，李克特量表就是最常用的评级量表。李克特量表的具体应用可以参照最终案例章节。另外一种较为常用的评级量表是语义量表（Semantic Differential Scale），也称为 SD 法，要求受访者根据作为量表选项列出的语义变量进行评级，这些变量通常是刻度两端的相反形容词（图 5-1）。

相比于客观测量，问卷或量表测量获取行为数据的方法成本低，调查人员实施操作方便。问卷或量表测量的另一个优势，在于能够准确反映受调查者对于建成环境真实的主观感受。但是，数据准确性受到受调查者认知和填写态度的影响，不同问卷或量表的内容设置在不同地区群体中使用的普适性差，有时需要针对特定地区和特定群体进行必要的内容调整和信度、效度检验。问卷或量表测量数据的准确性容易受到对象的认知、记忆和理解能力，以

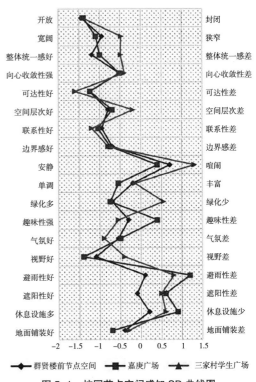

图 5-1　校园节点空间感知 SD 曲线图

及填写态度的影响，很多量表往往因为提供数据计算的准确性，内容设置较细，版面较多，很容易引起受调查者填写的厌倦情绪。

案例：基于 SD 法的校园节点空间感知研究

研究者运用 SD 法选取可以描述环境要素的一对相反的形容词，在每对词组之间设定七个等级在问卷中供人们选择，绘制出如图 5-1 所示折线图表，折线的高低起伏代表人们对所处环境空间感知的强弱程度。[1]

5.1.4　认知地图法

认知地图法是指使用某种工具材料，在纸上或图上将受调查者对于居住和生活的特定区域所产生的空间意象记录下来的方法。认知地图法根据记录方式和绘图方法的不同，可分为自由描画法、限定描画法、空间要素图示法、圈域图示法。自由描画法要求对某区域自由绘画，然后提炼出要素；限定描画法是指在提供的图中画出他印象中被隐去的部分；空间要素图示法提供目标区域的详细地图，要求受调查者将知道的要素全部画出或画出某种特定的要素；圈域图示法要求画出某种要素或设施可能影响、服务的辐射范围。

认知地图法的优势是，可以完成针对认知和理解能力较弱的儿童、老年人或者因为记忆、认知和语言问题不能完成主观调查的群体（如聋哑人等）的测量。不足在于，一是需要受调查

者具有一定的绘图能力；二是研究者对于采集到的绘图进行要素提取；三是认知地图法的数据采集工作量大，过程中容易遗漏受调查者所要表达的关键信息。

案例：东京自然公园空间意象研究

研究采用限定描画法对东京五个主要自然公园空间意象进行研究，不同于自由描画，限定描画法要求被调查者对自然公园的主要景点比较熟悉。首先向被调查人员展示每个自然公园主要十个景点，然后要求被调查者绘制出各个景点的相对位置关系和布局情况，同时也包含连接道路、河流等环境要素。由于事先提取的自然公园主要环境要素，分析难度相比于自由描画法有所下降。

通过对如图 5-2 所描绘的初步分析，被调查者描绘的顺序往往反映不同景点印象的深刻程度，有些景点在描绘图中没有被标示出来，代表着该景点指认率较低，不能给人们留下深刻的印象 [2]。

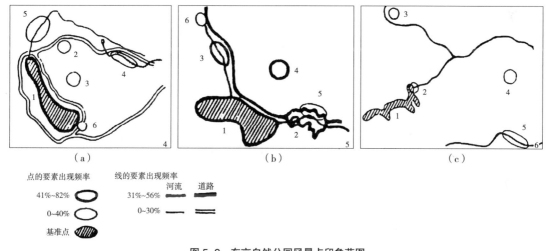

图 5-2 东京自然公园风景点印象草图
（a）箱根自然公园（依靠 1 个突出风景点的类型）；（b）奥日光自然公园（拥有多个使人印象深刻的风景点类型）；
（c）奥多摩自然公园（不存在使人印象深刻的风景点类型）

5.2 数据采集方法——观察数据

5.2.1 环境观察

通过环境测量与观察获取环境数据是最常用的方法之一。观测环境通过系统地观察物理环境获得环境特征的存在状况。客观建成环境数据的获取方式有两种：一种是通过测度工具实地调查记录物理环境；另一种是通过搜索现存档案数据，通过 GIS 或遥感等技术手段测量客观环境特性。这种方法可以减少工作量和耗时，但是尚未有研究直接比较这些不同方法所消耗的资源。相比之下，研究人员使用测度工具来收集通常不包括在 GIS 数据库中的物理特征。对于环境的观察性研究，也是我们所说的现场评估法，指评估员前往测量现场或根据测量区域拍摄的视频、照片对环境进行观察和审视，提取出目标区域中建成环境要素的形态、色彩、布局和景观美学、舒适性等环境数据和信息，或对环境作出评估的方法。然而，如果需要在较为分散的地理区域或在多个时间点进行观察，则实施人员现场观测可能耗时费力。

现有的环境测度工具❶种类繁多，测量工具目前主要限制是其适用程度。只有少数的测量工具在多个国家检验测试过信度与效度并发布多语言的应用版本，大多数测量特性的评估都是在特定区域进行的，因此环境变量的有限变化可能会限制工具的应用。测度工具中对于不同建成环境要素的测量内容主要围绕预计可能促进体力活动的要素类型，此外的建成环境要素是否也会对体力活动有影响还有待于深入研究。不同测量方式获取的空间要素会对最终的结果有很大影响，因此明确辨析不同的建成环境要素类型以及测量方法，有助于在后续实验中精准地控制变量。

近年来，通过遥感影像和街景地图等数据集远程描述和分析建成环境特征的方法逐渐得到关注。基于图像的审计具有可靠性。[3]街道景观往往被认为是最实用的测量精细纹理特征的方法，如微观人行道品质的方法。[4]街道视图可以更低成本地应用于评价社区环境。[5]新的评价方法扩大了地理和时间范围，更多标准化的评估可以加强不同地区研究结果的可对比性，同时依据遥感影像发展出新的评价工具。[6]

环境与健康的研究逐渐趋向关注特殊环境和特殊人群的测量，如对郊区、公园、娱乐场所，以及低收入者、少数群体、儿童、老年人等。测量环境范围得到拓展，不同工具测量的建成环境要素内容有所不同，[7]不同类型的工具都可以应用于不同的场所，包括社区、街道、公园和娱乐场所以及学校。近些年发展的审计工具部分关注特定人群，部分测度工具侧重特定微观环境的评价，见表 5–2（详细的案例应用可以参考第 11.2 节微观设计品质）。

客观环境还包含了街道层面建成环境的视觉细节，景观特征和空间关系，但是其对于步行场所的必要性的研究之间并没有形成共识。[8]此外，城市规划与设计实践中通常还包含一些细微的城市设计品质（表 5–3），例如城市意象、围合、尺度等。城市设计的品质对于活跃的街头生活很重要，评价工具所测量的城市设计品质与步行有显著关联，并具有较强的客观性和可靠性。[9]

此外，主观测量获得的感知环境通过受访人员主观报告获得，即调查量表。在现有的检验主观环境感知的研究中，环境同时包括物理环境、社会因素和政策影响。最常见的评估变量包括密度、街道连接、土地利用、交通、美学和安全性。调查问卷是自我报告的主要形式，问卷

---

❶ 测量与评价工具本文统称为测度工具，用以指代英文中的 "Audit Tool" "Scan Tool" "Instruction" 和 "Assessment"。

特定人群审计工具	特定环境审计工具
青少年休闲娱乐活动观测（SOPLAY） 校园体力活动得分（PASS） 中学生步行路径（WRATS） 校园体力活动政策评估（S-PAPA） 残疾人士环境支持（Environment Supports for People with Disabilities）	郊区积极生活评价工具（RALA） 社区公园审计工具（CPAT） 观测健身设施（SOFIT） 郊区积极生活感知环境测量（RALPESS） 开放街道测量（Open Streets Initiatives：Measuring Success Toolkit） 步行景观环境微观度量（MAPS） 健康社区土地管理与规划（Healthy Community Design in Land Use Plans and Regulations） 自然环境中的体力活动与休闲观察体系（SOPARNA）

微观环境测度工具　　　　　　　　　　　表5-2

测度工具中测量的建成环境要素　　　　　　　表5-3

测度工具	建成环境要素						
	密度	可达性	街道连接	步行路径	自行车道	美学品质	安全
审查分析工具（Analytic Audit Tool）	√	√	√	√	√	√	√
积极社区检查表（Active Neighborhood Checklist）	√	√	√	√	√	√	√
亚洲环境评价表—香港（EAST—HK）	√	√	√	√	√	√	√
尔湾—明尼苏达列表（I—MI）	√	√	√	√	√	√	√
社区积极生活潜力（NALP）		√		√	√	√	√
社区环境审查表（PIN3）	√	√		√	√	√	√
体力活动资源评价表（PARA）		√					
系统社区观察（SSO）	√	√		√	√	√	
步行环境评价工具（Sidewalk Assessment Tool）				√			
步行道与自行车道环境系统检查（SPACES）		√		√	√	√	√
步行环境观察工具（PEDS）				√	√		√
步行道自行车道适宜性评价表（WABSA）				√	√		√

的长度范围从几个到几十个问题不等，样本容量从几十到几千不等。我们较为熟悉的邻里环境步行性测量表（NEWS）[10]是世界范围内传播应用最为广泛的一套评价体系。

针对不同的测量方法，有学者进行了详细的综述。在通过调查获取体力活动的研究中，有33.3%的研究使用国际体力活动问卷（IPAQ）。对于环境的测量，81.2%使用了地理信息系统，71%仅使用地理信息系统，11.6%使用地理信息系统和审计措施的组合，17.4%使用地理信息系统和其他措施的组合，如犯罪或气候数据。在指定感知环境工具的研究中，65%使用邻里环境可步行性量表。

5.2.2　行为观察

现实空间行为观察是指调研人员前往现场进行实地观察，获取人们的行为数据。通过直接观察获取行为数据往往成本较低，但对于调研持续观察时间、观察对象的选择以及与被观察者之间的距离都有一定的要求。随着可穿戴移动设备的普及，计步器、便携式 GPS 设备、智能手机等可以协助调研人员获取人们的行为数据，极大地降低了行为数据获取的难度。行为观察和可穿戴设备都有其自身优势。

我们以健康行为中最常用的指标——体力活动为例。体力活动观测有两种类型：一种是通过观测人员在特定的地点观察人们的体力活动行为，以及相关个体特征，另一种是通过受试者自我报告体力活动。测量具体哪一种体力活动类型会对结果产生不同的影响，因为相同的空间环境对于不同的体力活动类型的影响是不同的。新技术的发展扩展了体力活动的测量方法，利用记速表和 GPS 物理跟踪等可穿戴式通信设备可以更实时地获取体力活动相关信息。但测度工具的优势是可以清晰地分辨不同体力活动的类型。建成环境对于不同类型的体力活动影响是不同的。[11] 同时，影响体力活动的因素复杂多样，包括物理环境与社会环境。体力活动的测量内容包括不同类型的体力活动和促进体力活动的环境特征。实地观测和主观报告都可以同时包括以上两方面内容或者只侧重其中一方面。其中国际体力活动问卷（IPAQ）是应用最为广泛的问卷量表之一，[12] 问卷在多地区检测有效并有多语言版本。7 天内的体力活动时间也被很多学者应用在不同侧重的研究当中。

行为观察的优势在于评估成本低，评估手段多样且灵活性高。研究人员不仅对建成环境进行评估，而是将要素的环境参数结合居民在研究场所内的身体活动类型、强度和持续时间等同时匹配评估。劣势在于不同的评估员所作出的判断存在着主观偏差，因此对观察者的选择和培训工作要求较高。

5.3　数据采集方法——实验数据

5.3.1　实验室实验

实验室实验是指在实验室模拟现实空间环境要素，从而获取在特定环境影响下的行为数据，研究人对于空间的知觉及印象的评价。随着技术水平的不断提高，实验室实验既可以通过构建实物等比例模型，也可以运用虚拟现实技术进行，相比于现实环境，最大限度地排除了其他要素的干扰。

虚拟现实技术可以为通过头戴设备等为人们创造出完全虚拟的空间，这种沉浸交互式的空间体验如今被广泛应用于心理学研究领域。现实空间研究往往存在着研究对象不可变、不可调控的劣势，研究对象的多样性受限，虚拟现实技术可以通过控制变量对实验场景进行深入研究，但是如今虚拟现实技术也存在着技术发展不完善、技术门槛高等缺点。

案例：利用虚拟现实技术测量公共空间

该研究目的是建立高层建筑低区公共空间社会效用评价量表，研究首先通过对典型公共空间要素的抽离和提取，运用层次分析法确定大类权重，然后对每一大类环境要素进行细分，采用正交设计将细分过后的各个环境要素组合成不同的场景模型，最后通过虚拟现实技术呈现给被测试者，以此对权重展开精细化计算。

运用虚拟现实技术获取数据的可靠性很大程度上取决于场景沉浸感的重现程度。虚拟场景的创建参考了实际高层建筑场景，包括人行道宽度、沿街立面、街道长度、建筑间距、立面细部等要素，再将非研究对象进行了简单的体块化建模，减少其他要素的干扰，最终通过营造出现实场景的真实感，让被测试者完全沉浸在虚拟场景之中（图 5-3）。

图 5-3　虚拟现实技术 [13]

5.3.2　现实空间实验

现实空间实验是指实验人员在实际环境下进行的模拟实验。随着高新技术的出现，便携式眼动仪、实时情绪传感器等工具逐渐应用到现实空间实验的过程中，先进的仪器提供了更为直接的数据，能够更加客观、精确地分析人们的行为，通常与问卷、访谈等主观分析方法相结合，但同时也存在着技术门槛高，设备花费大等劣势。

案例：利用可穿戴传感器对实时环境情绪感受评价

通过多种可穿戴生物传感器记录人们在行进过程中的生理数据变化，生成情绪评价值，利用 GPS 设备将评价值赋予行进轨迹之中，生成被测试者情绪评价轨迹。实验结束后对被测试者进行访谈，发现访谈结果与情绪评价轨迹数据能较好吻合，研究成果为建成环境的改善策略提供依据（图 5-4）。

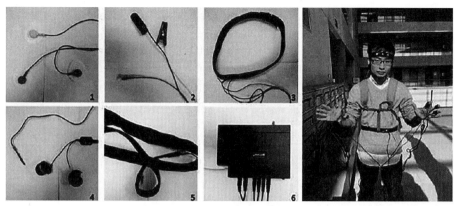

图 5-4   可穿戴式传感器[14]

案例：利用摄影照片与便携式眼动仪对旅游者视觉行为分析

通过便携式眼动仪了解游客在旅游过程中的视觉偏好，对视觉数据的收集包括注视次数、注视时长、注视频率等细分指标，并且进行如图 5-5 所示的可视化表达，红色区域代表游客视线停留时间较长，蓝色区域代表停留时间较短，结合物质环境对游客视觉行为特征进行分析。随后，将眼动实验与问卷调查对比研究，发现视觉吸引与情感吸引存在差异。

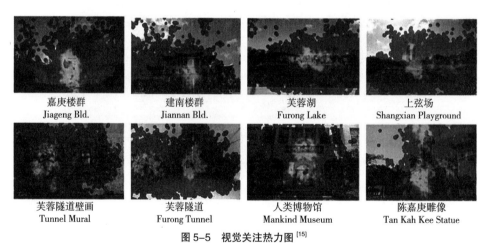

图 5-5   视觉关注热力图[15]

5.4   数据采集方法——地图数据

在建筑规划领域，空间始终是我们关注的核心内容，而带有地理位置属性的地图数据则是最重要的社区环境特征信息的来源。我们上一节提到的社区环境所包含的内容大部分是从各类地理数据资源获取的。在空间参考数据中，数据一般分为两种不同的类型：栅格数据和矢量数据。

栅格数据由具有特定信息的且有组织的像元组成，但矢量数据用于具有离散边界的数据。栅格数据基于像元，此数据类别还包括航空影像和卫星影像。栅格数据有两种类型：连续和离散。人口密度是离散栅格数据的一个示例。连续数据示例包括温度和高程测量值。矢量数据的三种基本符号类型是点、线和面，使用这些符号来表示地图中的真实世界要素。矢量文件中的图形元素称为对象。每个对象都是一个自成一体的实体，它具有颜色、形状、轮廓、大小和位置等属性。基于地图获取的数据大部分为矢量数据，包括设施点、道路数据和绿地河流等面数据。

栅格和矢量数据的计算原理和方法差异较大，关于两种数据的具体原理和计算方法可以在地理信息系统相关书籍中轻易获取，本书不再展开介绍。本章节仅介绍不同数据类型的应用。关于地理信息数据如何在社区环境与健康中具体应用实施，可以参考本书最后案例部分内容。

5.4.1　地图数据的采集方法

各种地图要素转换成计算机的可读形式称为地图数据。[16]本小节主要介绍矢量数据的应用，栅格数据以遥感影像为例，将在后续小节进行介绍。从内容上来看，地图数据包括空间数据和属性数据。空间数据包括点、线、面三种，均是几何图形。其中点数据可以用空间坐标来表示，如路灯；线坐标可以用离散化的点表示，如道路；面数据可由环绕的线或者面内的点表示，如植被。属性数据可分为定性和定量，前者用以描述要素分类或者对要素进行标名，如河流、道路等；后者包括数量和等级，用以描述要素性质、特征或者强度等，如面积、人口、距离等。

目前，地图数据常见的获取方式主要包括但不限于以下几方面。

1. 开放政府数据

政府为对外服务和对社会管理，通过信息化的方式积累了大量数据，而这些数据开放给公众，就是开放政府数据的由来。与政府信息公开不同，开放政府数据已成为世界性的趋势，本身就是在大数据时代，政府所提供的一种公共服务，是更底层的资源。

开放政府数据的来源主要是国家数据、北京市政务数据资源网、上海市各类政务数据公开网，等等。如图 5-6 所示，"开放广东"政府数据统一开放平台包含该地区的各类政务数据，通过地图条件的筛选，可以获取到广东某市公交站点的地图数据信息。

2. 开放组织获取

开放组织获取地图数据是较常用的一种数据的采集方式，可以通过开放数据网站下载获取各类数据类型。如图 5-7 所示，Open Street Map 可以获取众多数据源和街道信息；SVG-EPS 地图可以获取矢量地图数据；Google Earth Engine 可以处理卫星图像和其他地球观测数据云端运算；中国国家调查数据库获取社会调查数据；中国南北极数据中心可以获取极地数据资源库等。其他还包括城市数据派、开放数据中国、数据堂、地球系统科学数据共享网、阿里研究中心、Creative Commons、Open Access 和 Global Cities Data 等。

图 5-6 "开放广东"政府数据统一开放平台

图 5-7 Open Street Map 获取地图数据

1）企业数据

企业网站可以获取设施点（Point of Interest，POI）数据、街景图片等数据。数据来源主要是百度地图、腾讯地图、谷歌、移动 / 联通、MapABC、MapBar、房天下 / 安居客 / 链家、大众点评、联合国综合数据库、国际货币基金组织、CEIC 全球数据库、世界银行、阿里巴巴、京东等企业获取相关数据。

2）社交网络

社交网站如新浪微博、大众点评、旅游网站、Facebook、Twitter、Linked in、Instagram 和各类手机软件等，可以获取与社会活动相关的位置信息、人脉信息、热点信息、生活习惯信息。

3）智慧设施获取

通过各种传感器（距离传感器、光传感器、温度传感器、烟雾传感器、生理传感器）和人机交互设施（眼动追踪仪、虚拟现实眼镜）等获取距离、路径、亮度、温度、情绪、视觉关注、体验评价等相关类型的数据。

5.4.2　地图数据的应用

由于地图数据具有丰富的数据类型和数据资源，因此应用非常广泛。

1. 点数据

点数据是应用最广泛的数据类型。例如，通过设施点数据可以分析不同设施的集聚程度，通过商业设施的集聚程度可以分析城市活力，通过手机热点数据的集聚程度可以分析人群热力，通过公共服务设施的空间布局可以分析资源配置的合理性。在其他数据类型不足时，还可以通过一定区域内的设施点类型在一定程度上反映土地利用情况。

2. 线数据

道路信息是通过线数据存储的，社区环境中的路网密度、交叉口、街道链接等要素都是通过线数据进行计算。很多距离相关的分析也是基于线数据计算的，例如可达性。

3. 面数据

对于面数据的应用有两种类型，第一种是直接包含信息属性的面数据，例如河流、绿地，带有属性信息的行政区划等。第二种我们通常会通过现有的行政区域或者生成面域进行数据的提取与分析。例如，社区环境的提取需要限定社区范围与边界，然后在研究单元内进行数据计算。

多数情况下，环境分析需要对点、线、面数据进行综合应用。此外，有些时候我们获取到的数据并不是以点线面的形式呈现的，例如从地产网站获取的小区数据、从社交媒体获取的微博文本数据，这种情况需要我们根据数据本身自带的地理坐标转换为点线面数据再进行分析。还有一种情况是没有地理坐标信息但是有居住地址或者邮政编码数据，这时需要对地址进行地理编码转换成经纬度坐标，然后加载到地图中进行计算。

在一项社区级别的环境特征分析的研究中，通常情况下，我们可能需要融合不同来源或不同研究方法获取的数据，例如表 5-4。对于同一个研究变量，可能会有多种维度进行计算，此时需要根据数据的属性和信息进行选择，因为有时候并不能获得令人满意的数据资源进行计算。对于不同数据类型，矢量和栅格数据，有时需要合并计算，可以通过重分类和栅格叠加等方法进行合并。

案例：基于点数据的街道空间活力分析

通过百度和高德地图 API 端口，收集北京某地区的地图数据，获取区域内的 POI 和街景图，对数据进行聚集度分析，建立可视化评价模型，量化评价北京城市副中心区域的街道空间环境。如图 5-8 所示，各类街道设施分布较集中。

案例：使用地图数据、遥感数据和空间度量在街道街区级别绘制城市土地利用图。

该研究提出了一种在街道街区一级绘制城市土地利用图的工作流程。利用超高分辨率卫星图像和派生的土地覆盖图，使用 Open Street Map 和辅助数据创建街区多边形，计算空间量社区环境指标计算数据类型   表5-4

建成环境要素			数据计算来源	数据类型	数据信息
物质空间环境	密度	建筑密度 容积率	建筑轮廓 建筑层高	面数据	面积、层数、位置
	土地利用	类型	渔网数据	面数据	类型、位置
		可达性	POI	点数据	名称、类型、位置
	街道连接	路网密度 连接指数 交叉口	交通网络 矢量数据	线数据	长度、等级、位置
	建设品质	建设年代 房价	地产数据	EXCEL	名称、年代、房价
	坡度	变化程度	高程数据	DEM	高度、位置
自然环境	绿色空间	NDVI GVI	影像栅格数据 影像栅格数据	PNG BMP	光谱波段 像素值
感知环境	可达性、连接性、美观、安全、社会环境等		问卷数据	EXCEL	评价量表
微观环境	街道环境		影像栅格数据	BMP	像素值
	城市设计		影像数据	EXCEL	审计记录
	人行道状态 交叉口设施		影像数据	EXCEL	审计记录

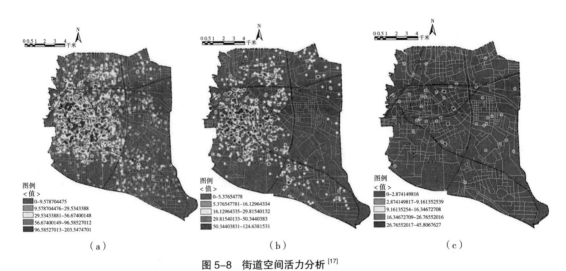

图 5-8　街道空间活力分析 [17]
（a）交通设施核密度分析；（b）医疗服务设施核密度分析；（c）公园广场设施核密度分析

度和其他街区要素。然后进行要素选择，将初始数据集减少80%以上，从而提供一组可判别且无冗余的要素。最后，根据建筑面积的比例完善住宅区的精度，结合遥感数据和空间指标在街区绘制城市土地利用图（图5-9）。

5.5　数据采集方法——街景数据

5.5.1　街景数据的获取

街景数据也是近年来应用较为广泛的数据之一。在机器学习等新技术还没有普及应用之前，研究人员通过街景进行观察研究记录城市街道的环境和街道上的人群，这种方式比实地调研节省成本。随着新技术的发展，通过计算机辅助进行大规模的街景分析可以帮我们获取街道环境品质的评价，从而进一步分析环境对健康的影响。

街景数据是通过采集设备记录城市街道现实面貌产生的数据，包括街景图片、地理定位、

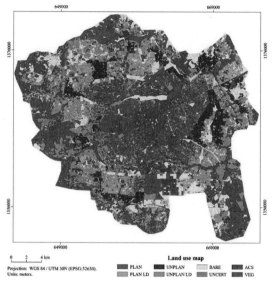

图 5-9　基于多源数据的土地利用图绘制[18]

拍摄参数等，其特点是数据量大、覆盖范围广、数据格式较统一、数据质量较高、数据偏性较小、获取较方便、成本较低等，最重要的是街景数据能从"人的视角"对城市进行客观的记录。如街景图片在空间尺度上与遥感影像相似，但观测视角更加微观，表达的内容也更为丰富，包含众多城市功能和社会经济属性的相关信息，是一种"社会感知"数据。

街景数据的获取方式主要是通过采集设备实地记录，或者通过爬虫等获取百度、腾讯等地图提供的相关数据。而从这些数据中提取相关的要素和场景信息，主要是在完成数据清洗的基础上通过以下两种方式进行：第一种是通过数字图像处理以及计算机视觉技术从而刻画城市环境；第二种是通过深度学习技术获取高维度视觉语义信息，提取街景数据中的环境特征。

深度学习（Deep Learning）是机器学习的一个分支。深度学习基于一组算法，试图通过使用多个处理层对抽象数据进行建模。神经网络（Neural Networks）方面的研究很早就已经出现，如今的神经网络研究是多学科交叉领域。卷积神经网络（Convolutional Neural Networks，CNN）是深度学习的代表算法之一。随着深度学习理论的提出和数值计算设备的改进，CNN 得到了快速发展并大量应用于计算机视觉等领域。CNN 尤其适用于发现图像中的模式，从而识别物体、人脸和场景。语义分割（Semantic Segmentation）基于 CNN 架构，是让计算机根据图像的语义来进行分割，是将标签或类别与图片的每个像素关联的一种深度学习算法。

基于 CNN 的图像识别方法有很多类型。[19]以 SegNet 等为代表的算法运用深度卷积神经网络构架能对街道图片进行识别，有效识别图片中的天空、建筑、绿化等多种要素，[20]CNN 架构，如图 5-10 所示。分割在像素级别上分类。CNN 在每一层执行图像相关的功能，然后使用池化层（绿色）对图像进行下采样。分类后追加一个 CNN 的逆向实现。上采样过程的执行次数与下采样过程相同，以确保最终图像的大小与输入图像相同。前半部分的输出后紧接着同等数量

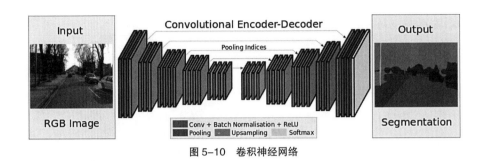

图 5-10　卷积神经网络

的反池化层（橙色）。最后使用一个像素分类输出层将每个像素映射到一个特定类。这就形成了一个编码器—解码器架构，从而实现语义分割。

随着街景地图服务和计算机视觉技术的发展，城市街道环境与感知量化越来越多地用于研究环境与结果之间的关系，[21、22] 例如基于街景图像判断人们对环境的感知。[23、24] 有学者基于MIT 开发的 Place Pulse 数据集，检测城市街景的感知属性（安全、活泼、无聊、富有、压抑和美丽）和相关结果的联系。[25、26] 然而，在判断城市环境物理品质方面，基于图像的机器评级与公众的现场评级之间的有一定误差。当涉及复杂的城市规划设计问题时，算法得分高也并不代表最佳的条件。[27] 现有的研究在检验人们对环境的感知时，并没有考虑到个人的情感因素。例如，居民对自己居住小区的情感依赖，以及社区的社会环境可能会影响居民对周边环境的感知。关于城市街道环境、感知环境、社会环境多层次要素关系的研究，在我国高密度的居住环境下并不丰富。

人工智能与城市研究的结合是未来发展的必然趋势，机器学习可以非常有效地解放以往密集的人工劳动，也可以从在人们日常生活中日渐重要的网络社会获取信息与进行分析。同时，人工智能在公共健康领域也有着非常大的应用前景，包括识别环境暴露风险，管理分析人群健康数据等。但是，在城市规划和公共健康的交叉领域，计算机技术如何更好地辅助人工分析还有待于进一步探索。尤其在环境行为学理论支撑下，如何应用计算机技术识别人与环境的交互作用，以及个人情感的混杂因素等，仍需要深入的思考与探索。

5.5.2　街景数据的应用

在现有研究中，街景数据常作为一种新型的观测城市物理空间的方法，用来描述城市建成环境，量化研究城市环境与公众健康（包括生理和心理两方面）之间的关系。[28] 具体来看，其应用大致可以分为几类，分别是量化物质空间、提取街道要素、评价空间品质等。街景数据为城市物质空间的定量研究带来了机遇，而深度学习方法则为多源大数据间的关联分析提供了有力的工具。

1.量化物质空间

这部分研究主要是通过街景图像数据，对街道物质空间环境中的要素进行分析，建立量化分析的模型。如北大时空大数据与社会感知研究组使用了一种基于街景影像的城市街道峡谷识别与分类的方式，提出城市街道峡谷的多层次分类体系并标注街景图片，构建深度学习模型，对街道峡谷类型进行分类与识别。最后以中国香港城市为例，精细化绘制街道峡谷分类地图，如图 5-11 所示。通过这种识别与分类的方式，研究大尺度城市区域的街道和城市形态，辅助城市相关研究。[29]

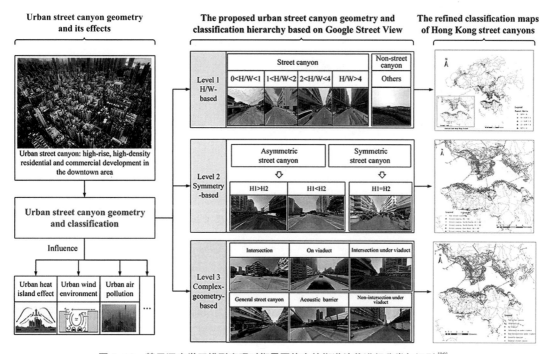

图 5-11　基于深度学习模型实现对街景图片中的街道峡谷进行分类与识别 [30]

张帆则从物质空间视角出发，基于一种 DenseNet 的深度卷积神经网络，通过街景数据输出所在街道的居民出行活动的日时谱曲线，预测所在街道的公众单位时间内的出行量曲线，以此量化城市物质空间（图 5-12）。

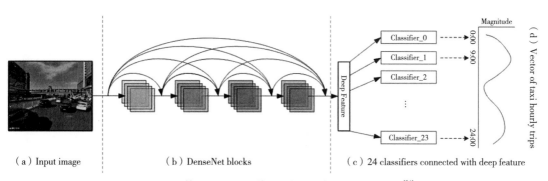

图 5-12　基于 DenseNet 的居民出行活动日时谱曲线预测 [31]

　　李（Li et al.）等使用谷歌街景全景图来表示街道峡谷单元并计算天空视野因子（SVF），以量化街道峡谷封闭程度的指标，文章以波士顿为例，结果表明了行道树使市中心地区的天空视野降低了 18.52%（图 5-13）。

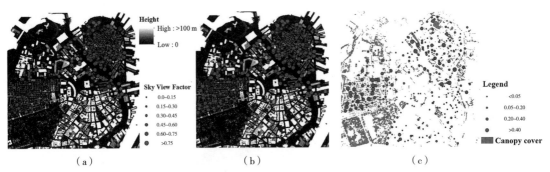

（a）　　　　　　　　　　　（b）　　　　　　　　　　　（c）

图 5-13　不同摄影方法和模拟方法估计的天空视野空间分布[32]

2. 提取街道要素

　　这部分的研究主要是基于图像数据，提取出相关空间数据，对场景、对象进行要素分析，通过图像分析方法建立量化的城市模型。例如，有研究通过谷歌街景数据，构建一种使用公开信息的审计替代方案，提供了一种建成环境实地观察审计的新方法，旨在评估使用谷歌街景图像进行的建筑环境审计的评估者间可靠性（图 5-14）。[33]

审核工具部分[b]	协议		Landis 和 Koch 值范围[a][中]的项目数			
	Kappa 均值（范围）	PABAK 均值（范围）	<0.39，一般	0.40-0.59，中等	0.60-0.79，实质性	0.80-1.00，近乎完美
土地利用 (42/50)						
土地利用类型 (3/4)	0.67 (0.60, 0.74)	0.76 (0.66, 0.88)	0	0	2	1
主要用途 (8/9)	0.40 (0.13, 0.69)	0.85 (0.74, 0.96)	0	0	2	6
住宅用途 (7/8)	0.41 (0.00, 0.75)	0.89 (0.83, 0.99)	0	0	0	7
停车 (4/4)	0.32 (0.23, 0.47)	0.60 (0.51, 0.72)	0	2	2	0
休闲 (4/7)	0.40 (0.00, 0.66)	0.97 (0.94, 0.99)	0	0	0	4
非住宅 (16/18)	0.51 (0.00, 1.00)	0.93 (0.69, 1.00)	0	0	1	15
公共交通 (2/2)	0.52 (0.44, 0.59)	0.90 (0.83, 0.97)	0	0	0	2
街道特色 (10/10)	0.62 (0.24, 0.82)	0.91 (0.63, 0.99)	0	0	1	9
环境质量 (6/9)	0.35 (0.19, 0.57)	0.73 (0.46, 0.97)	0	1	3	2
人行道特征 (8/11)						
人行道上的礼物 (1/2)	0.89	0.90	0	0	0	1
人行道连续性 (2/2)	0.82 (0.79, 0.86)	0.83 (0.79, 0.86)	0	0	1	1
人行道宽度 (2/2)	0.47 (0.18, 0.76)	0.70 (0.59, 0.81)	0	1	0	1
路缘削减 (1/1)	0.38	0.63	0	0	1	0
缓冲器 (2/2)	0.80 (0.75, 0.84)	0.82 (0.80, 0.84)	0	0	0	2
对齐/障碍物 (2/2)	0.19 (0.00, 0.39)	0.73 (0.62, 0.83)	0	0	1	1
肩部特征 (5/7)						
自行车路线或标志 (1/1)	0.44	0.97	0	0	0	1
肩部礼物 (1/3)	0.55	0.85	0	0	0	1
肩宽 (1/1)	0.43	0.93	0	0	0	1
肩部连续性 (1/1)	1.00	1.00	0	0	0	1
肩部阻碍 (1/1)	1.00	1.00	0	0	0	1
总计 (75/89)			0	4	14	57

图 5-14　基于谷歌街景的活跃社区检查表项目的评分间信度（*n*=75）

3. 空间品质评价

这部分的研究主要是提取空间要素，并基于街道美学、图底关系理论、可步行性研究等，构建审计模型，研究方法是机器学习和综合评价法。如杜贝等人（Dubey，et al.）通过引入的街景数据集，构建出一种连体状的神经体系结构，提取街景图像的低、中、高三个等级的特征，并进行排名（图 5-15、图 5-16），对包括街道安全、活力、品质等多个感知属性进行量化分析评价。[34]

朗德尔（Rundle A. G，et al.）等人则收集与建成环境相关的众多项目现场审计和街景数据（图 5-17），分析现场审计与街景数据之间的一致性（图 5-18），研究表明谷歌街景视图可用于审核邻域环境。[35]

图 5-15　基于 RSS-CNN 生成的成对比较排序的图像

图 5-16　由 RSS-CNN 生成的成对比较计算得出的图像及其 TrueSkill 得分

图 5-17 谷歌街景全景图像

Measures	*n*	Agreement or correlation[a]		
		% high	% moderate	% low
Total	140	54.3	22.9	22.9
Neighborhood environment construct				
Aesthetics	23	34.8	30.4	34.8
Physical disorder	17	23.5	41.2	35.3
Pedestrian safety	29	72.4	17.2	10.3
Motorized traffic and parking	12	75.0	16.7	8.3
Infrastructure for active travel	11	90.9	0.0	9.1
Sidewalk amenities	20	40.0	25.0	35.0
Human presence and social interactions	28	57.1	21.4	21.4
Size				
Small	9	11.1	44.4	44.4
Other	131	57.3	21.4	21.4
Temporal stability				
Stable	91	58.2	24.2	17.6
Unstable	49	46.9	20.4	32.7

图 5-18 现场审计与街景数据之间的相关性

　　邵钰涵，殷雨婷，薛贞颖则通过百度地图提取到的街景数据作为评价媒介，并通过图像语义分割提取数据中的各类元素种类及占比以及聚类方法分类后，通过网络问卷收集街景舒适度的主观评价，最终得出不同种类街道舒适度提升的相关建议，[36] 如图 5-19 所示，街景舒适度、安全感，以及偏好间两两呈显著相关。

　　其他国内学者如关丽、熊文等通过三维街景采集进行街景数据的获取，量化研究街道慢行环境，确立行道宽度、占道停车、绿蔽率等六大类评价指标体系；[37] 叶宇、张灵珠等基于街景数据和机器学习算法，将街道绿化可见度与街道可达性进行叠加分析，探讨绿化品质的研究方法；[38] 潘海啸团队则通过街景数据，获取包括车道数、机非分隔形式、路边停车、行道宽度等在内的一些指标数据，评价周边地区的步行环境。[39]

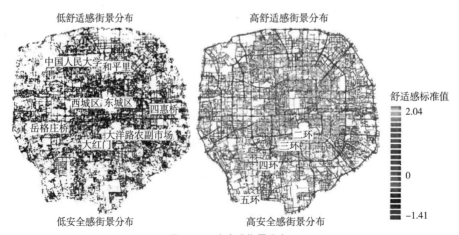

图 5-19 安全感街景分布

5.6　数据采集方法——遥感影像数据

5.6.1　遥感影像的数据获取

　　遥感影像与街景数据不同，后者以"人的视角"记录街区环境，而前者提供的是一种"鸟瞰视角"，它是记录各种地物电磁波大小的胶片或照片，也是基础地理数据的重要获取手段，主要分为航空像片和卫星相片。由于视角不同，两种数据源对于不同的研究问题得出的结果可能会有所差异。而遥感影像的获取包括但不限于以下方式：中国遥感数据共享网、欧空局（ESA）哨兵数据、美国航天局（NASA）、地理空间数据云、美国地质调查局（USGS）、中科院遥感所、中国资源卫星应用中心，以及各类地图下载器等。

5.6.2　遥感影像的应用

1. 城市空间分析

　　从遥感图像中自动提取道路特征等相关要素，在城市规划和数字城市建设应用中十分重要。如刘贾贾等人对遥感影像进行预处理和分割后，提取建筑物并进行分类，用混淆矩阵进行分类结果精度评价，最后进行建筑物抗震性能定义划分（图 5-20）。

图 5-20　建筑物表现形式及分类结果 [40]

2. 自然环境提取

　　绿色空间的指标之一标准化植被指数就是通过遥感影像数据计算获得的。NDVI 指数是根据电磁波谱的两个波段，近红外（Landsat 波段 4）和红色（Landsat 波段 3）中观察到的反射率来计算的，如式 5-1 所示，NDVI 指数范围在 –1 和 1 之间，数字越大表明绿色植被密度更高，没有绿色植被则值接近于零。负值反映蓝色空间。本研究不同层级的植被指数通过 ArcGIS 区域统计工具提取栅格数据在缓冲区内的加和来表示（具体应用可以参考本书最后案例部分内容）。

$$NDVI = \frac{NearIR - Red}{NearIR + Red} = \frac{Band4 - Band3}{Band4 + Band3}$$

（5-1）

3. 人群活力分析

在前文地图数据中我们提到过，基于位置的点数据可以测量人群活力。基于位置的服务（LBS）的数据在各种日常活动中的高度渗透，包括即时通信、导航数据，在线业务等。这些信息很好地代表了个人日常活动的空间分布，然而，大多时候由于隐私问题和企业数据共享问题并不能无限制地访问。使用遥感影像同样能够可靠地估计人群活动量。

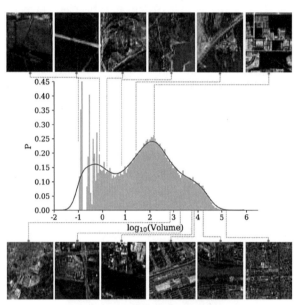

具有 RGB 通道的真彩色图像适合于反映详细的物理生活环境，并且与人类对物理空间的视觉认知一致。直观地说，不同幅度的活动量对应不同的遥感影像场景，确认可以找出它们的关联以获得准确的估计。与人类活动数据一致，遥感影像被裁剪成具有相同空间范围和坐标系的切片，基于端到端深度学习框架，利用遥感影像实现对人群活动量的准确估计。结果表明在移动数据访问受限的地区，利用遥感影像识别活力能帮助我们更好地理解人类社会的各方面（图5-21）。

图5-21 人类活动体积的概率密度直方图，以及与不同体积关联的 RS 图像示例[41]

5.7 数据采集方法——社交网络数据

传统的记录人类行为的方式通过统计资料和社会调查，但这种方法在时间和尺度上是有限的。观测数据收集要求调查人员必须在现场调查、观察和记录以跟踪行为。同时，受访者的报告数据也会受到隐私问题的影响而出现偏差。通过这些方法得到的是被动的静态小样本数据。对比而言，社交媒体中的用户生成的内容可以视为自我报告数据。但是由于数据立即被记录下来，召回问题将最小化。随着数据的增加，个体样本精确度可能不高，但是对人群样本整体趋势是具有可信度的。通过大数据探究城市环境和人类活动的关系有重要作用。一方面海量数据可能会呈现出通过小样本调查难以反映的关系。另一方面，地理标记的社交媒体数据可能作为观察人类活动的替代方法，因为人们在发布信息时是静止的，而发文源于人类与他人沟通的欲望。然而，只有少数研究利用这些数据来研究社交媒体活动与构建环境之间的实证关系，尤其是根据社交媒体数据反映的人群情感价值。因此，社交媒体数据有可能加深我们对完善可以提供积极情感价值的环境的理解。

5.7.1 社交网络数据获取

社交网络数据是人们生活中通过媒体平台，如微博、朋友圈、flickr、Panoramio 等，主观意愿下对其所处环境与自我感受的记录，数据的记录方式有位置打卡、文字、图片、短视频等，在结合其他数据前提下，研究者可在时间与空间的大尺度范围内对城市的社会现象与自然景观状况进行数据分析与应用。社交网络数据具体可分为以下三类。

单向社交网络数据：如微博关注，Twitter 等，这种网络数据的特点是可以单方面关注其他用户，能通过有向图表示。

双向社交网络数据：如微信，Facebook 等，这种网络数据的特点是用户之间形成好友关系必须经过双方的确认，一般可以通过无向图表示。

社区社交网络数据：如贴吧，Reddit 等，这种网络数据的特点是用户之间无明确的关系，但包含了用户属于不同社区的数据。如在论文数据集中，同一文章的多个作者间具有一定的社交关系。

而这些数据最常用的获取方式是应用社交媒体数据抓取工具进行数据获取。这是指一种自动化网络爬虫工具，可从社交媒体渠道提取数据。

而常用社交媒体爬虫有：Octoparse、Outwit Hub、Scrapinghub、Parsehub 等，除了自动网页抓取工具可以执行的操作外，许多社交媒体渠道现在还向用户、学者、研究人员，以及特殊组织（如新闻服务的 Thomson Reuters 和 Bloomberg，社交媒体的 Twitter 和 Facebook）提供付费 API。

5.7.2 社交网络数据的应用

1. 位置和行为数据

基于社交媒体数据的地理标签信息可以分析城市空间的演变趋势[3]，人群的活动模式[4]，基于活动模式的城市土地利用，以及土地利用和人群活动的关系。社交媒体大数据还可以用来研究社区的空间特征，城市事件的时空特征等。

随着移动设备的普及和网络设施的发展，社交媒体作为灾害数据信息丰富、传输通道近实时、数据生产成本低等特点受到众多研究者的青睐。这些研究人员使用不同的方法来研究减灾，基于社交媒体中包含的信息的不同维度，包括时间、地点和内容。提取了社交媒体文本中包含的细粒度路况信息和公共情感信息，以全面检测和分析暴雨灾害期间的交通影响区域（图 5-22）。

2. 公众情绪和态度

情绪分析的方法运用到城市规划学中才刚刚起步。尤其是随着心理需求的提高，对于居民

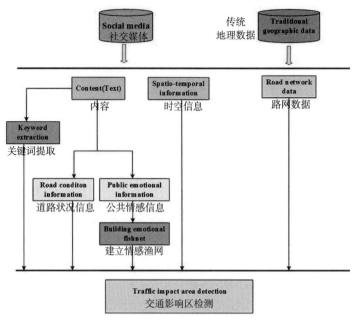

图 5-22　整体流程图[42]

行为和健康与建成环境的关系，以及情绪与空间之间的关系两方面的研究也逐渐受到重视。以人、情绪与空间的互动关系为主要研究内容，来探寻人类的情绪体验与空间环境的相互影响，可以让研究者了解各地区人们的情绪特征，从而理解城市。

现有的研究通过文本数据提取市民情感、对社会的态度，来评估区域福祉、人们对邻里关系的感知，以及对社区不同方面的情绪。也有学者分析社交媒体上报道的影响人们安全的事件，如道路交通事故、犯罪或洪水。此外，还可以通过社交媒体数据提取对公共服务设施的评价，例如公众对绿色建筑政策的关注和情绪，评估公园的功能质量和数量影响用户对公园的满意度。研究发现，这些评论比对大多数其他公共服务的评论更能反映对公共服务的负面情绪。

5.8　数据采集方法——传感器数据

5.8.1　传感器数据的获取

通过传感器和可穿戴设备可以获取个体行为与健康、活动、位置等信息，进而研究环境对健康的影响。传感器数据是通过感知或传感设备测量及传输获取的数据，这些设备能够实时地采集大量动态的时序数据资源。传感器数据的种类可以分为人体、网络信号、气象等传感数据，常见的获取方式主要可分为以下几类。

可穿戴式传感器设备：可穿戴式设备如智能手环、智能手表等，因其可以利用人机交互记录佩戴者的身体状态（如心率）和使用情况（如步数、GPS定位），被越来越多地用于人本尺度的研究中。

1. 眼动仪

基于街景等图片资料，利用生物传感器 / 眼动追踪技术即对人体生理反应进行检测，得到视觉注意力热力图 / 视觉固定高频点位，可以反映哪些空间更容易受到人们的注意，以提高评价的客观程度。

2. 红外传感器

包括主动式和被动式红外传感器，如打猎相机，其利用红外感应器触发拍照，当有热源的物体（动物、人等）进入红外监控相机的红外感应区域时，通过透镜及传感探头，红外监控相机的感应模块会让相机启动完成抓拍，快速对移动的物体感应拍照并录制视频。

3. 惯性传感器

主要用来检测和测量被感知物体的加速度与旋转运动，加速度计用以判断物体的运动距离，陀螺仪计算物体旋转角度，磁力计分辨物体的朝向。目前，惯性传感器被广泛应用于需要测量物体速度与姿态变化的场景中，例如手机姿态测量、航空与航海导航等领域。

4. 行车记录仪

这是一种低成本测度城市网络街景的实践运用，普适性和易用性较高。通过将行车记录仪安装在汽车、自行车，以及手持的方式，采集机动车和非机动车道，以及人行道的传感器数据，解决了实践运用的基础数据来源。

5. WiFi 探针

WiFi 智能探针具有无感知、高效识别和云管理便捷的特点，无需主动连接就可以记录人们在建筑空间中的时空位置，描绘人的行为轨迹。在人流量监测的基础上，WiFi 监测设备还可以根据信号值强弱绘制人流热点 / 热区图。

6. City Grid 集成传感器

City Grid 集成传感器是伦敦帝国理工在加纳的无电源驱动的整体监测设备，它能够检测 20 项多维度精细化城市数据，如光照、紫外线、温湿度、风向、风速、人流车流量等参数。配合人工智能算法，实现实时在线监测。

7. 智能路缘石

Raspberry Pi 是外形只有信用卡大小却具有电脑的所有基本功能的台式机。通过将其与各类传感器相连接，可以打造具备多种功能的"智慧路缘石"，例如实现智慧照明，辅助停车、行人计数等功能。

8. 延时摄影设备

专业延时摄影设备指可以设置延时摄影拍摄间隔并自动拍照的设备，能够进行较长时间的监测。它能够记录人对公共空间的使用情况，即反映出小尺度空间中的时空行为规律，并用于进一步的分析当中。

5.8.2 传感器数据的应用

1. 城市空间

传感器数据经常用来对城市空间进行研究，如通过可穿戴式传感器设备测量首都城市儿童日常生活中的蓝色空间（水体）的可见性，在这项研究中使用了新西兰 166 名儿童佩戴两天以上相机的图像（图 5-23），对每张图像进行了内容和蓝色空间量化分析，加强在蓝色空间暴露与健康之间的潜在途径，以量化这种对儿童的潜在健康益处。

图 5-23 蓝色空间暴露[43]

2. 行为信息

WiFi 探针技术独立于特定网络供应商的数据能够在任何给定的地点和时间捕获更大的人口样本。随着城市中公共 WiFi AP 和网络数量的增加，这些网络可以在整个城市景观中提供密集的覆盖。使用大规模 WiFi 探针获取数据，对人口稠密地区的城市环境中的行人移动轨迹进行建模，使用空间网络分析来识别网络节点之间的边缘频率和行驶方向，并将结果应用于道路和人行道网络，以确定各个路段的使用强度水平和轨迹（图 5-24、图 5-25）。

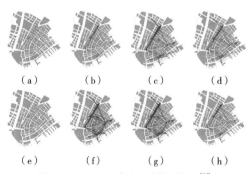

（a）　　　（b）　　　（c）　　　（d）

（e）　　　（f）　　　（g）　　　（h）

图 5-24 WiFi 客户端活动的网络图[44]

（a）0：00—6：00，*WE*；（b）6：00—12：00，*WE*；
（c）12：00—18：00，*WE*；（d）18：00—24：00，*WE*；
（e）0：00—6：00，*WD*；（f）6：00—12：00，*WD*；
（g）12：00—18：00，*WD*；（h）18：00—24：00，*WD*

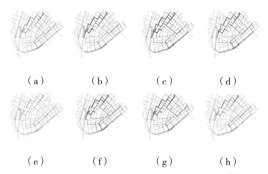

（a）　　　（b）　　　（c）　　　（d）

（e）　　　（f）　　　（g）　　　（h）

图 5-25 每个路段道路使用情况的街道网络[44]

（a）0：00—6：00，*WE*；（b）6：00—12：00，*WE*；
（c）12：00—18：00，*WE*；（d）18：00—24：00，*WE*；
（e）0：00—6：00，*WD*；（f）6：00—12：00，*WD*；
（g）12：00—18：00，*WD*；（h）18：00—24：00，*WD*

此外，公共网络摄像头也是获取行为信息的有效途径。利用 AMOS（许多户外场景的存档），公开可用的户外网络摄像头捕获的图像的大型数据库，从网络摄像头获取地理配准时空数据，通过将核密度估计与时空样条插值相结合，将其转换为行人密度，分析城市广场的行人活动（图 5-26）。

通过人工识别和计算机视觉分析等多种方式，对传感器所收集到的近万张照片进行了识别，并从人群的行为、路径、场所事件等角度进行研究，描述人群在城市空间中的活动。穿戴式相机采集到的数据库包含丰富的行为与时空信息，对个体行为与建成环境之间关系的研究有重要意义（图 5-27）。

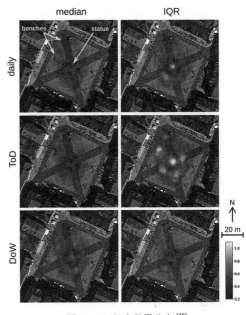

图 5-26　行人数量分布 [45]

图 5-27　测试者的行为信息被概括为五类 [46]

本章参考文献

[1]　李渊，张宇 . 基于 SD 法的校园节点空间感知研究——以厦门大学为例 [J]. 城市建筑，2019，16（1）：23-28.

[2]　戴菲，章俊华 . 规划设计学中的调查方法 5——认知地图法 [J]. 中国园林，2009，25（3）：98-102.

[3]　Wilson J S，Kelly C M，Schootman M. Assessing the Built Environment Using Omnidirectional Imagery[J]. American Journal of Preventive Medicine，2012，42（2）：193-199.

[4] Ben-Joseph E, Lee J A, Cromley E K, et al. Virtual and Actual：Relative Accuracy of On-site and Web-based Instruments in Auditing the Environment for Physical Activity[J]. Health & Place, 2013, 19：138-150.

[5] Rundle A G, Bader M D, Catherine A, et al. Using Google Street View to Audit Neighborhood Environments[J]. American Journal of Preventive Medicine, 2011, 40（1）：94-100.

[6] Edwards N, Paula H, Georgina S A, et al. Development of a Public Open Space Desktop Auditing Tool（POSDAT）：A Remote Sensing Approach[J]. Applied Geography, 2013, 38：22-30.

[7] Su M, et al. Objective Assessment of Urban Built Environment Related to Physical Activity — Development, Reliability, and Validity of the China Urban Built Environment Scan Tool（CUBEST）[J]. Public Health, 2014, 14：109.

[8] Hoehner C M, Brennan Ramirez L K, Elliott M B, et al. Perceived and Objective Environmental Measures and Physical Activity among Urban Adults[J]. American Journal of Preventive Medicine, 2005, 28（2, Suppl 2）：105-116.

[9] Marnie Purciel, et al. Observational Validation of Urban Design Measures for New York City[R]. Robert Wood Johnson Foundation, Active Living Research Program（ALR）, 2006.

[10] Sallis J F. Neighborhood Environment Walkability Scale（NEWS）Abbreviated[EB/OL]. University of California, San Diego, 2009. http://sallis.ucsd.edu/measure_news.html.

[11] Ball K, Jerery R W, Crawford D A, Roberts R J, et al. Mismatch between Perceived and Objective Measures of Physical Activity Environments[J]. Preventive Medicine, 2008, 47（3）：294-298.

[12] Craig C L, Marshall A L, et al. International Physical Activity Questionnaire：12-country Reliability and Validity[J]. Med Sci Sports Exerc, 2003, 35（8）：1381-95.

[13] 叶宇, 周锡辉, 王桢栋. 高层建筑低区公共空间社会效用的定量测度与导控以虚拟现实与生理传感技术为实现途径 [J]. 时代建筑, 2019（6）：152-159.

[14] 陈筝, 刘颂. 基于可穿戴传感器的实时环境情绪感受评价 [J]. 中国园林, 2018. 34（3）：12-17.

[15] 李渊, 高小涵, 黄竞雄, 等. 基于摄影照片与眼动实验的旅游者视觉行为分析——以厦门大学为例 [J]. 旅游学刊, 2020, 35（9）：41-52.

[16] 王饰欣, 胡静波, 王莉莉. 地图数据结构的简要分析 [J]. 测绘与空间地理信息, 2014, 37（10）：212-213.

[17] 刘丙乾, 熊文, 郭一凡. 新技术在北京副中心街道环境评价中的应用 [C]// 中国城市规划学会, 重庆市人民政府. 活力城乡 美好人居——2019 中国城市规划年会论文集 [C]. 重庆：中国城市规划学会, 重庆市人民政府, 2019：13.

[18] TaiS G, Stefanos G, Soukaina Z, et al. Mapping Urban Land Use at Street Block Level Using Open Street Map, Remote Sensing Data, and Spatial Metrics[J]. International Journal of Geo-Information, 2018, 7（7）：246.

[19] Saleh F S, Aliakbarian M S, Salzmann M, et al. Effective Use of Synthetic Data for Urban Scene Semantic Segmentation[C]. Computer Vision-ECCV, Springer, 2018.

[20] Badrinarayanan V, Kendall A, Cipolla R. Segnet：A Deep Convolutional Encoder-decoder Architecture for Image Segmentation[J]. IEEE Transactions on Pattern Analysis and Machine Intelligence, 2017, 39（12）：2481-2495.

[21] Middela A, Lukasczykb J, Zakrzewski S, et al. Urban Form and Composition of Street Canyons/ A Human-centric Big Data and Deep Learning Approach[J]. Landscape & Urban Planning, 2019,（183）：122-132.

[22] Lu Y. The Association of Urban Greenness and Walking Behavior：Using Google Street View and Deep Learning Techniques to Estimate Residents' Exposure to Urban Greenness[J]. International Journal of Environment Research and Public Health, 2018, 15（8）：1576.

[23] Ordonez V, Berg T L. Learning High-level Judgments of Urban Perception[C]. Computer Vision-ECCV, 2014.

[24] Porzi L, Rota Bulò S, Lepri B, Ricci E. Predicting and Understanding Urban Perception with Convolutional Neural Networks[C]. The 23rd Annual ACM Conference on Multimedia Conference, 2015.

[25] Wang R, Liu Y, Lu Y, et al. Perceptions of Built Environment and Health Outcomes for Older Chinese in Beijing：A Big Data Approach with Street View Images and Deep Learning Technique[J]. Computers Environment & Urban System, 2019, 78：101386.

[26] Zhang F, Zhou B, Liu L, et al. Measuring Human Perceptions of a Large-scale Urban Region Using Machine Learning[J].

Landscape & Urban Planning，2018，180：148–160.

[27]　Liu L，Silva E A，Wu C，Wan H. A Machine Learning–based Method for the Large–scale Evaluation of the Qualities of the Urban Environment[J]. Computers，Environment & Urban Systems，2017，65：113–125.

[28]　Kang Y，Zhang F，Gao S，Lin H，Liu Y A Review of Urban Physical Environment Sensing Using Street View Imagery in Public Health Studies. Annals of GIS，2020：1791954.

[29]　Chuan–Bo Hu，Fan Zhang*，Fang–Ying Gong，Carlo Ratti，Xin Li. Classification and Mapping of Urban Canyon Geometry Using Google Street View Images and Deep Multitask Learning[J]. Building & Environment，2019：106424.

[30]　Chuan–Bo Hu，Fan Zhang*，Fang–Ying Gong，Carlo Ratti，Xin Li. Classification and Mapping of Urban Canyon Geometry Using Google Street View Images and Deep Multitask Learning[J]. Building & Environment，2019：106424.

[31]　Zhang F，Wu L，Zhu D，et al. Social Sensing from Street–level Imagery：A Case Study in Learning Spatio–temporal Urban Mobility Patterns[J]. ISPRS Journal of Photogrammetry & Remote Sensing，2019，153：48–58.

[32]　Xiaojiang Li，Carlo Ratti，Ian Seiferling. Quantifying the Shade Provision of Street Trees in Urban Landscape：A Case Study in Boston，USA，Using Google Street View[J]. Landscape & Urban Planning，2018，169.

[33]　Kelly Cheryl M，Wilson Jeffrey S，Baker Elizabeth A，et al. Using Google Street View to Audit the Built Environment：Inter–rater Reliability Results.[J]. Annals of Behavioral Medicine：A publication of the Society of Behavioral Medicine，2013，45（Suppl.1）.

[34]　Dubey A，Naik N，Parikh D，et al. Deep Learning the City：Quantifying Urban Perception at a Global Scale[J]. Springer，Cham，2016.

[35]　Rundle A G，Bader M D，Richards C A，et al. Using Google Street View to Audit Neighborhood Environments[J]. American Journal of Preventive Medicine，2011，40（1）：94–100.

[36]　邵钰涵，殷雨婷，薛贞颖. 基于街景大数据的北京、上海街景舒适度评价及比较 [J]. 风景园林，2021，28（1）：53–59.

[37]　关丽，丁燕杰，陈品祥，熊文，刘璇，冯学兵. 三维街景数据在特大城市街区道路环境现状评估中的应用——以北京市为例 [J]. 测绘通报 .2017（12）：122–126.

[38]　叶宇，张灵珠，颜文涛，曾伟. 街道绿化品质的人本视角测度框架——基于百度街景数据和机器学习的大规模分析 [J]. 风景园林，2018，25（8）：24–29.

[39]　魏川登，潘海啸. 轨道站点周边地区步行环境评价——以上海市静安寺地铁站为例 [J]. 交通工程，2017，17（3）：58–64.

[40]　刘贾贾，刘志辉，刘龙，马旭东，刘晓丹，李凤. 基于遥感影像的城镇建筑物分类 [J]. 测绘与空间地理信息，2021，44（1）：130–133.

[41]　Xing X，Huang Z，Cheng X，et al. Mapping Human Activity Volumes Through Remote Sensing Imagery[J]. IEEE Journal of Selected Topics in Applied Earth Observations and Remote Sensing，2020，13：2020.

[42]　Yang T，Xie J，Li G，Mou N，Chen C，Zhao J，Liu Z，Lin Z. Traffic Impact Area Detection and Spatiotemporal Influence Assessment for Disaster Reduction Based on Social Media: A Case Study of the 2018 Beijing Rainstorm[J]. ISPRS Int. J. Geo–Inf，2020，9：136.

[43]　Amber P，Ross B，Tim C，et al. Measuring Blue Space Visibility and "Blue Recreation" in the Everyday Lives of Children in a Capital City[J]. International Journal of Environmental Research & Public Health，2017，14（6）：563.

[44]　Martin W. Traunmueller，Nicholas Johnson，Awais Malik，Constantine E. Kontokosta. Digital footprints：Using WiFi Probe and Locational Data to Analyze Human Mobility Trajectories in Cities[J]. Computers，Environment & Urban Systems，2018，72.

[45]　Petrasova A，Hipp J A，Mitasova H. Visualization of Pedestrian Density Dynamics Using Data Extracted from Public Webcams[J]. International Journal of Geo–Information，2019，8（12）：559.

[46]　张昭希，龙瀛. 穿戴式相机在研究个体行为与建成环境关系中的应用 [J]. 景观设计学，2019，7（2）：22–37.

本章图片来源

图 5-1　摘录自，本章参考文献 [1].

图 5-2　摘录自，本章参考文献 [2].

图 5-3　摘录自，本章参考文献 [13].

图 5-4　摘录自，本章参考文献 [14].

图 5-5　摘录自，本章参考文献 [15].

图 5-6　来源自网站：https：//gddata.gd.gov.cn/index .

图 5-7　来源自网站：https：//www.openhistoricalmap.org/ .

图 5-8　摘录自，本章参考文献 [17].

图 5-9　摘录自，本章参考文献 [18].

图 5-10　来源自网站：http：//mi.eng.cam.ac.uk/projects/segnet/#publication .

图 5-11　摘录自，本章参考文献 [30].

图 5-12　摘录自，本章参考文献 [31].

图 5-13　摘录自，本章参考文献 [32].

图 5-14　摘录自，本章参考文献 [33].

图 5-15、图 5-16　摘录自，本章参考文献 [34].

图 5-17、图 5-18　摘录自，本章参考文献 [35].

图 5-19　摘录自，本章参考文献 [36].

图 5-20　摘录自，本章参考文献 [40].

图 5-21　摘录自，本章参考文献 [41].

图 5-22　摘录自，本章参考文献 [42].

图 5-23　摘录自，本章参考文献 [43].

图 5-24、图 5-25　摘录自，本章参考文献 [44].

图 5-26　摘录自，本章参考文献 [45].

图 5-27　摘录自，本章参考文献 [46].

表 5-1　作者根据生活满意度量表（Satisfaction With Scale，SWLS）改绘 .

表 5-2、表 5-3　作者整理 .

表 5-4　作者自绘 .

第 6 章　数据处理与分析方法

在上一章,我们了解了如何开展研究以及如何采集数据。当我们获取了丰富的数据资源以后,数据分析也是科学研究中重要的一环。通常情况下,我们提出一个问题,通过分析数据找到问题的答案,检验我们的假设。但是,当没有问题时也可以探索数据称为"数据挖掘",它通常会揭示数据中值得探索的一些有趣的模式。在健康社区研究中大多数时候我们都是先提出研究问题,通过实验或者观察获得数据分析问题。但是随着大数据的丰富,也可以从海量数据中挖掘问题更好地帮助我们理解环境,理解人群行为与意愿等。传统的研究模式通过数理统计分析方法就可以很好地帮助我们解决问题。体量庞大的大数据挖掘则需要借助机器学习辅助数据分析。

本章将为读者介绍数据处理与分析的方法,包括数据清洗、数据检验、数据变换预处理方法,数据分析方法。此外还会简单介绍统计建模和机器学习的差异。本章列举的数据处理和分析方法均为最常用和普遍的方法,没有涵盖所有内容。根据本章提供的思路,读者可以根据自己的研究目的选取最适宜的方法。

6.1　数据分析步骤

大数据融合创造了巨大的价值,使其成为研究热点。然而,在大数据时代,数据显示了体积、速度、准确性,特别是多样性的特征,也称为异质性。多个不同的数据源会导致数据异质性。多源异构数据为大数据融合带来了机遇和挑战。多源数据融合(Multi-Source Data Fusion,MSDF)是指在分析过程中,通过具体方法,综合融合不同类型的信息源或关系数据,以揭示研究对象的特征，获得更全面、客观的测量结果。在健康社区研究中，大部分研究探寻带有地理属性的空间环境与健康之间的关系。所以地理数据或者是带有地理坐标的其他数据是最常用的数据类型之一。ArcGIS 是最常用的数据处理平台。多源数据通过处理后，根据地理属性汇总于地图，进而进行分析。详细的数据处理方法可参照本书的案例介绍。

与任何科学学科一样，数据分析遵循严格的逐步过程。每个阶段都需要不同的技能和专业知识。数据分析过程涉及收集信息，对其进行处理，探索数据，得出结论。

1. 数据获取与存储

通过多种途径获取数据，并将这些数据进行有组织地存储。获取数据的方式有很多种，传统的社会调查、信息网络数据等。数据的原始形态可能各不相同，但在进行接下来的分析与处理前，要尽可能保持这些数据的存储标准一致以达到最高的处理效率。

2. 数据探索分析与可视化

通过各种方法认识数据的一般形态。充分认识数据、了解数据才能对接下来的数据建设方案进行有理有据的选择。其中涉及多种多样的分析方法，例如数据的描述性统计分析，也包括认识数据的一大利器，即数据可视化。数据可视化无论是最初认识数据抑或是模型结果的可视化都可以更好地呈现分析结果。

3. 数据预处理

预处理将原始数据转换为更有用的格式为分析做好准备，通常包括数据清洗和转换。预处理的目的一方面是清除因为系统错误、采集误差、操作失误等带来的错误数据和与模型输入有冲突的不合规数据，另一方面是提升特征质量，在尽可能衍生更多的有效特征的同时，让特征的规律能在分析与模型中得到最为充分的体现。健康社区研究的数据预处理的常用方法将会在后续章节介绍。

4. 分析建模

建立适当的模型分析问题。建模的作用是让数据以一定的实体形态或一种复杂的关系形态产出所需要的最终结果。什么样的模型最适合研究问题取决于数据的分布形态和数据类型，因此上述的数据探索和预处理非常重要，直接关系着分析模型的建立。

5. 模型评估

即通过模型的产出，评价最终产出结果的质量和模型本身的优劣。

6.2 数据清洗

城市调研与试验中得到的原始数据资料往往是凌乱无规律的，但可以通过科学的统计整理分析，发现其内在规律性。数据资料的整理是进一步统计分析的基础。数据清洗是发现并纠正数据文件中可识别错误的一道程序，选用适当方法进行"清理"，有利于后续的统计分析得出可靠的结论。如何对数据进行有效的清理和转换使之成为符合数据挖掘要求的数据源，是影响数据挖掘准确性的关键因素。[1]数据清洗规则包括了完整性（单条数据是否存在空值，统计的字段是否完善）、全面性（数据定义、单位标识、数值本身等）、合法性（数据的类型、内容、大小的合法性）、唯一性（数据是否存在重复记录）。

在数据清洗过程中，主要处理的是缺失值、异常值和重复值。所谓清洗，是对数据集通过丢弃、填充、替换、去重等操作，达到去除异常、纠正错误、补足缺失的目的。在本章节中将重点介绍缺失值、异常值和错误值三项最常用的数据清洗方法。

6.2.1　缺失值分析

数据缺失分为两种：一种是行记录的缺失，这种情况又称为数据记录丢失；另一种是数据列值的缺失，即由于各种原因导致的数据记录中某些列的值空缺。对于缺失值的处理思路是找到缺失值后分析缺失值在整体样本中的分布占比，以及缺失值是否具有显著的无规律分布特征，然后考虑后续要使用的模型中是否能满足缺失值的自动处理，最后决定采用哪种缺失值处理方法。[2]缺失值处理思路通常有四种方式。

1. 丢弃

直接删除带有缺失值的行记录（整行删除）或者列字段（整列删除），减少缺失数据记录对总体数据的影响。但丢弃意味着会消减数据特征，以下任何一种场景都不宜采用该方法。数据集总体存在大量的数据记录不完整情况且比例较大，例如超过 10%，删除这些带有缺失值的记录意味着会损失过多有用信息。[3]数据样本中若存在缺失值，其数据分布规律与特征会异于其他数据样本。例如，带有缺失值的数据记录的目标标签主要集中于某一类或几类，如果删除这些数据记录将导致采集的数据样本因丧失特征信息而模型拟合与分类的准确性降低。

2. 补全

补全是更加常用的缺失值处理方式。利用既有的数据方法将其补全，形成实验所需的具有完整性的数据记录样本。某些缺失值可以从本数据源或其他数据源推导出来，这就可以用中值、均值、同类均值或其他更为复杂的概率估计代替缺失的值，从而达到清理的目的。[4]更多时候我们会基于已有的其他字段，将缺失字段作为目标变量进行预测，从而得到最为可能的补全值。如果带有缺失值的列是数值变量，采用回归模型补全；如果是分类变量，则采用分类模型补全。对于少量且具有重要意义的数据记录，专家补足也是非常重要的一种途径。另外也有其他方法，例如随机法、特殊值法、多重填补等。

3. 真值转换法

在某些情况下，我们可能无法得知缺失值的分布规律，并且无法对于缺失值采用上述任何一种补全方法做处理；或者我们认为数据缺失也是一种规律，不应该轻易对缺失值随意处理，那么还有一种缺失值处理思路——真值转换。该思路的根本观点是，我们承认缺失值的存在，并且把数据缺失也作为数据分布规律的一部分，将变量的实际值和缺失值都作为输入维度参与后续数据处理和模型计算中。但是变量的实际值可以作为变量值参与模型计算，而缺失值通常无法参与运算，因此需要对缺失值进行真值转换。

4. 不处理

这种方法主要根据后期研究的数据模型应用，很多数据模型能够"容忍"一定量的缺失值并采取灵活的处理方法，因此在预处理阶段可以不做处理。

假如我们通过一定方法确定带有缺失值（无论缺少字段的值缺失数量有多少）的字段对于模型的影响非常小，那么就不需要对缺失值进行处理。因此，后期建模时的字段或特征的重要性判断也是决定是否处理字段缺失值的重要参考因素之一。

6.2.2 异常值处理

异常数据是数据分布的常态，处于特定分布区域或范围之外的数据通常会被定义为异常或"噪声"。产生数据"噪声"的原因很多，例如数据采集问题、数据同步问题等。对异常数据进行处理前，需要先辨别出到底哪些是真正的数据异常。数据异常的状态分为两种：一种是"伪异常"，是正常反映数据状态，而不是数据本身的异常规律；另一种是"真异常"，这些异常并不是由于特定的原因引起的，而是客观地反映了数据本身分布异常的分布个案。

大多数数据工作中，异常值都会在数据的预处理过程中被认为是噪声而剔除，以避免其对总体数据评估和分析挖掘的影响。在以下几种情况下，我们无需对异常值做抛弃处理。①异常值正常反映了正常运行规律：该场景是由特定动作导致的数据分布异常，如果抛弃异常值将导致无法正确反馈结果。②异常检测模型：异常检测模型是针对整体样本中的异常数据进行分析和挖掘，以便找到其中的异常个案和规律，这种数据应用围绕异常值展开，因此异常值不能做抛弃处理。在这种情况下，异常数据本身是目标数据，如果被处理掉将损失关键信息。③包容异常值的数据建模：如果数据算法和模型对异常值不敏感，那么即使不处理异常值也不会对模型本身造成负面影响。例如在决策树中，异常值本身就可以作为一种分裂节点。

除了抛弃和保留，还有一种思路可对异常值进行处理，例如使用其他统计量、预测量进行替换。但这种方法不推荐使用，原因是这会将其中的关键分布特征消除，进而改变原始数据集的分布规律。[5]

6.2.3 错误值处理

物理判别法就是根据人们对客观事物已有的认识，判别由于外界干扰、人为误差等原因造成实测数据值偏离正常结果，在实验过程中随时判断，随时剔除。用统计分析的方法可以识别可能的错误值或异常值：对某个属性值进行一个描述性（相对符合实际）的统计，从而查看哪些值是不合理的。错误值处理方法：通常采用统计方法来处理，例如偏差分析、回归方程、正态分布等，也可以通过简单规则库检查数值范围或基于属性的约束关系来识别错误。[6] 常用的处理这类数据的方法有：将它们看作空值或缺失值处理，用处理缺失值的方法处理；直接删除含有异常值的记录；用平均值来修正或不处理。

6.3　数据检验

数据检验的目的是检测数据是否满足后续分析要求，通常包括数据本身的质量和数据分布形态。数据质量直接影响数据分析结果的可靠性，而数据分析形态则决定了后续分析方法的选择。数据质量在经过上一小节的数据清洗后会得到大幅度的提高，但是在社会调查类数据中还存在另一种情况，即收集到的数据是否有效。社会调查中我们经常应用调查问卷获取数据，问题本身是否可以真实反映调查意图，以及被访者是否正确理解了研究问题都会影响数据质量，进而影响分析结果。在研究过程中我们经常会遇到一些不能直接精确测量的概念，例如幸福感等，这种变量需要通过多种问题组合来表示。这一类问题应该满足两个标准：它们应该是有效的（Valid）和可信的（Reliable）。[7]

6.3.1　信度与效度检验

信度和效度检验主要是针对量表题型进行的分析。信度和效度两个检验方式是相互独立的，但是检验结果又是相辅相成的，需要一起拿来做分析才能得出我们想要的结果。当信度分析不达标时，效度分析必然也不能达标。

1. 信度分析

信度检验是指问卷的可靠性检验，指采用同样的方法对同一对象重复测量时所得结果其一致性程度，也就是反映实际情况的程度。[8] 具体来说，是指检验量表内部各个题项间相符合的程度，以及两次度量结果前后是否具有一致性。常用的检验信度指标有三个：稳定性、等值性和内在一致性。内在一致性信度是最常用的方法，是一个测度的多个题项之间的相关函数。内在一致性测量信度系数通常包括克朗巴哈系数，折半信度系数等，目前较为常用的克朗巴哈系数。它首先对各个评估项目做基本描述统计，计算各个项目的简单相关系数及剔除一个项目后其余项目间的相关系数，以及各个潜变量的信度和整个量表的信度。[9] 如果克朗巴哈系数 $a>0.9$，一般认为量表内在信度很高；如果克朗巴哈系数 $0.9>a>0.8$，认为数据内在信度是可以接受的；如果克朗巴哈系数 $0.8>a>0.7$，认为实验数据量表设计有一定问题，但仍具有参考价值；如果克朗巴哈系数 $a<0.7$，认为实验数据量表设计存在较大问题，研究人员应该重新设计实验量表。此外，还可以通过删除荷载值小于 0.5 的题项以达到更好的信度。

2. 效度检验

效度指测量结果与真实结果的一致程度。效度研究用于分析研究项是否合理且有意义。由于选择的标准不同，问卷测量结果与标准测量结果之间的相关性结果变化很大。[10] 效度评估主要就是构建出一个概念与它的单个或多个指标之间，以及这个概念与其他变量之间适当的理论关系。效度分为三类：内容效度、准则效度、结构效度。

内容效度也称为表面效度或逻辑效度，是指测量目标与测量内容之间的适合性与相符性。一个测量要具备较好的内容效度必须满足两个条件：一个条件是确定好内容范围，并使测量的全部项目均在此范围内；另一个条件是测量项目应是已界定的内容范围的代表性样本。[11] 换句话说，就是选出的项目能包含所测的内容范围的主要方面。

效标效度又称为准则效度、实证效度、统计效度、预测效度或标准关联效度，是指用不同的几种测量方式或不同的指标对同一变量进行测量，并将其中的一种方式作为准则（效标），用其他的方式或指标与这个准则作比较，如果其他方式或指标也有效，那么这个测量即具备效标效度。[12]

构想效度也称结构效度、建构效度或理论效度，是指测量工具反映概念和命题的内部结构的程度。[13] 它一般是通过测量结果与理论假设相比较来检验的。如果用某一测量工具对某一命题（概念）测量的结果与该命题变量之间在理论上的关系相一致，那么这一测量就具有构想效度。确定构想效度的基本步骤是，首先从某一理论出发，提出关于特质的假设，其次设计和编制测量并进行施测，最后对测量的结果采用相关分析或因素分析等方法进行分析，验证与理论假设的相符程度。[14]

6.3.2　正态性检验

利用观测数据判断总体是否服从正态分布，是统计判决中重要的一种拟合优度假设检验。[15] 正态分布（Normal Distribution），也称为"常态分布"，又名为高斯分布（Gaussian Distribution）。检验数据是否正态分布有很多种方法，图示法、统计检验法、描述法等。统计检验法对于数据的要求最为严格，而实际数据由于样本不足等原因，即使数据总体正态，但统计检验出来也显示非正态，因而一般情况下使用图示法相对较多，只要正态性情况在一定可接受范围内即可。

常用的正态性检验方法有正态概率纸法、科尔莫戈罗夫检验法、夏皮罗维尔克检验法（Shapiro–Wilktest）、偏度—峰度检验法等。[16]

1. 带正态分布概率密度曲线的直方图。当样本含量较小时，由于数据分组太少，可能会产生较大的偏差，对结果造成影响，因此该法适合用于大样本数据。

2. QQ plot，以样本的分位数取值作为横坐标，其对应的正态分布理论分位数为纵坐标，画散点图，借以比较二者的拟合度。当数据与正态分布拟合较好时，图上的点会大致分布于一条直线上。

3. 利用假设检验。用于正态性检验的假设检验类型，最常用的是 D-W 检验。D 即 Kolmogorov-Smirnov 检验法，该法计算 D 统计量。W 即 Shapiro-Wilk 检验法，计算 W 统计量。

此外，偏度和峰度系数也常被用来作为评估数据正态性的参考。当峰度 $\alpha > 0$ 时，表示分布比正态分布更集中在平均数周围，分布呈尖峰状态；$\alpha = 0$ 分布为正态分布；$\alpha < 0$ 时，表示分布比正态分布更分散，分布呈低峰态；偏态系数的数值一般在 0 与 ± 3 之间，越接近 0，分布的偏斜度越小；越接近 ± 3，分布的偏斜度越大。

6.4　数值变换

在进行数据统计时，通常会收集大量不同的指标变量，每个指标的性质、量纲、数量级等特征，均存在一定的差异。针对涉及多个不同指标综合起来的评价模型，由于各个指标的属性不同，无法直接在不同指标之间进行比较和综合。例如，假设各个指标之间的水平相差很大，此时直接使用原始指标进行分析时，数值较大的指标，在评价模型中的绝对作用就会显得较为突出和重要，而数值较小的指标，其作用则可能就会显得微不足道。因此，为了统一比较的标准，保证结果的可靠性，或者说便于后续信息的挖掘。我们在分析数据之前，需要对原始变量进行一定的处理，即数据的变换。数值变换的方式包括：标准化、对指化、离散化、归一化、BOX-COX 变换、数值编码等。我们在这里仅介绍最常用的几种方法。

6.4.1　对指化与标准化

1. 对指化

对指化是指对数据进行取对数或指数的变换。一般函数映射方式进行的变换其出发点都是将数据进行重新规整，改变数据的原始分布到一个更加标准的形式。而这个标准形式即为正态分布形式。正态分布也是最为常见的分布形式。很多数理统计方法把数据正态性作为前提。

假设检验等统计推断方法，对于数据的分布有一定要求。偏态分布的资料不能满足参数统计检验的假设，如 t 检验、方差分析、线性回归等，将产生误导性的结果。某些情况下数据变换可使之满足假设。即通过对数或指数变换使数值服从正态分布。很多有关心理感受与感觉的属性，都可以用对数化的方式将属性转换成更合适的线性指标。在做实际数据分析的时候，我们往往采用简单有效的办法。不要追求"难"或者"复杂"，最简单的往往是最有效的。

2. 标准化

在综合评价类问题和数据挖掘中，常常需要对数据进行标准化再进行下一步处理，原因在于量纲的存在会对结果造成较大的影响。标准化处理将原始数据转化为无量纲、无数量级差异的标准化数值，消除不同指标之间因属性不同而带来的影响，从而使结果更具有可比性。

中心标准化的结果是使所有特征的数值被转化成为均值为 0、标准差为 1 的正态分布。这种将特征的值域重新缩放到 0 到 1 之间的技巧对于优化算法是很有用的，诸如在回归和神经网问题中应用到的"梯度下降"。缩放也适用于基于距离测量的算法，比如 K 近邻算法。另一常用的方法就是离差标准化。这个方法是将每个特征数值转化到 [0，1] 区间。对于每个特征，最小值被转化为 0，最大值被转化为 1。

相比于中心标准化，离差标准化后的标准差比较小。在使用离差标准化后，数据的数值更加接近平均值。但是如果特征列中含有异常值，离差标准化只能将所有特征统一比例，并不能很好地解决异常值问题。中心标准化在异常值方面则有更好的表现，因此它比离差标准化应用更广。

标准化会对原始数据作出改变，因此需要保存所使用的标准化方法的参数，以便对后续的数据进行统一的标准化。在综合评价问题中，常用的离差标准化容易将数据包含的信息（熵）压缩，不适用于某些方法（如熵值法）。Z-score 标准化要求数据符合或近似正态分布，但实际中较少有数据能很好地符合正态分布。因此，对于不同指标，应采取不同的标准化方法或进行特征缩放。另外，对于不同方向的指标，也需采取不同的处理方式。

该选用哪种数据标准化方法也没有定论，一般来说 Z-score 法和 min-max 法用的最多。在数据量小的时候比较适合 min-max 法，数据量大的时候适合用 Z-score 法，因为 Z-score 法有一个正态分布的假设前提，但并不是所有数据都能符合正态分布。

6.4.2 数据降维

数据降维就是降低数据的维度，使其在分析时得到最大的便捷性。降维的思路就是通过变换的方式，将高维度属性经过组合计算的方式，浓缩到更低维度的特征上。原始的高维数据中，可能包含冗余信息和噪声信息，或者数据之间的高度共线性，会在实际应用中引入误差，影响准确率。而降维可以提取数据内部的本质结构提高应用中的精度。降维技术有很多种：主成分分析（Principal Component Analysis，PCA）、因子分析（Factor Analysis）、独立成分分析（Independent Component Analysis，ICA）、线性判别分析（Linear Discriminant Analysis，LDA）等。

1. 主成分分析

城市研究中有时会遇到大量的指标或属性。当这些指标彼此高度相关时可能会影响后续的分析准确性。一种简化指标体系，同时不会损失太多信息的统计方法就是主成分分析法。主成分分析法的实质就是变量的变换，也就是构造一组新变量，让它们变成原来变量的线性组合。

2. 因子分析

因子分析是用少数不可观测的变量来解释存在于原始观测变量之间的内在联系的多元统计方法。因子分析也是一种共线性分析方法，用于在大量变量中寻找和描述潜在因子。因子分析确认变量的共线性，把共线性强的变量归类为一个潜在因子。

主成分分析法和因子分析都寻求少数的几个变量来综合反映全部变量的大部分信息，这些新的变量彼此间互不相关，消除了多重共线性。不同的是，主成分分析最终确定的新变量是原始变量的线性组合，而因子分析不是对原始变量的重新组合，而是对原始变量进行分解，分解为公共因子与特殊因子两部分。降维技术的具体原理和操作在很多统计学和机器学习教材中都可以找到，在此不做展开，主成分分析法的应用会在案例章节展开介绍。

6.5 数据分析方法

6.5.1 统计建模与机器学习

统计分析赋予无意义的数字以意义，从而为无生命的数据注入生命。只有当使用适当的统计检验时，结果和推论才是精确的。统计建模面向广泛的数学模型。数学模型是用符号、公式等数学语言，针对事物、系统的特征、特点与相互关系等进行的描述，这种描述是广泛且灵活的，函数式的表述方式只是其中之一。函数模型表示实体变量与实体变量的变换关系的模型。统计建模的可解释性是比较强的。在建模过程中常常先进行描述，再进行建模，每一步相对都比较清晰。对于现象的解释，统计模型为什么会得到一个特定的结果，大多数情况下都有理有据。

函数模型一般情况下需要确定函数形式。而函数参数既可以直接指定或者通过一定程度的分析确定，也可以假定输入与输入结果是已知的，根据输入与输出关系设定目标并通过一定的机制自动计算。利用后者，通过数据计算参数的整个流程常被称作机器学习。用数据来计算参数的函数模型就是机器学习模型，而通过数据来计算机器学习模型参数的动态过程被称作模型参数训练，简称训练。机器学习大部分收缩在函数模型的范围内，目的是构造一个预测精准、反映规律准确的函数模型，至于函数模型反映的变量关系并不是非常重要。机器学习是数据驱动确定的参数，参数的形成经过了每一个样本的参与，机器学习的可解释性却要相对弱一些。

1. 统计建模

统计分析包括两种类型，描述性统计和推断性统计。描述性统计描述样本或总体中变量之间的关系。描述性统计量以均值、中位数和模式的形式提供数据摘要。推理统计使用从总体中获取的随机数据样本来描述和推断整个总体。统计检验可用于确定预测变量是否与结果变量具有统计显著性关系，或者估计两个或多个组之间的差异。统计检验的工作原理是计算统计检验量—描述变量之间的关系与无关系的原假设之间的差异程度的数字。详细过程与解说可以在统计学基础教材中获取。那么如何选择合适的方法进行数据分析，取决于数据的分布形态和变量的类型。如果数据不符合方差的正态性或同质性的假设，则可以执行非参数检验。参数化检验通常比非参数检验具有更严格的要求，并且能够从数据中作出更强的推断。最常见的参数化检验类型包括回归检验、比较检验和相关性检验。

2. 机器学习

随着新数据与新技术的发展，很多机器学习的分析方法可以应用于个体健康研究中。不同于传统因果推断方法需要基于反事实的潜在结果来定义因果关系，机器学习以数据为基础，通过精准的预测或干预，可以将"非随机化"的观测样本尽可能向"随机化"实验靠拢。

1）监督学习、无监督学习与半监督学习

机器学习模型是函数模型中非常重要的组成，常分为三类，即监督学习、无监督学习与半监督学习。机器学习任务的最主要特征在于在计算的过程中是否借助了标签。

如果在一个机器学习任务中，训练样本全都有对应的标签，那么这样的机器学习过程就被称作监督学习。在监督学习中，样本属性中除标签外的特征就是函数模型的输入，标签就是这些特征被输入时，应该出现的输出，监督学习就是建立这么一个从样本特征输入到样本标签输出的映射机制。根据标签的不同类型，又把监督学习任务区分成分类任务和回归任务。分类任务的标签是定类尺度衡量的（或把定序尺度衡量的属性当作定类尺度衡量的属性来看待），通常表示类别的属性。回归任务的标签是定序、定距、定比尺度衡量的，生产生活中如果见到的大部外连续值属性作为标签，该任务就属于回归任务了。

如果在一个机器学习任务中，训练样本全部没有对应的标签，这样的机器学习过程就被称为无监督学习。主要分支为聚类和关联。如果在一个机器学习任务中，训练样本中一部分有对应的标签，另一部分没有对应的标签，这样的机器学习过程就被称为半监督学习。

2）生成式模型和判别式模型

监督学习方法可以分为生成方法和判别方法，所学到的模型分别称为生成模型（Generative Model）和判别模型（Discriminative Model）。判别模型通过求解条件概率分布 $P(y|x)$ 或者直接计算 y 的值来预测 y。例如，线性回归、逻辑回归、支持向量机、传统神经网络、线性判别分析、条件随机场等。判别模型仅需要有限的样本，节省计算资源。能清晰地分辨出多类或某一类与其他类之间的差异特征，允许我们对输入进行抽象（比如降维、构造等），从而能够简化学习问题。但是不能反映训练数据本身的特性，变量间的关系不清楚。

生成模型通过对观测值和标注数据计算联合概率分布 $P(x, y)$ 来达到判定估算 y 的目的。例如，朴素贝叶斯、隐马尔科夫模型、贝叶斯网络、混合高斯模型等。当样本数量较多时，生成模型能更快地收敛于真实模型。生成模型能够应付存在隐变量的情况，比如混合高斯模型就是含有隐变量的生成方法。但也需要更多的样本和更多计算。

6.5.2 环境与健康统计分析方法

目前，国内外关于建成环境与人的行为之间的研究方法主要有三类：相关分析法、横向比较法和纵向比较法。相关分析法是指在某一研究尺度范围内，对样本建成环境特征与体力活动的相关关系进行研究，通过分层线性模型、弹性系数预测法、Logistic 和线性 Pearson 相关分析法、泊松回归等数理统计方法，计算相关系数，检验显著性，最后评估建成环境对体力活动的影响。横向比较法是指在一定的研究范围内，选择特定的建成环境要素（如密度、用地混合度等），针对其他建成环境要素条件大致相同的研究样本，研究特定建成环境要素对体力活动的影响。需要指出的是，比较研究对象可以是密度、土地混合度等单一要素，也可以是由多个单一要素组合成的模式化社区综合特征，如比较高步行指数社区和低步行指数社区、传统社区和郊区社区、步行导向社区和小汽车导向社区等。纵向比较法是在某一研究范围内，测量其建成环境前后变化情况对体力活动的影响，研究建成环境要素带来的影响。相较于前两者，纵向比较法能提供更直观的因果关系的验证，因为这类研究比较了物质环境改变前后的行为，比较常见的研究类型是比较居民搬迁前后不同邻里环境对体力活动的影响，或者是通过住区邻里密度等要素的前后比较，分析邻里环境变化后居民体力活动的变化情况。

在环境与人群健康研究中，数据的复杂性需要灵活处理。通常情况下因变量数据为偏态分布，[17] 包括连续性数据和离散型数据，部分自变量之间存在多重共线性，个体特征数据会对结果造成干扰，并且在地理空间分布层面具有嵌套性。处理以上问题的方法本文将其分为两大类：非线性处理和减少组间干扰。

1. 非线性处理

首先，对数据进行变换处理。部分学者通过将体力活动设置或者变换为分类变量从而可以使用 Logistic 回归分析。[18~20] 当变量无法通过代换转换为线性模型时，Charreire 通过多项式回归分析建成环境形式与体力活动时间的关联。[21] 对于因变量离散问题，广义线性模型得到广泛应用。Rodríguez 通过边际模型拟合广义估计方程分析步行时间的分类结果。Sallis 通过混合效应模型与广义线性混合模型分别处理连续变量和二分类变量。Cerin 通过两套连接模型选择最优广义线性模型分析观测环境对交通性步行时间的影响。[22] 此外，公园和娱乐设施、城市设计等层面以人群计数的数据作为因变量过于分散而应用负二项回归。[23、24] 有研究通过独立变量反映不同维度，有研究合成多变量形成单一指数。建成环境特征作为自变量时可能存在多重共线性，此时可以通过逐步去除最大 p 值变量或者逐步添加自变量拟合最优模型。[25]

2. 减少干扰因素的影响

可能存在组间干扰的变量类型包括阶层数据和观测性数据。大部分的分析都会控制人口特征因素对结果分析的影响。通常微观环境与人群健康研究抽样样本个体数据结构嵌套在人口统计单元中，即受访者身处不同的组。此时有些变量与个体有关，有些变量则与团体有关。样本很难做到随机，因此受访者有可能具有组内同质性。有学者通过空间滞后模型处理自相关问题。[26] 近几年，多层次模型处理分析阶层结构数据得到广泛应用。[27~29] 利用阶层化分析技术可以处理组内相关（ICC）问题。[30] 也有学者通过使用稳健标准误差，修正夹层标准误差，解释研究中采用的抽样策略所产生的聚类效应。马等人（Ma et al.）建立贝叶斯空间多层次 Logistic 模型解释社区层面感知环境对健康的影响。[31] 将感知环境作为客观环境的中介与调节变量也是当下研究热点。[32、33] 本书认为由于政策相关的环境属性与社区层面相关，关注点趋向评估区域效应而非个人层面效应。所以多层次回归的另一个优势是通过建立个体数据层次和组间层次提供了可以避免可变单元问题（MAUP）影响的方法。[34] 此外对于心理健康等情感类问题很难通过直接观测变量体现，结构方程模型可以解决多指标潜变量问题。[35]

在处理观测性数据时，因为观察研究并未采用随机分组的方法，数据偏差和混杂变量较多。基于独立随机假设的最小二乘回归也难以处理反向因果关系和遗漏变量等内生性问题，加之本身存在线性假设和多重共线性等不足，极易产生有偏估计。[36] 倾向评分匹配（PSM）的方法通过控制自选择机制，以便对实验组和对照组进行更合理地比较。[37] 福赛斯（Forsyth）通过 Logistic 模型结合倾向评分匹配法来减少比较组间的干扰因素。[38] 张延吉等在关注全体样本的基础上，还对中低社会阶层和中高社会阶层分别进行倾向评分匹配分析。

本章参考文献

[1]　吴迪. 基于海量移动位置数据的研究与应用 [D]. 杭州：浙江工业大学，2017.

[2]　谢易成. 水质监测平台的设计与实现 [D]. 长沙：湖南师范大学，2019.

[3]　谢易成. 水质监测平台的设计与实现 [D]. 长沙：湖南师范大学，2019.

[4]　唐新余，陈海燕，李晓，等. 数据清理中几种解决数据冲突的方法 [J]. 计算机应用研究，2004，21（12）：4.

[5]　Ivan，Idris. Python 数据分析 [M]. 南京：东南大学出版社，2016.

[6]　卿苏德，吴博. 大数据时代亟需强化数据清洗环节的规范和标准 [J]. 世界电信，2015（7）：6.

[7]　唐启明. 量化数据分析：通过社会研究检验想法 [M]. 北京：社会科学文献出版社，2012.

[8]　马秀麟，等. 数据分析方法及应用 [M]. 北京：人民邮电出版社，2015.

[9]　张虎，田茂峰. 信度分析在调查问卷设计中的应用 [J]. 统计与决策，2007（21）：3.

[10]　胡斌，林烂芳，袁子宇，杨亚军，吕明，叶为民，俞顺章，金力，王笑峰. 3 种体力活动测量问卷的效度研究 [J]. 现代预防医学，2013，40（16）：3061-3065.

[11]　史昱琼. 新员工主动社会化行为对员工敬业度的影响 [D]. 吉林：吉林大学，2008.

[12]　梅哲曦. 基于购买者与使用者双重视角的养老服务容忍区差异性分析 [D]. 成都：西南交通大学，2017.

[13]　范西莹. 我国民办养老服务机构状况分析及发展路径研究 [D]. 北京：中国人民大学.

[14]　倪昌红. 基于公平理论的国有电力企业员工薪酬满意度研究 [D]. 北京：中国人民大学，2008.

[15]　丹尼斯·里亚博夫，高攀龙，朱枫. 动力电池包内阻在线估算方法及电池管理系统：CN109596986A[P]. 2019.

[16]　总王元. 数学大辞典 [M]. 北京：科学出版社，2010.

[17]　Frank L D，Sallis J F，Conway T，et al. Multiple Pathways from Land Use to Health：Walkability Associations with Active Transportation，Body Mass Index，and Air Quality[J]. Journal of the American Planning Association，2006，72（1）：75-87.

[18]　Ding D，Adams M A，Sallis J F，et al.，Perceived Neighborhood Environment and Physical Activity in 11 Countries：Do Associations Differ by Country[J]？ International Journal of Behavioral Nutrition and Physical Activity，2013，10：57.

[19]　Moudon A V，Lee C，Cheadle A D，et al. Operational Definitions of Walkable Neighborhood：Theoretical and Empirical Insights[J]. Journal of Physical Activity and Health，2006，（3，S1）：99-117.

[20]　Beenackers M A，Kanphuis C B，Mackenbach J P，et al. Urban Form and Psychosocial Factors：Do They Interact for Leisure-time Walking[J]？ Medicine and Science in Sports and Exercise，2014，46（2）：293-301.

[21]　Hawe P，Shiell A. Social Capital and Health Promotion：A Review[J]. Social Science & Medicine，2000（6）：871-885.

[22]　Cerina E，Leslieb E，Toitc L. Destinations that Matter：Associations with Walking for Transport[J]. Health & Place，2007，13：713-724.

[23] Hugheya M, Walsemanna K M, Childa S, et al. Using an Environmental Justice Approach to Examine the Relationships between Park Availability and Quality Indicators, Neighborhood Disadvantage, and Racial/ethnic Composition[J]. Preventive Medicine, 2017, 95: 120–125.

[24] Ameli S H, Hamidi S, Garfinkel-Castro A, Ewing E. Do Better Urban Design Qualities Lead to More Walking in Salt Lake City, Utah? [J]. Journal of Urban Design, 2015, 20 (3): 393–410.

[25] Troped P J, Saunders R P, Pate R R, et al. Associations between Self-reported and Objective Physical Environmental Factors and Use of a Community Rail-trail[J]. Preventive Medicine, 2001, (32): 191–200.

[26] Wei Y D, Xiao W, Wen M, et al. Walkability, Land Use and Physical Activity[J]. Sustainability, 2016, 8: 65.

[27] Ding D, Sallis J F, Norman G J, et al. Neighborhood Environment and Physical Activity among Older Adults: Do the Relationships Differ by Driving Status? [J]. Journal of Aging and Physical Activity, 2014, 22: 421–431.

[28] Wilson L A, Giles-Corti B, Turrell G. The Association between Objectively Measured Neighbourhood Features and Walking for Transport in Mid-aged Adults[J]. Local Environment, 2012, 17 (2): 131–146.

[29] Johnson-Lawrence V, Schulz A J, Zenk S N, et al. Joint Associations of Residential Density and Neighborhood Involvement with Physical Activity among a Multiethnic Sample of Urban Adults[J]. Health Education & Behaviour, 2015, 42 (4): 510–517.

[30] Kreft I, Leeuw J D. 多层次模型分析导论 [M]. 邱皓政, 译. 重庆: 重庆大学出版社, 2006.

[31] Ma J, Mitchell G, Dong G, et al. Inequality in Beijing: A Spatial Multilevel Analysis of Perceived Environmental Hazard and Self-rated Health[J]. Annals of the American Association of Geographers, 2017, 107 (1): 109–129.

[32] Orstad S L, Mcdonough M H, James P, et al. Neighborhood Walkability and Physical Activity among Older Women: Tests of Mediation by Environmental Perceptions and Moderation by Depressive Symptoms[J]. Preventive Medicine, 2018, 116: 60–67.

[33] Cerin E, Conway T L, Adams M A, et al. Objectively-assessed Neighbourhood Destination Accessibility and Physical Activity T in Adults from 10 Countries: An Analysis of Moderators and Perceptions as mediators[J]. Social Science&Medicine, 2018, 211: 282–293.

[34] Sung H, Lee S. Residential Built Environment and Walking Activity: Empirical Evidence of Jane Jacobs' Urban Vitality[J]. Transportation Research Part D, 2015, 41: 318–329.

[35] Ferreira I A, Johansson M, Sternudd C, et al. Transport Walking in Urban Neighbourhoods—Impact of Perceived Neighbourhood Qualities and Emotional Relationship[R]. Landscape & Urban Planning, 2016, 150: 60–69.

[36] 张延吉, 秦波, 唐杰. 基于倾向值匹配法的城市建成环境对居民生理健康的影响 [J]. 地理学报, 2018, 73 (2): 333–345.

[37] Dehejia R H, Wahba S. Propensity Score-Matching Methods for Non-experimental Causal Studies[J]. Review of Economics & Statistics, 2002, 84 (1): 151–161.

[38] Forsyth A, Hearst M, Oakes J K, Schmitz K. H. Design and Destinations: Factors Influencing Walking and Total Physical Activity[J]. Urban Studies, 2008, 45 (9): 1973–1996.

第四部分
以大连为例的实证研究

第7章 研究的基本信息

7.1 研究背景及意义

7.1.1 研究背景

1.健康问题凸显

21世纪，全球健康面临重大挑战，人们呼吁重新思考疾病预防的方法。物理环境中对健康有影响的因素包括：有害物质(例如空气污染或接近有毒地点)，获得各种与健康有关的资源(例如健康或不健康的食物、娱乐资源、医疗保健)，以及社区设计和建成环境(例如土地混合使用、街道连接、交通系统)。城市规划和设计的不合理会导致环境问题，例如空气污染暴露、噪声、社会孤立、缺乏运动等，这些环境进而会对健康造成一定影响(图7-1)。[1]解决环境问题的一个关键部分是城市规划，在管理快速城市化的同时，减少非传染性疾病和道路创伤。

空气污染暴露与健康之间有显著关联。从1990年至2010年，所有来源的环境颗粒物污染造成的全球疾病负担约占总死亡率的3%。[2]人们越来越担心由于人口集中、工业污染、燃烧固体燃料和机动车拥有量的空前增加而造成的城市空气污染。居住在繁忙道路300m以内的人们暴露在更高浓度的污染物中。[3]此外，道路交通噪声是全球环境噪声最主要的来源。长期接触噪声会通过睡眠障碍和长期压力等途径对身心健康产生不良影响。[4]城市规划可以通过将住宅和学校等与交通拥挤的道路分离，以及将慢行道与机动车道分离来提供帮助等。[5]

当下，学者们逐渐把注意力集中在建成环境对健康行为和社会互动的影响上。[6]社会氛围也会对身心健康产生影响。研究发现社交孤立对过早死亡的影响与其他已知的健康风险因素相当。[7]城市设计和规划可以塑造社会环境，例如街道和公共开放空间的设计可以鼓

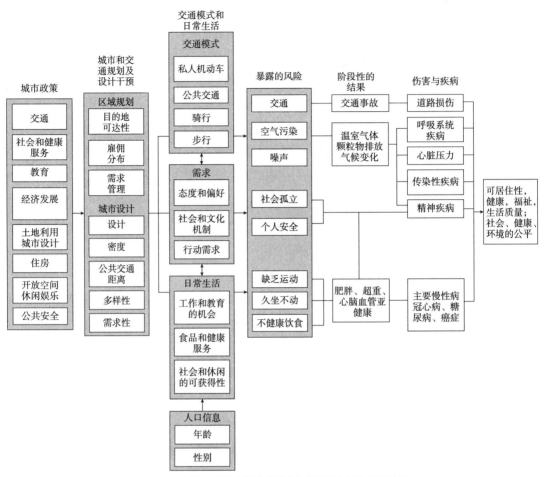

图 7-1　规划和设计决策影响健康和福祉的直接和间接途径

励居民驻足和互动，从而鼓励社会互动和凝聚力。但是，创造有活力的空间需要足够的建设密度和土地混合利用，城市规划在保证社交需求的同时又要保证居民不会受到高密度弊端的影响。

　　缺乏体力活动和不健康的饮食是引起非传染性疾病的主要因素之一。城市规划和健康方面的许多研究都集中于体力活动。随着工业化和城市化的发展，城市居民普遍缺乏体力活动，依赖机动出行，新的健康问题已经逐渐转向慢性疾病，包括肥胖、心血管疾病等。研究显示世界各国都在经历体力活动的下降。仅仅 44 年间，美国人的体力活动就下降了 32%，而英国人的体力活动在 44 年内也下降了 20%。在经济快速增长的新兴经济体中的国家，体力活动水平下降的幅度更加明显。例如，中国约 13 亿人的体力活动水平正在经历快速下降。人们的体力活动水平在不到一代人的时间内（仅仅 18 年）就减少了 45%。[8] 研究发现全世界 9% 的过早死亡是缺乏体力活动造成的。[9] 缺乏体力活动是导致全因死亡率、心血管疾病、高血压、中风、Ⅱ型糖尿病、代谢综合征、结肠癌、乳腺癌和抑郁症概率提高的主要危险因素。[10] 不健康饮食、缺乏体育锻炼、非传染性疾病、道路交通事故创伤和肥胖造成的伤害，以及人口增长、快速城市化和气候变化等问题促使人们不断呼吁重新考虑健康预防措施。

在我国，慢性病仍然是严重威胁居民健康的一类疾病。我国居民慢性病死亡人数占总死亡人数的 86.6%，心脑血管病、癌症和慢性呼吸系统疾病为主要死因，占总死亡人数的 79.4%。成人经常锻炼率仅仅为 18.7%。经济社会快速发展和社会转型给人们带来的工作、生活压力，对健康造成的影响也不容忽视。慢性病的患病、死亡与经济、社会、人口、行为、环境等因素密切相关。[11] 此外，中国城镇居民心理健康状况不容乐观。数据显示 73.6% 的城镇居民处于心理亚健康状态，心理完全健康的城镇居民仅为 10.3%。城镇慢性病人群心理问题伴发率极高，心理健康的仅有 5.1%。[12] 有规律的体力活动对健康极有益处，在决定人类健康的各种因素中，人的行为对健康的影响作用约占 35%，环境、社会和行为因素的总和对健康的影响占 65% 以上。[13] 一直以来，城市规划与公共健康就有着紧密的联系。城市规划现在被认为是解决健康问题的综合方案的一部分。规划良好的城市有可能减少非传染性疾病和道路创伤，并在更广泛的范围内促进健康和福祉。

2. 全球发展趋势

世界卫生组织（World Health Organization，WHO）认为，体力活动是促进健康的重要议题，是积极生活的组成部分。世界卫生组织在全球范围内倡议体力活动，几十年来的发展也逐渐强调体力活动的重要性。世界范围内各个国家都在积极开展相关活动促进健康，通过体力活动促进健康已经成为全球的发展趋势。

体力活动议题最初出现在 20 世纪 60 到 70 年代，是世界卫生组织参与和支持新兴的健康挑战相关项目的研究之一，主要包括冠心病和缺乏体力活动等。在 20 世纪 80 年代，健康促进（Health Promotion）已成为世卫组织的一个主要主题。起初，体力活动在促进健康方面的地位较弱，但随着积极生活理念的发展，体力活动的地位逐渐上升。

20 世纪 90 年代时积极生活的理念发展成为一项全球性倡议。1993 年世界卫生组织体力活动和健康多部门间委员会成立，并在澳大利亚、芬兰、英国、中国、日本和美国指定了与体力活动和体育相关的合作中心。同年，国际社会和心脏病学联合会发表了关于缺乏运动作为罹患冠心病危险因素的联合声明。积极生活倡议增进了各界对体力活动促进健康的了解。世界卫生组织制定和记录了一系列促进体力活动和健康的政策和战略。将体力活动作为环境方法加以介绍并向新的受众群体介绍体力活动和健康促进。

2000 年以后各种关于体力活动的全球性倡议和政策等陆续出台。世界卫生组织和美国疾病控制和预防中心关于制定体力活动政策的咨询会议编制了一个全面的政策框架。[14]2010 年世卫组织发布了关于体力活动促进健康的全球建议，通过了影响深远的《关于预防和控制非传染性疾病的政治宣言》。[15]2013 年世界卫生大会批准了《2013—2020 年世界卫生组织预防和控制非传染性疾病全球行动计划》，[16] 促进各国建立和加强多部门国家预防和控制非传染性疾病的政策和计划。该行动计划重点关注心血管疾病、癌症、慢性呼吸道疾病和糖尿病，以及四个共同的行为风险因素，包括烟草、不健康饮食、缺乏体力活动和酒精过度使用。

2018年6月世界卫生组织发布《世界卫生组织体力活动全球行动计划2018—2030》再次明确体力活动在健康促进中的重要作用。该全球计划包括四个中心议题：①创造一个积极的社会：通过增强知识学习，理解定期体力活动的多种好处，并根据不同能力和各个年龄段的人群，创造一个社会规范和态度的转变；②创造积极的环境：通过空间场所创造和维护环境，促进和保障所有年龄层的居民在其城市和社区中公平地享有安全的场所和空间，使他们能够根据自己的能力定期进行体力活动；③创造积极的人：在多种环境下创造和促进获得活动的机会，以帮助所有年龄和不同能力的人，在家庭和社区定期进行体力活动；④创建活动系统：建立和加强跨部门的领导和治理，协调多部门伙伴关系、劳动力与能力、宣传和信息系统。体力活动全球行动计划的核心议题也为本研究提供理论基础，即如何通过制度与政策创造活动体系支持积极的社会，如何通过社区实践鼓励积极的居民，如何通过设计创造环境与场所促进体力活动。

3. 健康城市在大连市的发展

从健康城市在中国的发展进程看，大连市是健康城市发展的代表城市之一（表7-1）。20世纪90年代开始，世界卫生组织建议中国在部分城市开展健康城市试点。大连在20世纪90年代即加入健康城市建设行列。2003年开始，中国健康城市建设进入全面发展阶段。2010年，大连市被纳入世卫组织健康城市试点。党的十八届五中全会作出了推进健康中国建设的重大决策。2016年第九届全球健康促进大会在上海召开，会上发布的《健康城市上海共识》充分表明，健康与城市可持续发展相辅相成。从发展进程来看，大连市一直是健康城市发展的领先代表。

大连市一直以来积极响应发展健康城市。仅在2018年一年内就颁布了《大连市防治慢性病中长期规划（2018—2025年）》《大连市精神卫生工作规划（2018—2020年）》《健康社区建设规范（征求意见稿）》《2018年健康素养促进行动方案》等多部文件，从多方面促进健康。其中，《2018年健康素养促进行动方案》提出推进健康促进县（区）建设、创建健康促进场所、做好健康传播工作、开展健康科普工作等（表7-1）。

7.1.2　研究现状

国外关于建成环境与居民健康的研究起步较早，在公共健康、运动医学、公共政策和城市规划等领域均取得一定的成果。建成环境与体力活动研究领域的综述性文章占据主体地位，探索发现性的文章次之，政策与干预类文章稍显薄弱。规划界学者越来越多地与来自其他领域的学者合作，出现了公共健康、交通、城乡规划等多学科综合研究的局面。规划学者关注建成环

健康城市在中国的发展历程[17]　　　　　　　　　　　　　表7-1
（ The Development of Healthy Cities in China ）

年份	健康城市在中国的发展内容
1992	世卫组织建议中国在部分城市开展健康城市试点
1993	原国家卫生部组团参加世卫组织西太平洋区会议，正式开始健康城市规划活动
1994	我国在北京市东城区、上海市嘉定区成立健康城市建设项目试点，建立世卫组织健康城市合作中心，支持相关工作，随后重庆市渝中区、海口、大连、苏州、日照等地也先后加入健康城市建设行列
2001	苏州市提出健康城市建设目标，成为中国首个向世卫组织申报的城市
2003	中国健康城市建设进入全面实质性发展阶段
2014	全国爱国卫生运动委员会办公室（以下简称爱卫办）印发国家卫生城市标准
2008 2010	全国爱卫办分别在杭州、大连举办了健康城市市长论坛，先后发表了健康城市杭州宣言、北京倡议等，同一时期上海、杭州、苏州、张家港、大连、克拉玛依、北京市西城区、上海市闵行区和金山区等地先后被纳入世卫组织健康城市试点
2013	全球首个世卫组织健康城市合作网络在上海启动，网络成员包括沪杭苏等地的46家单位
2015	党的十八届五中全会作出了推进健康中国建设的重大决策
2016	推进健康中国建设纳入国家"十三五"规划
2016	全国爱卫办出台了《关于开展健康城市健康村镇建设的指导意见》
2016	中共中央政治局审议通过了《"健康中国"规划纲要》，明确提出要把健康城市建设作为推进健康中国建设发展的重要抓手
2016	全国爱卫办决定在全国开展健康城市试点工作，公布了38个全国健康城市试点名单，同时在第九届全球健康促进大会上发布了《健康城市上海共识》，将健康城市建设与可持续发展目标紧密结合，这些都为中国今后开展围绕健康城市、健康促进以及将健康融入所有政策提供了良好契机

境概念化和测量，同时提供如何连接的理论和实践，以及因地制宜的实施方法，例如在不同的城市环境中应用什么样的区划法规和设计导则是有意义的。如何有效地将实证研究结果转化为应用得到越来越多的关注。

首先，中国高密度的城市背景与西方城市有显著差异。在我国，考虑到制度环境和城市形态差异，西方国家的理论和成果难以直接用来指导发展中国家的健康城市规划。[18]建成环境与个体健康交叉学科的实证研究成果表明，部分欧美国家的影响因素在我国国情下可能有不同结果。[19-21]现有研究发现，与大量低密度蔓延发展的西方城市不同，相对低强度的土地利用有利于开展休闲型的中高强度体力活动。[22]社区大小、容积率及公园数量对体力活动强度有显著影响，而在既有文献中强调的土地利用混合度、建筑密度等因素并未表现出显著作用，这或许是由于不同国家城市肌理的既有差异所导致。[23]极高的建筑密度限制开放空间和公园，也可能导致严重的交通障碍、安全和污染问题。我国微观物质环境与人群健康相关研究起步较晚，对象较为分散且与健康关联性研究尚有不足。研究领域间的异质性限制了对研究方法的共识，迄今为止还没有统一标准应该使用哪一项指标，该如何定义和创建研究区域，该如何使用数据。[24]

其次，国内缺乏微观层面的研究。环境对健康的影响在微观层面更为直接和显著。城市规划与公共健康的研究在欧美国家多集中在较为微观的社区尺度。[25] 主要是因为他们有较为微观的规划层次和完善的数据体系。欧美国家的规划体系中有很多社区层次的规划，如美国的区划和英国的社区规划。发达国家的健康数据库建设较为完善，基于个体的健康数据可获得性非常强且社区尺度的数据库建设完善，因此开展社区尺度的研究相对便利。在我国，公共健康领域的建设起步较晚，基于社区的健康数据稀缺且很多数据不对外公开，因此基础的实证研究较少。

最后，环境和健康的多因素研究相对缺乏。大部分研究仅针对单个建成环境因素与体力活动的关系，并没有考虑多个因素及其之间的关系对体力活动的影响，且研究的因素多为物理环境指标，对于主观感知因素的研究不足，无法真实反映建成环境对于体力活动的影响。因此，除了针对单个建成环境因素与健康关系的研究，也要进一步确认多种因素与健康的关系以及因素与因素之间的作用。[26]

7.1.3　研究意义

1. 为大连市健康城市建设提供一定的数据支持

本书研究是首次针对大连市，从多维视角分析可能影响居民体力活动和健康结果的环境要素及其影响机制。在国内开源数据受限的情况下，环境与健康的研究多数集中在一线城市，非一线城市的环境与健康的研究极度匮乏。尤其大连市地处丘陵地势，有良好的绿化资源且半数以上的居住社区存在不同形式的坡度，而地势坡度在以往的研究中涉及较少。研究样本内平均地势高差为40m，少数居住区在研究单元内地势坡度高达27%，根据林地坡度等级已经属于陡坡范围，车行与步行均存在较大障碍。在国内不同城市的地理环境与社会经济环境都有很大差异的背景下，非一线城市环境对居民健康的影响同样值得关注。

2. 在传统环境行为学的基础上融合多源数据与技术手段

本书研究通过梳理现有研究的不足，发现切入点。研究从多维视角探索可能影响健康结果的环境特征，不同环境测量方式的差异，以及多因素间的交互作用。同时兼顾制度政策和社会实践，为后续更深入的研究提供一定基础。本研究期望以大连市的特殊环境为背景，以居民个体视角为切入点，在传统的环境行为学方法的基础上融合多源数据与技术方法。未来通过新兴技术手段辅助研究已经是必然的发展趋势。本文通过对环境的特征及内在关系的研究，探索环境对居民健康的影响机制。为多源数据支持下的环境与健康研究提出较为合理的方法和框架，对促进健康生活的住区环境营造提出科学有效的建议，为今后在大连市规划设计出符合人群健康需求的住区环境提供依据。

7.2　研究目标与对象

7.2.1　概念解释

1. 体力活动

体力活动（Physical Activity）的概念与日常的运动不同。运动指所有旨在展现或提高身心健康水平的体力活动，其参与形式既可以是非正式的，也可以是有组织的。[27] 体力活动是指任何由骨骼肌运动导致的能量消耗活动，主要包括交通型体力活动（步行、骑自行车等）、休闲型体力活动（体育锻炼）和家务劳动等。[28] 休闲性体力活动和交通性体力活动是最常用来与建成环境要素作研究的两种体力活动类型。休闲性体力活动是指"在某些闲暇时间为任意理由而进行的身体活动"。交通性体力活动是为了实现一个目的而实现的活动模式，例如人到达某个地方而选择某种交通方式。[29] "不活跃"是指没有达到建议的体力活动水平。步行行为是体力活动的重要组成部分，也是积极的生活方式最常见的体现形式。

积极生活（Active Living）是将体力活动融入日常的一种生活方式。积极生活是一个更广泛的概念，包括所有类型的活动，如在公园里散步、玩耍或锻炼等。增加体力活动是预防肥胖和促进儿童和成人健康的有力手段。积极生活代表了一种新的思维和实践方式的出现，以及一个新的词语和意识形态领域。特别是，它代表了影响人群健康的"自上而下"与"自下而上"战略的转变。类似健康促进领域，促进积极生活同样包含了很多内容，包含了政治和经济背景。从运动到体力活动到积极生活的术语的变化，象征着体力活动的发展，学科内容，以及用于指导研究、政策和实践的概念的演变。

2. 建成环境

建成环境（Built Environment）涉及的内容相当广泛，既包含实质内容又包含非实质内容。建成环境通常被定义为构成人类活动的物理环境的一部分，它包括家庭、学校、工作场所、公园和娱乐场所、绿道、商业区和交通系统等。根据汉迪从规划角度对城市建成环境概念的定义，建成环境指为了提供人类活动需求而建设配置的人为环境，其包含了人类活动、土地使用形态、交通基础设施，以及城市设计等多因素交互而成的空间环境。[30] 城市建成环境的核心要素通常包含"5D"要素，即密度、多样性、设计、到轨道交通站点的距离以及目的地可达性。[31]

社会环境（Social Environment）包含了各种社会关系，但是对健康至关重要的社会环境要素包括与社会关系的类型、质量和稳定性相关的更具体的因素，例如社会参与、社会凝聚力、社会资本和社区环境的集体效能。[32] 社会参与和融入社会环境（如学校、工作、社区）对心理和身体健康都很重要。[33] 社会资本是指社会组织的特征，如信任、规范和网络，可以通过促进协调行动来提高社会效率。[34] 生态理论家认为，一个人所处的社会环境，无论是现在还是过去，都会影响他们的健康行为和健康结果，并受到其他因素的影响，包括他们的人口统计学特征和生理和心理构成。

住区（Residential Area）属于城乡规划学科领域，强调地域属性，而社区（Community）是社会学的概念，强调更为多元的社会属性。在我国，住区规划与设计是规划学的基本内容，而社区的概念则用于行政区划。在欧美国家应用社会学属性的社区一词较多。社区以地理区域为前提，包含了地理因素、经济和社会因素，以及心理因素等更为广泛的内容。社区环境是社区主体生活和发生社区活动的自然条件，经济和社会条件、人类条件的总和。美国疾病控制中心（CDC）将积极的社区环境定义为所有年龄段的人都可以轻松参与体力活动的地方。积极的社区环境能促进更大程度的体力活动，从而降低居民的肥胖率，进而降低体重相关的慢性疾病，最终促进整体健康水平。此外，强调促进健康的社区规划，健康社区则是健康城市在社区的一种实现形式。健康社区理念和运作方式与健康城市类似，包括社区政策支持与多部门合作、社区参与和宣传引导、可以促进健康的空间和场所、可持续发展计划等。

本书从城市规划与设计的视角出发，将住区定义为与本书研究的健康结果相关的地理区域。本书的住区环境在传统住区的物质空间规划以外，还包含了政策、社会环境和个人情感等多个方面，尝试融入社区的理念。本书中将健康社区理解为，以健康为导向的城市规划在社区层面上进行的实践。

7.2.2　研究目标

本书的核心目标是探索在多维视角下，大连市住区环境对居民体力活动和健康结果产生怎样的影响。首先，研究分析不同的环境要素对健康结果的影响；其次，分析多维视角下的环境要素测量方法与尺度的差异，初步发现在大连市特定环境下选用哪种方式与尺度测量建成环境最有效，进而通过分析多要素间的交互作用，探索环境对结果的影响机制。具体的研究目标如下。

1. 探索多维视角下的环境对健康结果的影响

本书通过对环境与行为关系理论的梳理，以社会生态理论为切入点，探讨吸引人群主动参与体力活动的住区环境建设模式。研究从多维视角解析环境与居民健康结果的关联。多维视角即从多种不同的角度分析环境和健康的关联。多维视角包含了研究内容、数据特征和测量方法三个层面的含义。

首先，从研究内容来说，多维视角包括建成环境、自然环境和社会环境。根据社会生态学模型，体力活动的决定因素分为五种：个人因素、人际因素、环境因素、政策因素和全球因素，其中环境因素包括建成环境、社会环境和自然环境三个维度。其次，从数据特征来说，本章聚焦的建成环境主要为平面维度的建成环境（通过地图数据获取的密度、土地利用、街道连接、坡度等）和自然环境（通过遥感影像数据获取的绿色空间），垂直维度的建成环境（通过街景图像获取的天空比例、建筑围合、街道家具等）和城市设计品质（通过审计工具获取的微观环境设计品质），以及社会维度的环境特征（通过主观报告获取的感知环境和社会环境）。最后，从测量方法来说,多种分析角度包括从平面到立体,客观测量到主观评价,多种尺度层级（400m、800m、1200m、1600m），以及多要素间的交互关系（中介效应和调节效应）。

2. 探索多种环境因素对健康结果的交互作用

建成环境与健康结果的关系可能会受到其他因素的影响。环境对行为的影响会通过人们对环境的感知评价间接影响行为结果。研究探讨在环境与行为结果的交互作用中可能存在的中介效应和调节效应。本书在分析环境对结果影响的基础上添加了调节变量（社会环境和个体因素）和中介变量（感知环境），环境对结果的影响过程可能还存在具有调节作用的中介效应（调节变量为人口统计学特征）。

3. 构建健康规划机制，包括制度与政策、城市设计和社会实践

本书期望构建一个实施框架体系，探索在研究结果的支持下，如何将可以促进健康生活方式的住区更新落实到城市规划与设计过程中。本书基于大量的欧美国家成功实践经验，提出健康规划机制，解析如何在规划目标中嵌入健康要求，目标实施中应用管理工具，在规划过程中体现健康目标；其次提出促进积极生活的城市设计导则的应用；最后给出积极生活社会实践的理念、政策支持和实施方法。

7.2.3　研究对象

本书的研究对象为环境、行为和结果,以及三者之间的关联（图 7-2）。首先，环境包括多维视角下的环境要素和不同尺度层级下的环境要素。其次，行为包括不同的体力活动类型（高强度体力活动、中强度体力活动、总体步行和交通性步行）。健康结果包括身体健康（体重指数）和心理健康（社区归属感），以及自我报告的健康状况。最后，关联包括不同维度视角下的环境要素之间的联系，环境和行为结果的联系，以及多要素间的交互作用。

对多要素间的交互作用进行深入分析

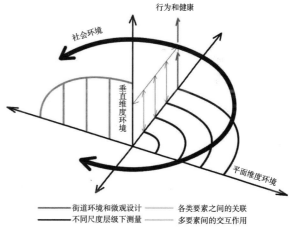

图 7-2　多维视角下环境对体力活动和健康结果的影响
(The Impact of the Environment on Behavior and Outcomes)

（图 7-3）。根据环境行为学理论，建成环境与健康结果的关系可能会受到其他因素的影响，环境对行为的影响会通过人们对环境的感知评价间接影响行为结果。当人身处在某种环境中时，心理评价过程受到综合影响，影响因素包括物质环境和社会环境，以及个体因素。所以本书在分析环境对结果影响的基础上，添加了调节变量(社会环境和个体因素)和中介变量(感知环境)。此外，环境对结果的影响过程可能还存在具有调节作用的中介效应。例如，居民对城市路网密

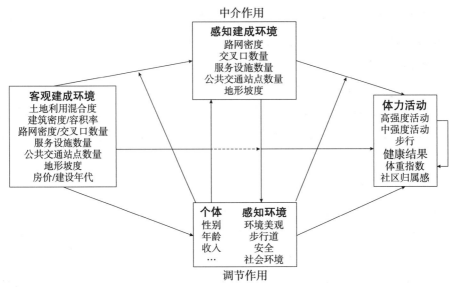

图 7-3　调节效应和中介效应综合模型

度的感知评价可能会作为环境对结果影响的中介变量，但是在这个过程当中不同性别的人群会产生差异。这个过程可能存在于中介效应的前半部分，即不同性别对路网密度的感知是不同的；也可能存在于后半过程，即不同性别的人群对路网感知相同但是选择的行为活动不同。

7.3　研究内容

7.3.1　健康规划制度与实践

1. 健康规划实施制度与政策

该部分内容构建了健康规划实施制度与政策机制。结合《健康城市上海共识》与美国健康总体规划的实践经验对健康规划内容进行限定。健康城市涵盖了所有和健康相关的领域，而健康规划仅关注通过规划手段助力健康促进的内容，包括健康的公平性，促进健康生活的环境设计，可持续和安全的食品政策，环境健康，心理健康与社会联系，医疗和住房的可获得性。同时，围绕健康规划提出了三个层面内容：①健康规划实施步骤，在规划目标中嵌入健康要求；②健康规划实施工具，在目标实施中应用规划工具；③健康规划实施机制，在规划过程中体现健康目标。以期为我国健康规划提供可资借鉴的经验和规划工具。

2. 健康促进型城市设计导则

该部分内容对欧美国家现行的 30 余部促进积极生活的城市设计导则进行了总结，对比分析由不同机构颁布的设计导则，以及针对不同人群的设计导则。同时，通过对设计导则实例内容分析提出对我国城市设计的启示，以期为国内促进健康的城市设计提供实践基础。

3. 健康设计制度与社会实践

该部分内容构建了健康设计的社会实践模式。首先，梳理积极生活相关研究的发展脉络与实施评估；其次，以时间为轴线列举不同层次的实践项目，包括计划初期、发展阶段和项目最新实践，研究成果、评估结果、实践经验都为 ALbD 模式更新提供基础；最后，重点分析 ALbD 新模式的理念、策略与发展变化，并结合案例提出设计需要兼顾合作与公平、可持续发展思想，同时要聚焦服务群体、调动民间资本、构建社会规制。通过解析设计的政策属性与制度导向，以期为我国的积极设计与研究提供借鉴。

7.3.2 指标构建与数据采集

1. 环境与健康指标构建与测量

环境与行为特征的量化数据是研究环境与健康的基础。理解建成环境中体力活动影响健康的因素并建立评价指标体系，从而找出主要影响因素是干预性研究和规划设计实践的前提。指标体系构建以选择建成环境要素和健康指标为出发点，提出建成环境和健康结果的特征要素和指标体系。在此基础上提出每一项指标要素的测量方法。如何获取对行为活动有影响的建成环境要素的方法有很多，但是他们之间并没有清晰的界限。如何从众多的环境属性中选择和构建适合的指标是环境与健康研究的基础。结合多维视角下不同的数据类型，针对环境要素提出了四个一级指标，包括物质空间环境、自然环境、感知和社会环境、微观环境。对健康结果提出三个一级指标，包括自我报告的健康状况，体力活动和健康结果。同时给出每一项测量指标具体的测量方法、测量工具、数据来源。

2. 环境与健康数据采集与分析

环境与健康实证研究的前期数据处理阶段包括数据采集和分析。数据的质量是后续对变量之间关系检验的前提保证。数据获取主要概述个体数据获取的方法和选择该方法的原因。在抽样框误差无法避免的情况下，研究期望通过细致的数据整理保证数据质量和后续分析结果的可行性。数据整理包括数据清洗、数据检验和数据变换的步骤。其次，数据分析部分主要为样本的描述性分析，分析不同个体间对体力活动和健康结果的差异，体力活动和健康结果的总体趋势，以及体力活动与自我报告的健康状况和健康指标的关联。

7.3.3 环境与健康的关联性

环境对健康的影响机制是本文的核心研究内容，该部分内容从多维视角解析环境与健康的关系，包括建成环境、自然环境、感知与社会环境，以及微观环境四个部分内容，各部分研究内容简述如下。

1. 环境与健康的关联

该部分内容主要分析平面维度上的建成环境（密度、土地利用、街道连接、建设品质、坡度）对健康结果的影响。健康结果包括体力活动、心理（社区归属感）和生理层面（体重指数）以及自我报告的健康状态。体力活动指标应用国际体力活动问卷（IPAQ）获取。通过回归模型探索环境对健康结果的影响以及不同测量方式间的差异。建成环境的测量包括多种方式，以及多种测量尺度（不同的缓冲区半径 400m、800m、1200m、1600m）。

自然环境与健康的关联也是环境与健康研究的重要部分。研究评估绿色空间为主的自然环境与体力活动和健康结果的联系是否取决于不同尺度。绿色空间通过标准化植被指数、公园可达性、街道绿视率来度量。通过回归模型和曲线拟合探索绿色空间对体力活动和健康结果的影响，同时分析绿色空间和地势坡度的关联。

2. 环境与健康的交互作用

在建成环境测度方法差异性检验的基础上，选定 400m 缓冲半径深入分析环境与健康的交互作用。检验 5 项社会人口学特征、10 项客观环境特征和 8 项感知环境特征，以及社会环境对体力活动和健康结果的影响。感知环境通过邻里环境评价量表（NEWS）获取。分析环境与健康多因素间的交互作用，以感知环境为中介变量，人口特征和社会环境作为调节变量建立回归模型。

3. 微观环境与居民健康的关联

该部分内容研究微观环境与健康的关联。建成环境是促进人群体力活动的重要因素之一，而微观环境作为宏观建成环境的补充，在行人的感知与体验中起到重要作用。垂直维度的街道环境可以反映空间关系，以及精细纹理。通过深度学习图像识别的技术方法量化街道环境，通过审计工具测量与可步行性相关的微观城市特征，包括街道品质（可识别性、围合感、人性化尺度、透明度和复杂性），人行道的存在状态（沿街建筑、公园、公交站点、室外座椅、路灯、维护、涂鸦、骑行和步行道、无障碍通道、隔离带、树木覆盖率）和交叉口设施（信号灯、坡道、斑马线）等内容。

7.4 研究方法与框架

7.4.1 研究方法

本书融合多学科的技术方法与理论知识，采用归纳与推理、定性与定量、理论与实证相结合的方法。研究过程中首先在梳理大量文献的基础上找到研究问题的突破口，在此基础上进行实证研究，运用理论分析与实证研究相结合的技术手段，系统地研究城市建成环境对行为和结果的影响。综合用到的方法主要有以下几种。

1. 比较研究法

比较研究法对物与物之间的相似性或相异程度进行研究与判断。本书的第 3 章主要采用案例比较研究的方法对国外实施成功的案例进行考察，包括制度与政策、城市设计、社会实践。

寻找其异同，探求普遍规律与特殊规律的方法，并结合我国国情提出应用方法。

2. 抽样调查法

采用问卷调查法获取研究区域内居民主观报告的感知环境数据及行为活动和健康结果方面的基础数据。问卷中的评价量表主要依据现有的国际体力活动问卷和社区步行环境评价问卷作适应性调整，并且重新检测信度与效度，保证问卷的有效性。在问卷中设置多种方式来提高网络调查数据的质量。同时，应用基于地址的反向地理编码将问卷数据落于空间体系，结合空间数据作综合分析。此外，对于部分微观环境的测量采用多阶分层抽样的方法获取样本社区。

3. 多源数据融合——建立多源数据融合的综合数据集（图 7-5）

多源数据融合（Multi-source data fusion，MSDF）是指在分析过程中，利用特定的方法对不同类型的信息源或关系数据进行综合融合。[35] 多源数据融合不同特征的数据类型，从数据特征来说，本书的多维视角包括平面维度、垂直维度、社会维度。具体包括平面维度的建成环境（通过地图数据获取的密度、土地利用、街道连接、坡度等）和自然环境（通过遥感影像数据获取的绿色空间），垂直维度的建成环境（通过街景图像获取的天空比例、建筑围合、街道家具等）和城市设计品质（通过审计工具获取的微观环境设计品质），以及社会维度的环境特征（通过主观报告获取的感知环境和社会环境）。

研究针对不同的数据源通过不同的技术手段提取最终的特征要素，添加到 ArcGIS 的属性表中。通过根据地址的空间编码方法将多源数据融合到数据，集中建立研究基础数据库，对空间数据进行空间校正与检验后，进行下一步的空间分析。从分析内容来说，本书的多维视角包括建成环境、自然环境、社会环境，以及环境和行为之间交互关系。

4. 定量分析法——定量分析内容包括空间数据量化和统计分析

空间数据量化分析：通过多种 GIS 分析方法、审计工具与深度学习的方法，量化空间数据以及部分城市设计中的美学品质；对数据进行系统的清理、数据检验与数据变换，保证数据质量（图 7-4）；对数据进行标准化处理，消除量纲差异的影响，使回归系数具有可比性。

统计描述与统计推论的内容包括：通过因子分析测量问卷题项变量的维度，对于具有共线性的变量进行合并以确定最终待分析变量；通过相关性检验和曲线拟合等方法分析各变量间关系；方差分析检验个体因素对结果是否有差异；应用回归分析确定自变量和因变量的定量关系。此外，数据分析参考了温忠麟教授最早提出的带 sobel 检验的中介效应检验流程和最新提

数据清洗	数据检验	数据变换
缺失值 错误值 异常值	信度与效度 数据正态性 空间自相关	反向编码 数值变换 坐标系变换

图 7-4　数据处理内容

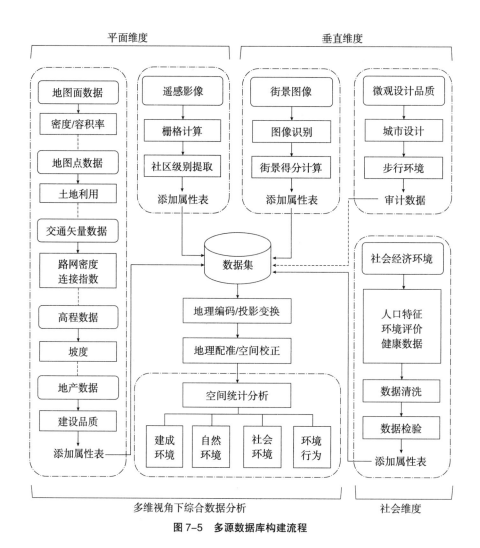

图 7-5 多源数据库构建流程

出的 Bootstrap 检验流程，同时结合目前环境与健康结果的多层次要素间的中介和调节效应结果，提出了本文的检验模式。研究在模型中加入了人口特征作为协变量。

7.4.2 研究框架

实证研究部分共分为 6 章（图 7-6）。

第 7 章介绍研究背景与意义、相关概念解释，研究目标与对象，研究内容，研究方法与框架。

第 8、9 章为实证研究提供了分析基础。第 8 章是指标体系构建与测度。包括测度方法，测量内容和指标构建。第 9 章是实证研究的前期数据处理。数据处理是后续数据分析的基础与关键。数据处理包括了数据获取，数据整理（数据清洗、数据检验、数据变换），数据分析。

第 10、11 章是实证研究部分。第 10 章从多维视角分析环境对结果的影响，包括建成环境、自然环境、感知与社会环境，同时分析多种尺度与多种测量方式对结果影响的差异，并探索多

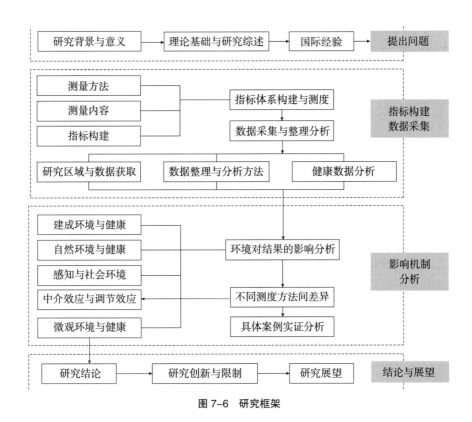

图 7-6　研究框架

种环境要素与结果的交互作用。第 11 章主要分析微观环境对健康结果的影响和具体案例实证分析。

第 12 章给出结论与实施建议，总结了本文研究的主要限制与不足，同时展望未来的研究趋势。

本章参考文献

[1]　Giles-Corti B，Vernez-Moudon A，Reis R，et al. City Planning and Population Health：A Global Challenge[J]. Lancet，2016，388：2912-2924.

[2]　Lim S S，Vos T，Flaxman A D，et al. A Comparative Risk Assessment of Burden of Disease and Injury Attributable to 67 Risk Factors and Risk Factor Clusters in 21 Regions，1990-2010：A Systematic Analysis for the Global Burden of Disease Study 2010[J]. Lancet，2012，380：2224-60.

[3]　Gwilliam K. Urban Transport in Developing Countries[J]. Transport Reviews，2003，23：197-216.

[4]　Ising H，Kruppa B. Health Effects Caused by Noise：Evidence in the Literature from the Past 25 years[J]. Noise Health，2004，6：5-13.

[5]　Giles L V，Koehle M S. The Health Effects of Exercising in Air Pollution[J]. Sports Medicine，2014，44：223-49.

[6]　Woolf S H，Aron L. U.S. Health in International Perspective：Shorter Lives，Poorer Health[R]. National Research Council，Institute of Medicine，Washington（DC）：National Academies Press（US），2013.

[7]　Holt-Lunstad J，Smith T B，Baker M，Harris T，Stephenson D. Loneliness and Social Isolation as Risk Factors for Mortality：A Meta-analytic Review[J]. Perspect Psychol Science，2015，10：227-37.

[8]　Ng S W，Popkin B M. Time Use and Physical Activity：A Shift Away from Movement Across the Globe[J]. Obesity Reviews，2012，13：8659-680.

[9]　Lee I，Shiroma E，Lobelo P，et al. Effect of Physical Inactivity on Major Non-communicable Diseases Worldwide：An Analysis of Burden of Disease and Life Expectancy[J]. The Lancet，2012，380（9838）：219-229.

[10]　U.S. Department of Health and Human Services. Physical Activity Guidelines Advisory Committee Report[R]. Washington：USDHHS，2008.

[11]　国家卫生计生委. 中国居民营养与慢性病状况报告（2015 年）[R]. http：//www.nhc.gov.cn/jkj/s5879/201506/4505528e65f3460fb88685081ff158a2.shtml.

[12]　http：//health.people.com.cn/n1/2018/0502/c14739-29960956.html.

[13]　Behavioral Risk Factor Surveillance System（BRFSS）[DB/OL]. Washington D.C.：Centers for Disease Control and Prevention，2000.

[14]　Move for Health Day[R]. http：//www.who.int/world-health day/previous/2002/en/.2017.

[15]　Resolution "Political Declaration of the High-level Meeting of the General Assembly on the Prevention and Control of Non-communicable Diseases"（document A/66/L.1）.

[16]　WHO. Global Action Plan for the Prevention and Control of NCDs2013-2020[R]. 2017.

[17]　马琳，董亮，郑英. 健康城市在中国的发展与思考[J]. 医学与哲学.2017，3（38）：5-8.

[18]　齐兰兰，周素红. 邻里建成环境对居民外出型休闲活动时空差异的影响──以广州市为例[J]. 地理科学，2018，38（1）：31-40.

[19]　Alfonzo M，Guo Z，Lin L，et al. Walking，Obesity and Urban Design in Chinese Neighborhoods[J]. Preventive Medicine，2014，69：79-85.

[20]　Su M，Tan Y，Liu Q，et al. Association between Perceived Urban Built Environment Attributes and Leisure-time Physical Activity among Adults in Hangzhou，China[J]. Preventive Medicine，2014，66：60-64.

[21]　Gao M，Ahern J，Koshland C. P. Perceived Built Environment and Health-related Quality of Life in Four Types of Neighborhoods in Xi'an，China[J]. Health & Place，2016，39：110-115.

[22]　张延吉，陈小辉，赵立珍，等. 城市建成环境对居民体力活动的影响──以福州市的经验研究为例[J]. 地理科学，2019，39（5）：779-787.

[23]　秦波，张悦. 城市建成环境对居民体力活动强度的影响──基于北京社区问卷的研究[J]. 城市发展研究，2019，26（3）：65-71.

[24]　Feng J，Glass T A，Curriero F C，et al. The Built Environment and Obesity：A Systematic Review of the Epidemiologic Evidence[J]. Health & Place，2010，16（2）：175-190.

[25]　田莉，李经纬，欧阳伟，等. 城乡规划与公共健康的关系及跨学科科研框架构想[J]. 城市规划学刊，2016，2：111-116.

[26]　马明，周靖，蔡镇钰. 健康为导向的建成环境与体力活动研究综述及启[J]. 西部人居环境学刊，2019，34（4）：27-34.

[27]　Council of Europe. Charter of Sport：Strasbourg，1992.

[28]　陈庆国，温熙. 建成环境与休闲性体力活动关系的研究：系统综述[J]. 体育与科学，2014，（1）：46-51.

[29]　Frank L D，Engelke P O. The Built Environment and Human Aetivity Patterns：Exploring the Impacts of Urban Form on Public Health[J]. Journal of Planning Literature，2001，16（2）：202-218.

[30]　鲁斐栋，谭少华. 建成环境对体力活动的影响研究：进展与思考[J]. 国际城市规划，2015，30（2）：62-70.

[31]　Ewing R，Hajrasouliha A，Neckerman K M，et al. Street-scape Features Related to Pedestrian Activity[J]. Journal of Planning Education and Research，2016，36（1）：5-15.

[32]　Ahern J，Galea S. Collective Efficacy and Major Depression in Urban Neighborhoods[J]. American Journal of Epidemiology，2011，173（12）：1453-1462.

[33]　De Silva M J，McKenzie K，Harpham T，Huttly SRA. Social Capital and Mental Illness：A Systematic Review[J]. Journal

of Epidemiology and Community Health，2005，59（8）：619–627.

[34] Putnam R. Making Democracy Work[M]. Princeton（NJ）：Princeton University Press，1993：167.

[35] Xu H Y，Yue Z H，Wang C，et al. Multi-source Data Fusion Study in Scientometrics[J]. Scientometrics，2017，111：773–792.

本章图片来源

图 7-1　改绘自，本章参考文献 [1].

图 7-2～图 7-6　作者自绘 .

表 7-1　改绘自，本章参考文献 [17].

第8章 环境与健康指标体系构建与测度

获取对行为活动有影响的建成环境要素的方法有很多，但是他们之间并没有清晰、明确的界限，不同的测量方式获得的结果不同。研究领域间的巨大异质性限制了对研究方法的共识，该如何使用数据迄今还没有统一的标准。如何从众多的环境属性中选择和构建适合的指标是环境与健康研究的基础。本章基于前文对环境与健康的综述，提出城市规划与设计当中可能与体力活动和健康结果有关的建成环境要素的测量方法，构建适用于本研究的指标体系，并给出建成环境和健康结果的具体测量方法。为下一步的实证研究提供理论基础和操作支持。

8.1 测度方法与尺度

8.1.1 样本选择方法

1. 空间抽样

环境对健康的影响需要空间分析来捕捉地理空间的定性和定量特征。空间分析可以为公共健康研究设计和实施提供一种多层次的生态方法。虽然空间关系不能总是检验假设，但它们可以通过排除不太可能的假设来辅助研究的演绎过程，并提出最有希望进行正式测试的假设。[1] 个人和群体的行为受社交网络的影响，其中许多因素例如政治或文化联系都超越地理空间的联系。然而，对于以社区为基础的研究来说，理解地理空间对健康的影响至关重要。

空间分布对象的关系随着空间区位而变化，因此针对空间分布对象选用不同抽样方法会对分析结果产生较大的影响。在先验知识不丰富的情况下，简单随机抽样的结果较合理；当有足够先验知识的情况下，进行空间分层抽样能使结果更具代表性，可以提高抽样的精度。[2]针对不同的调查目的可以采用多个辅助指标控制多目标抽样估计的误差，设计多指标空间非概率抽样样本选取方法。[3]有学者通过 GIS 开发特定的多阶空间抽样程序。[4]通过对空间数据的多重对应分析与层次聚类筛选出样本社区。[5]早期的研究不考虑地理空间差异，只关注特定类型。例如，以功能区为层进行多阶分层抽样，根据城市拓扑形态分类，根据土地利用混合度和公共服务能力分类，根据街道与居住密度分类，在面积与规模相等的情况下，根据环境差异分类等。[6]传统抽样调查中，抽样对象一般不具有空间位置概念。

规划空间技术有助于量化传统的主观度量和决策过程，空间抽样是获取空间数据最主要的方式之一。基于人口的抽样一直采用随机抽样、聚类抽样和系统抽样等经典抽样方法。但是在样本选择中如不考虑关于单元位置的信息，就不能保证样本满足空间平衡。随着数据收集和传输技术的发展，具有地理参考的数据可用性迅速增加。

2. 地理编码

地理参考微数据（Georeferenced Microdata）在设计抽样调查中非常实用。地理参考微数据可以更好地理解空间交互作用。在处理环境和健康数据时空间平衡的样本能够得到有效的估算。[7]包含在地理参考数据中的空间信息，尤其是研究群体中所有受试者精确的点级地理坐标，可以用来选择散布在某一空间内的样本。空间采样程序将受试者确切位置之间的距离纳入设计中，确保所选择的样本在空间上的平衡。因在实践中研究对象的位置不够精确，最先进的地理编码程序和技术同样存在缺陷。但是有学者通过对模拟数据和实际数据的对比研究表明，尽管对微数据进行地质反演的位置粗化比例较高，空间采样设计仍优于非空间的采样方法。[8]

地理编码或空间编码（Geocoding or Geosampling）是根据一些共同的参考框架，将地球表面的明确位置分配给个体、家庭或研究地点等实体的过程。[9]根据地址进行的编码（Address-based Sample）也是应用比较广泛的一种抽样形式。分析人员使用地理编码将研究数据库与外部数据库相结合，用于分析相关区域，并测量生活的各个方面，包括职业、收入、态度和健康实践等。[10]本文应用反向地理编码的方法，将家庭住址转化成地图上的点级地理坐标。

8.1.2　测量尺度界定

在何种尺度上测量建成环境要素才能有效地支持体力活动并不明确。在测量建成环境与体力活动关系时应用不同的测量尺度会得到不同的结果。例如，勒尼汉等人（Learnihan et al.）测量了街道衔接性、居住密度、土地混合度和零售面积与交通性步行的关系，测量尺度是距离住所 15min 步行距离，但是当相同的测量方式应用在郊区或者市中心的时候则毫无统计相关性。[11]空间数据分析结果取决于数据聚集单元或规模，因此合理选择地理单元是任何空间研究的长期挑战，这一问题称为可变区域单元问题（MAUP）。我们在选择适当的地理尺度时，很少考虑如何或为何选择这些地理尺度来定义社区范围。[12]这种现象在统计和地理学领域备受关注，但是在建成环境与体力活动的研究中应用并不广泛。

在环境与健康的研究中通常使用两种方法来定义社区：一种是行政区划或人口普查边界，但人口普查边界不一定能反映居民的步行范围，其次以行政区划为单元可能存在生态谬误问题；[13]另一种是根据不同的居住环境应用不同的缓冲半径进行划分，也是近年来常用的方式，缓冲区是基于直线距离的圆或基于给定街道网络的最短路径距离的多边形。微观层面上不同研究尺度会影响分析结果。[14]

区域界线和规模问题的界定对于社区环境与健康的研究至关重要。环境与健康之间的关系对空间概念的界定具有敏感性，[15]因为可接受的步行距离因个人因素、环境因素、目的地类型和步行原因而有所不同，[16]确定适当缓冲距离具有潜在的复杂性。[17]在以往的研究中，魏等人（Wei et al.）使用道路网络缓冲宽度来定义社区范围，研究发现不同地理尺度下步行指数与步行时间存在不同关系。杰西卡等人（Jessica et al.）对比三种不同的社区界定，包括人口普查单元、圆形缓冲区和街道网络单元，结果显示综合网络单元更具有优势。[18]马尔科姆等人（Malcolm et al.）通过定量与实地观测结合，比较多种界定方法形成的多水平模型参数估计来生成研究社区边界。[19]帕克等人（Park et al.）通过对社区规划理论、指导方针和研究文献回顾试图揭示社区的层次结构和不同层次的社区的关键元素，为未来的研究和项目中选择合适的社区单元创建概念框架。[20]

本书的研究单元以个人家庭地址进行地理编码，并以投影坐标点为圆心，建立多层级缓冲区。一些学者认为5min的步行距离对身体健康最重要，而另一些人则认为0.80km或1.20km的步行距离更为准确。[21]通常情况下，居民最倾向的步行时间在5min以内。其次大多数人接受10min以内的步行时间，此时的服务设施可达性较高。一般正常成年人步行速度为60~100m/min，按照80m/min的平均步行速度计算，本文选取400m作为基础单元。分别以400m、800m、1200m、1600m作为半径建立缓冲区。

8.1.3 环境测量方法

环境对健康的影响在微观层面更为直接和显著。微观测度形成的量化数据协同GIS等技术手段处理的宏观数据可以形成全面客观的评估意见，为环境设计和建设决策提供可操作的辅助意见。欧美发达国家的研究多集中在微观的社区尺度，但是我国微观物质环境与人群健康相关研究较为分散。在以往的研究中有很多学者试图去总结不同的获取数据的测量方法。如何获取对行为活动有影响的建成环境要素的方法有很多，但是他们之间并没有清晰的界限，不同的测量方式会有不同的结果。[22]同一建成环境要素，相同的测量方式在不同的尺度下会有不同的结果，相同的测量尺度通过不同的测量方式亦会有不同的结果。因此，不同的尺度与不同的测量方式侧重不同的建成环境要素。

如何获得环境与健康各要素的基础数据是研究环境行为非常重要的一步。在关于环境对行为的影响的研究当中，问题最终的落脚点取决于不同尺度的建成环境要素，以及不同测量方式下的建成环境要素。首先，在客观建成环境与主观感知建成环境这两个层面上影响体力活动的空间要素是不同的。主观测量的建成环境要素通常涵盖客观测量的要素，此外包含一些客观测量无法检测的环境要素，例如美学和安全。由于主客观两个层面的测量数据之间并不能完全一一对应，所以各审计工具中对于测量变量的问题设置的数量也各不相同。其次，宏观尺度下的测量变量需要微观尺度的变量进行补充才能更为充分地解释体力活动。通常情况下建成环境测量在宏观尺度开展，客观测量的宏观尺度下的建成环境要素通常包括距离、连接性、土地利用、密度等，但是微观尺度下的建成环境要素同样影响着体力活动，例如步行道的存在状态。此外，测量具体哪一种体力活动类型也会对结果产生不同的影响，相同的环境对于不同的体力活动类型的影响不同。

8.2　环境测度内容

8.2.1　建成环境测度内容

1. 密度

密度的定义并没有统一标准，通常指单位面积内人、住宅、树木、建筑等的数量。通常情况下密度包括人口密度和建筑密度两方面内容。人口密度指单位面积内的人口数、居住单元或者工作岗位的数量。人口密度取决于居住单元的密度和家庭规模，相同的居住单元内不同的家庭规模会导致人口密度的不同。密度有时会与其他术语内容重叠，例如土地开发强度。强度通过与建筑面积有关的几个物理指标来衡量。虽然人们经常谈论高密度与低密度，但是并没有统一的衡量标准区分高密度或者低密度。

密度可以通过客观测量和主观报告获取。单位面积内的居住单元密度或者人口密度可以通过GIS计算，但是由于单位面积的边界有时并不可见，所以很难通过客观观察的审计工具进行计算。人们主观感知的密度有时与实际测量的密度相差甚远，感知密度与实际密度并不高度相关，因为会受到景观、美学、噪声和建筑类型的影响。我国城市人口众多、建筑密集，所以对于密度的感知与欧美国家差异较大，但是目前并没有相关研究探索过感知密度与实际密度之间的关系。

密度计算时包括哪些要素，在何种尺度上测量，是导致密度差异的主要原因。例如在密度计算中使用的基本土地面积的不同会导致密度大相径庭。同一个测量区域在不同的尺度下（都市圈、城市尺度、区域尺度、社区尺度、场地尺度）会有完全不同的结果。大尺度环境下会有更多的非居住用地被加入到基本土地使用面积，从而影响密度的最终结果。

2. 土地使用

土地利用主要指区域内土地利用的多样性,通常由土地利用混合度(Land Use Mix)来衡量。城市土地混合使用的测量包含两个概念:距离和数量。距离通常指距离最近的某些特定目的地的距离。数量通常指在研究区域内某些特定目的地的数量。不同的研究对这些特定目的地的包涵内容略有不同。有的研究包涵学校、银行、食品店、餐馆、公园等所有生活场所,[23] 有的仅包括商业和休闲娱乐场所,[24] 有的则通过特定用途的百分比来计算。[25]

土地利用混合度的获取的方式可分为三类:[26] 可达性、强度和形式。首先,可达性指居民到达不同设施的难易程度,例如从居住地到达非居住用地的最近距离。这一定义概念简单但是计算起来较为复杂,适合个人层面的计算。其次,强度指土地利用混合程度。强度的测量方式有两种:一种是研究区域内特定目的地的数量或者密度,另一种是研究区域内不同土地利用的比例。这种方式获取数据,以及计算需要在较为宏观的层面实施,受地理尺度选择的影响很大。最后,形式指研究区域内各种土地利用类型的均匀程度。

3. 街道连接

街道连接性指在研究区域内具有多条路线和联系服务于相同起点和目的地的街道系统。街道连接性反映从一个地方到另一个地方的容易程度。街道连接的测量方式比较多,通常基于GIS分析获取,本书参考布朗森(Brownson)的分类方式将其分类为两大类,综合指数和单一变量,不同的测量方式适宜在不同的尺度下进行。

首先,综合指数包括路网密度、连接指数、不同交叉口的比率等。其一,街道路网密度通过将缓冲区内所有连接路段的长度相加并除以缓冲区的面积来计算。其二,连接指数定义为街道连接数除以节点数和路端数(包括设计速度为 15mph 或以下的死路和急转弯)。连接路段被定义为在两个交叉点之间或从交叉点到终点的路段。其三,交叉口包括交叉口总数量、十字交叉数量、十字交叉口在所有交叉口中的比率等。[27]

其次,通过单一变量例如街区长度、密度等表示街道连接。其一,街区长度是完全或部分在缓冲区内的连接路段的长度,也可通过街区大小衡量连接性,长度短或者面积小的街区交叉口的比例也会越高,街道的连接性越好,到达目的地也会有更多可选择的路线。其二,密度包括街区密度、交叉口密度、街道密度。街区密度即单位面积的街区数量,道路交叉口密度即单位面积交叉口的数量,街道密度即单位面积内街道的直线长度。

8.2.2 自然环境测度内容

本书研究的自然环境主要指城市中的绿色空间,因为绿色空间可以提供健康益处。绿色空间指绿色植被,例如树木、草地、森林、公园等,而蓝色空间指空间中所有可见的表面水,例如湖泊、河流、海岸水。研究证实生活在拥有绿色空间的城市居民往往有更好的健康结果,如减少长期压力,降低慢性疾病风险等,绿色空间可以通过提供适当的空间鼓励体力活动来降低肥胖率。[28] 许多对城市绿地与体力活动关系的实证研究报告有积极的联系，例如街道树木与步行时间呈正相关。[29] 同时，城市绿地数量和质量与自我报告的身体和心理健康显著相关。[30] 此外，住区周边与自然环境相关的空气、水质、交通污染、绿色环境等对健康有显著影响。

城市绿色空间对健康益处的因果机制尚不清晰。绿色空间与体力活动和体重超重的关系并不一致，在一些研究中绿地与超重呈负相关，其他研究中绿色空间与超重无关或正相关。[31] 步行行为与主观评价的绿色程度有关而与客观评价的绿色程度无关。[32] 有学者提出接触城市绿地可能通过不同的中介效应与身体和心理相联系，例如通过促进社区的社会凝聚力促进更多的活动。[33]

绿色空间定义和测量方法的不同会导致绿色空间与健康结果不一致。绿色空间的测量方法通常包括：公园和树木数量，住宅到最近的公园入口的欧式距离，卫星图像评估，例如标准化植被指数（Normalized Difference Vegetation Index，NDVI）。最常用的客观评估绿地程度的方法是住宅地址环形缓冲区内的绿色度，缓冲区内的绿地使用 NDVI 评估。在所有对绿色空间的定义中，NDVI 关联性最强。然而，由公园或树木的数量、NDVI 或其他俯视指数所测量的绿化程度，往往与人们在生活中平视的地面上所感知到的绿化程度不同，特别是在植被茂密的地方。对此，本书研究添加行人步行视角下的街道绿视率（Green View Index）的测量以补充二维尺度下植被指数的局限性。人们行走过程的真实体验才是最常见的绿色景观。绿视率反映街道的绿化状况更真实有效。

绿视率是人视野内绿色景观所占的视野内所有物体的百分比，主要包括市区内的街道绿化，例如街道树木、灌木、草坪和其他形式的植被。街道绿化为城市环境提供多种好处，包括制氧、空气污染物吸收、城市热岛效应缓解、减轻噪声污染等。城市街道绿化是城市环境中重要的景观设计元素，对街道的吸引力和可步行性作出了重要贡献，植被的存在通常会增加人们对城市场景的审美评价。[34] 测量人们对城市街道绿化水平的评价包括客观评价和主观评价。早期测量街道绿视率通过在研究区域的每一个十字路口从 4 个方向（北、南、东、西）拍摄的 4 张照片，提取绿色区域并进一步用于计算 GVI。随着网络街景图像的应用，很多学者通过街景图像代替了现场拍摄照片的繁琐工作，并应用计算机技术识别街景图像中的植被。

8.2.3　社会环境测度内容

1. 美学与安全

美学和安全是环境与健康研究中最常见的感知测量内容。环境美学研究人们对环境的视觉质量的情绪反应如何影响他们的空间行为。[35] 街道层面建成环境的视觉细节、景观特征和空间关系对于步行场所的必要性的研究之间并没有形成共识。[36] 有助于美学特性的因素包括小尺度建筑细节、建筑立面结构中的透明度、街道树木的美化、变化的景观、街道设施和行人照明等。

此外，安全通常包括交通安全和犯罪治安。安全的社区环境会积极促进居民体力活动，并且有利于社区居民参与社会活动，从而促进心理健康。交通安全主要通过交通状况相关因素来衡量，包括平均车速、最大车速、交通流量等；也有学者测量单位时间内一定人口范围内的交通事故数、街道繁忙程度等。治安安全通过单位人口内犯罪率来衡量。

2. 社会环境

不同学者在研究社会环境对健康结果影响时，对社会环境的研究侧重不同，选取的内容范围也不同。有学者通过安全、凝聚力、社会资本反映社会环境。[37] 也有学者将安全单独列出，社会环境主要包括社会结构和凝聚力等因素。[38] 本文第 1 章提到，社会资本与自我报告的健康状况，以及一些死亡率指标之间存在一致的关系。社会资本取决于人们与邻居建立和维持关系的能力。邻里之间产生不信任的社区会影响邻里之间的凝聚力，以及不良健康结果的发生频率。[39] 可以影响健康的社会因素是我们与他人社会联系的程度、强度和质量。[40] 所以考察居民与邻居的关系也是非常重要的内容。本书着重分析社会邻里之间的关系，通过社会交往和社会活动两个层面来考查。

3. 社区归属感

很多研究发现社区归属感对心理和精神健康具有决定性的影响。社区归属感是指社区居民把自己带入到社区群体当中，把自己归到人群集合体的心理状态。社区归属感高的居民会觉得自己是这个社区的一员，愿意为建设自己的生活环境而付出劳动，愿意维护自己居住社区的环境。社会学家认为社区情感是影响这个社区发展的一个重要因素。社区归属感是居民对社区情感中最有代表性的一种情感。拜里（Berry）通过实证研究发现，对社区产生的归属感能够使居住者对社区有自信，信任自己的社区安全舒适，从而鼓励积极体力活动，增加社会交往的机会。[41] 同质人群更容易形成社区归属感，建成环境更容易促进他们的社会联系并激发积极体力活动。另外，大量研究指出，绿色开放空间对于促进精神健康、培育良好的社区氛围具有非常重要的作用。

社区建设是推动我国社会转型的重要工程之一，社区情感因素对人们的心理和精神健康具有决定性的影响。通过物质空间以及社会活动的规划设计，可以有效地促进交往，增强人与人之间的感情交流，增强对居住社区归属感，从而可以改善精神健康状况。如何通过设计来提高居民对社区的情感对于我国社区建设具有非常重要的意义。

8.2.4　微观环境测度内容

1. 城市街道景观

街道作为城市中人类活动的基本单元，在影响社会交往、体力活动和社会福利方面发挥着重要作用。街道景观的测量方法经历了不同的阶段。以往通过地理信息系统数据库进行的分析，在垂直维度、空间关系以及精细纹理层面还存在局限，不能更为直观地体现居民实际生活中的空间感受。[42]一些实证研究利用谷歌街景图像来评估城市环境的不同特征。这些图像与行人在穿越城市环境时感受到的街景十分相似，可以从这些图像中更准确地评估人们每天对城市环境的直观感受。通过计算机技术辅助从网络街景图片中获取城市街道建设的信息，近几年随着人工智能技术发展而得到应用。

人工智能技术的发展极大地促进了研究人员对街道研究的效率。通过深度学习的方法可以利用计算机分辨图像中的物体。深度学习技术中的算法——语义分割，可以将图像分割成天空、植被、建筑、道路等不同的部分和对象。全卷积神经网络 FCN 是深度学习应用于图像语义分割的开山之作，但还是无法避免很多问题。之后的研究极大地改善了这些问题。例如，SegNet 将最大池化指数转移至解码器中改善了分割分辨率。另外，还有 Dilated Convolutions，DeepLab，RefineNet，PSPNet，Large Kernel Matters 和 DeepLab v3 等都在技术层面有所突破。

SegNet 是由英国剑桥大学研发的一种用于多类像素的深度编解码器架构。[43]SegNet 将图片中的像素点识别为天空、人行道、车道、建筑、绿化等要素类型，在此基础上可计算每张图片中绿化要素所占的比例。数据集在人工智能中有着举足轻重的地位，语义分割的训练同样需要基础数据集。本书研究直接沿用了 SegNet 的识别模型和训练图片库。因为考虑到在中国城市中直接运用这一工具的识别效果良好。[44~46]

2. 微观城市设计品质

微观城市设计品质包括了城市设计和步行环境，城市设计品质取决于建成环境，但略有不同的是它反映人们对环境的感知与互动。大多数的研究评价的建成环境品质是一般性质的，例如建成环境的"5D"要素，即密度、多样性、设计、到交通站点的距离，以及目的地可达性。其中定义和测量设计这一变量更为复杂。除却设计的总体特征外，设计变量还包含街道环境更微观的特性，例如可识别性（Imageability）、围合（Enclosure）、尺度（Human-scale）、透明度（Transparency）和复杂性（Complexity）。这些特质可能会影响到积极交通和休闲时间的选择。城市设计品质对于活跃的街头生活很重要，评价工具所测量的城市设计品质与步行有显著关联，并具有较强的客观性和可靠性。[47]

步行路径通常指人行道，也包括人行道上的基础设施、街道照明、步行道存在状态、行道树等。步行路径的测量是微观尺度下的建成环境测量的重要内容。最常见的测量方式是人行道长度与道路长度的比率。其他测量方式包括研究区域内步行路径的总长度和步行路径的平均宽度等。城市人行道相关的数据很少以电子格式存在，步行路径及其属性可以从航空照片中提取。步行路径本身的设计与维护可以增强和鼓励步行，同时还可以通过结合树木和其他生态措施帮助管理水循环和改善空气质量，从而有助于建立更健康的环境。拥有良好的非机动出行环境的社区拥有更高的房地产价值并可以创造新的就业机会。这些社区可减少交通拥堵和通勤时间，同时改善空气质量和公共卫生。[48]

8.3 环境与健康指标体系构建

8.3.1 指标体系构建方法

1. 指标构建方法

如何从众多的环境属性中选择和构建适合的指标，学者们提出过不同的分类框架。指标体系是由一系列具有相互联系的指标所组成的整体，可以从不同的角度客观地反映现象总体或样本的数量特征。针对健康城市指标体系的构建，我国卫生健康委员会在 2018 年出台《全国健康城市评价指标体系（2018 版）》，紧扣我国健康城市建设的目标和任务。一级指标对应：健康环境、健康社会、健康服务、健康人群、健康文化 5 个建设领域。其中，健康的环境和社会内容包括了空气、水质、垃圾处理等环境内容。但是，指标体系的环境内容中并没有涉及城市规划中的建成环境要素，以及与居民生活息息相关的设计细节。建成环境与微观设计品质并不容易量化，且随着不同的社会经济状态与地理区位会有很大差异。因此本书提出的指标体系构建，有别于健康城市综合指标，旨在帮助分析特定地理环境下，城市建成环境与居民自身的健康结果之间的关联。

根据城市环境构建的指标体系有很多。通过 GIS 获取的环境要素指标体系和通过审计构建的街道评价工具大部分都是独立存在。例如，伦敦规划咨询委员会最早构建了 5C 方案，包括舒适、连通、显著、便利和愉悦 ❶。[49] 随后，塞维罗（Cervero）和科克尔曼（Kockelman）提出目前大家熟知的 3D（密度、设计和多样性）布局。[50] 密度指标包括人口密度、就业密度和工作可达性；设计指标包括街道、行人和骑自行车、场地设计；多样性包括不同指数、熵、垂直混合、土地使用混合、活动中心混合度、商业强度和商业零售使用距离。尤因等人（Ewing et al.）在 2013 年将 3D 布局扩展为 5D 框架，将距离与交通和目的地可达性结合起来。[51] 微观尺度下的街景审计工具也有各自不同的审计指标，详细可见第 2 章。

然而，综合性的评价指标可以更全面地体现环境特征。例如，莫拉等人（Moura, et al.）提出了一种基于 GIS 和街道审计指标且可以在不同的城市环境中复制的综合指标体系。[52] 该框架考虑了不同的行人群体和出行目的，以 7 个关键维度来表达步行，7 个维度包括共存（交通安全和人行横道位置）、舒适（路面铺装）、保证（执法）、连接（行人的基础设施、道路连接性、目的地的可到达性）、显著（标志性建筑的存在和可见性）、便利（土地利用多样性、人行道有效宽度、日常商务）和愉悦（见面场所、服务时间、固定场所）。

2. 构建方法选择

指标体系构建本质上是一个多属性评估的过程。对于指标体系构建，学者们已经证明多种

---

❶ 共存（Coexistence）、舒适（Comfortable）、保证（Commitment）连通（Connected）、显著（Conspicuous）、便利（Convenient）、愉悦（Convivial）

方法，包括传统层次分析法（AHP）、模糊层次分析法、混合层次分析法（AHP-topsis）、变异系数法（CV）、熵法和主成分分析法（PCA）。这些方法的局限性包括固有的不确定性、主观性和敏感性。[53] 以上指标体系中，所涉及的指标可以看作是一个整体系统，其中综合指标作为上层系统，子指标构成子系统，整个系统的稳态会因为子系统稳态的轻微不平衡而发生变化。

　　本书指标体系的构建包括了各类环境与健康要素及通过要素合并计算的子系统。本书研究主要目的是探索不同的环境要素对体力活动和健康结果的关联。尽管这种关联性研究几十年来已经有大量的实证数据，但是目前的研究主要局限在欧美发达国家和部分发展中国家的较为知名的大城市。不同的社会经济环境往往都有不同的城市物质空间环境，不同的空间环境可能导致不同的行为结果。所以现有的指标体系综合指数的计算方法未必适用于缺乏实证研究的城市，所以本文指标体系的每一个要素和子系统的构成，都作为本书环境要素体系的重要参考。其中，部分包含要素较多的子系统将参考指标权重赋值的经验进行复合指数的计算，子系统的复合计算主要集中在微观环境部分，因为微观环境包含的细节要素过多。例如，第 11.1 节城市街道环境共包含了 12 项要素，通过熵值法进行复合指数的计算。第 11.2 节中人行道状态和交叉口基础设施通过审计工具获取了 15 项要素，通过综合得分合并成一个指标。该部分详细内容在第 11 章进行详细介绍。

8.3.2　指标体系构建

　　本书结合多种维度视角下不同数据类型的测量差异，针对环境要素提出了 4 个级别的指标，一级指标包括物质空间环境、自然环境、感知和社会环境、微观环境（表 8-1）。

自变量指标体系　　　　　　　　　　　　　　　　　　　　　　表8-1

建成环境要素		测量内容	工具	数据来源
物质空间环境	密度 / 建筑密度 容积率	建筑密度 容积率	GIS	百度地图
	土地利用 / 类型	居住、商业、绿地与广场、工业、公共用地频数密度	GIS、问卷	百度地图
	土地利用 / 可达性	PA、餐饮、购物、休闲娱乐、生活服务、公交站点数量		
	街道连接 / 路网密度 连接指数 交叉口	路网密度 路段节点比 交叉口数量	GIS、问卷	OSM 地图
	建设品质 / 建设年代 房价	平均建设年代 房屋均价	GIS	链家
	坡度 / 变化程度	高程标准差、极差	GIS、问卷	谷歌地图
自然	绿色空间 / NDVI GVI	标准化植被指数 绿视率	GIS Python	美国国家地质局 百度全景地图

	建成环境要素	测量内容	工具	数据来源
感知环境	环境美学	自然风景、建筑外观、行道树	问卷	问卷数据
	社区氛围	有意思的事物、行人与照明		
	安全	交通、治安		
	社会环境	社会交往、社会活动		
微观环境	街道景观环境	天空、建筑、路灯、道路标识、道路人行道、树木、藩篱、机动车、行人	Python	百度全景地图
	城市设计	可识别性、围合感、人性化尺度透明度、复杂性	审计工具	百度街景地图
	人行道存在状态	室外座椅、路灯、维护、涂鸦、步行道、无障碍、隔离带、树木覆盖率		
	交叉口设施	信号灯、坡道、斑马线		

物质空间环境包括：密度、土地利用、街道连接、坡度、建设环境。密度、土地利用和街道连接是最为常用的几种建成环境要素。其次，对于坡度的考察是基于大连市特殊的地势特征。市区内山地丘陵较多，平原低地少。低丘陵则分布广泛，丘坡较缓，5°～10°。以10m高差为距做出主城区内的等值线可见整个市区大部分地区都存在一定程度的坡度，但是主要地区都为缓坡。受地理环境限制，大连市鲜少有自行车出行，非机动出行方式，主要为步行。可见坡度也是非常重要的一项，可能会对体力活动有阻碍作用的潜在因素。此外，房价可以从侧面体现一个居住小区的综合品质。总体上讲，房价高的小区相对的环境品质良好，且可以从侧面反映购买者的经济地位。所以作者通过房价体现居住区的环境品质。

自然环境包括绿色空间、城市植被和树木等。对于绿色植被的考察基于大连市的特殊地势环境。大连市的绿植覆盖率较好，主城区内有大量以丘陵山坡为依托的山体公园。绿色植被可能也是影响体力活动或者健康结果的潜在因素之一。

感知环境包括物质环境中的可达性、连接性和坡度，同时还包括美学和安全、社区氛围，以及社会环境。美学通过自然风景、建筑外观和行道树来体现。安全包括了治安安全和交通安全，治安安全通过犯罪率表示，交通安全通过车流量表示。社区氛围通过社区内有意思的事物，行人数量和夜间照明情况体现。

社会环境由社区内跟邻居的社会交往和社区内部组织的社会活动两个方面来体现。

微观环境主要包括街道景观、城市设计品质、人行道和交叉口设施。街道景观包括天空、建筑、路灯、道路标识、道路、人行道、树木、商标等。城市设计品质主要指可识别性、围合感、人性化尺度、透明度、复杂性。同时，微观环境还包括人行道的存在状态和交叉口基础设施。

因变量的指标体系包括3个一级指标（表8-2），一级指标包括自我报告的健康状况（身心健康、心理亚健康、心脑血管亚健康、血糖血压亚健康、其他），体力活动（中强度体力活动、高强度体力活动、总体步行、交通性步行）和健康结果。本书的健康结果仅通过心理健康（社区归属感）和身体健康（体重指数）两个指标体现。

因变量指标体系　　　　　　　　　　　　　　　　　　　　　　　表8-2

一级指标	二级指标	测量
健康状态	身心健康、心理亚健康、血糖血压亚健康、心脑血管亚健康、其他	二分类问题直接选择
体力活动	中强度体力活动，高强度体力活动，总体步行，交通性步行	至少 10min 的活动：每周活动频次，每次活动时间
健康结果	体重指数 社区归属感	身高、体重 量表题目

8.3.3　因变量指标测量

因变量包括三方面内容：自我报告的健康状况、体力活动和健康结果。

自我报告的健康状况通过二分类的问卷问题获取。

体力活动的测量通过国际体力活动问卷（IPAQ）的修改版本来衡量。国际体力活动问卷是目前公认有效且在国际上较为广泛使用的成年人（15～69 岁）体力活动水平测量问卷之一，分为短卷和长卷两个版本，已用于中国人群研究，经检验具有较好的效度与信度。[54] 短卷仅简单地分为步行、中等强度和高强度，调查不同强度活动的一周频率和每天累计时间。参与者首先被问询在过去一周内是否参与至少 10min 的步行，中等强度的活动（呼吸比正常稍微急促的活动），或高强度活动（呼吸急促的活动）。对其中任何一项表示确定参与的人继续回答。问题包括每周有多少天参加相关活动，以及每一天参加活动的时间。另外体力活动还包括了单次交通性步行时间。

健康结果通过心理健康（社区归属感）和身体健康（体重指数）两个指标体现。社区归属感通过李克特四级量表来度量，量表问题包括社区居民愿意为建设自己的社区而付出和居民对社区的认可两个方面的内容。其次，体重指数（BMI）按重量除以身高的平方（kg/m^2）计算。体重指数又称为身体质量指数，是与体内脂肪总量密切相关的指标，主要反映全身性超重和肥胖。由于 BMI 计算的是身体脂肪的比例，所以在测量身体因超重而面临心脏病、高血压等风险上，比单纯的以体重来认定更具准确性。

8.3.4　自变量指标测量

本书测量的环境指标包括：物质空间环境、自然环境、感知和社会环境、微观环境。每一项指标的计算根据前文的文献综述和针对大连市主城区可以获取的数据类型进行计算。在数据条件允许的情况下，研究对每一项环境要素都尽可能多地进行不同测量方法的计算，以便进一步分析哪一种测量方法更为适用。自变量数据的来源类型和信息具体，见表8-3。

自变量指标数据类型 表8-3

建成环境要素			数据计算来源	数据类型	数据信息
物质空间环境	密度	建筑密度容积率	建筑轮廓建筑层高	面数据	面积、层数、位置
	土地利用	类型	渔网数据	面数据	类型、位置
		可达性	POI	点数据	名称、类型、位置
	街道连接	路网密度连接指数交叉口	交通网络矢量数据	线数据	长度、等级、位置
	建设品质	建设年代房价	地产数据	EXCEL	名称、年代、房价
	坡度	变化程度	高程数据	DEM	高度、位置
自然环境	绿色空间	NDVI	影像栅格数据	PNG	光谱波段
		GVI	影像栅格数据	BMP	像素值
感知环境	可达性、连接性、美观、安全、社会环境等		问卷数据	EXCEL	评价量表
微观环境	街道环境		影像栅格数据	BMP	像素值
	城市设计		影像数据	EXCEL	审计记录
	人行道状态交叉口设施		影像数据	EXCEL	审计记录
住区	综合所有要素		综合数据	综合数据	综合数据

1. 建成环境

建成环境包括：密度（建筑密度和容积率）、土地利用（类型和可达性）、街道连接（路网密度和交叉口数量）、建设环境（房价和建设年代）、地势坡度。

1）密度

密度通过建筑密度和容积率表示。本书部分章节里以行政单元为界限的研究中，使用了人口密度指标，因为第六次普查数据可以获取的最小行政单元为街道。故在本书的第9章使用了行政街道为研究单元。在单元内计算人口密度，同时计算研究单元内每千人拥有的设施数量。

2）土地利用

本文通过社区内各类设施单元数量在所有设施中的频数密度表示土地利用形式，通过POI点来进行功能区识别。[55] 将POI数据分成六大类：最终居住用地（19 677条数据）、商业服务业设施用地（31 176条数据）、绿地与广场用地（303条数据）、工业用地（11 255条数据）、公共管理与公共服务设施用地（15 067 条数据）、道路与交通设施（5737 条数据）。

对于每一个功能区单元构建指标频数密度（Frequency Density，FD）和类型比例（Category Ratio，CR）来识别功能性质，计算公式如下。

$$F_i = \frac{n_i}{N_i} \quad (i=1, 2, \cdots, 6) \tag{8-1}$$

$$C_i = \frac{F_i}{\sum_{i=1}^{6} F_i} \times 100\%, \quad (i=1, 2, \cdots, 6) \tag{8-2}$$

式中　i 表示 POI 类型；n_i 表示单元内第 i 种类型 POI 数量；N_i 表示第 i 种类型 POI 总数；F_i 表示第 i 种类型 POI 占该类型 POI 总数的频数密度；C_i 表示第 i 种类型 POI 的频数密度占单元内所有类型 POI 频数密度的比例。

可达性通过缓冲区内设施数量和公交站点数量来表示。设施主要以促进人群体力活动为目的，包括体力活动设施（体育场馆、健身场所、舞蹈瑜伽室内、公园和广场）和生活设施（餐饮、购物、休闲娱乐、生活服务），数据来源百度 POI 点。

体力活动设施包括户外与室内两种娱乐场所，最终根据体力活动设施点类型和百度 POI 划分标准分类为：体育场馆（室内场所包括游泳馆、羽毛球馆、乒乓球馆、台球馆、保龄球馆、武术馆、体操馆；室外场所包括网球场、篮球场、足球场、溜冰场、高尔夫球场、滑雪场、赛马场）、健身场所、舞蹈或瑜伽室、公园和休闲广场（社区公园、市政公园、公共开放空间）。具体的设施分类依据在第 9.1 节进行详细解释。

3）街道连接

街道连接通过路网密度、交叉口数量和路段节点比来表示。路网密度为缓冲区内的道路长度与缓冲区面积的比值。交叉口数量为缓冲区内三岔口和十字交叉口的数量。路段节点比指街道连接路段数除以节点数，数据来源 Open Street Map。

4）建设环境

本书还通过研究区内平均房价与建设年代表示居住小区的综合建设品质。相对而言，近期建设的高房价居住小区均有较好的环境品质和配套设施，数据源自链家网。

5）地势坡度

本书研究中通过计算缓冲区域内地势高程变化的标准差来表示该社区的坡度变化趋势。同时，缓冲区内高程值的极差也需要计算以甄别特殊地势情况。数据源自谷歌地图。

2. 自然环境

本书通过缓冲区内的内标准化植被指数（Normalized Difference Vegetation Index，NDVI）、公园数量和绿视率来度量绿色空间。NDVI 以 30m 的空间分辨率捕捉绿色植被的密度。NDVI 指数是根据电磁波谱的两个波段，近红外（Landsat 波段 4）和红色（Landsat 波段 3）中观察到的反射率来计算的，如公式（8-3）所示。NDVI 指数范围在 –1 和 1 之间，数字越大表明更高密度的绿色植被。没有绿色植被则值接近于零。负值反映蓝色空间。本书 NDVI 数据来源 LANDSAT8 卫星图像，由美国地质调查局（USGS）的全球可视化观测器获得。[56] 下载调研期间两个月的图片，筛选无云图片覆盖调研区域，最终选定 7 月 16 日的卫星图像。本书研究不同层级的植被指数通过 ArcGIS 区域统计工具提取栅格数据在缓冲区内的加和来表示（图 8-1）。

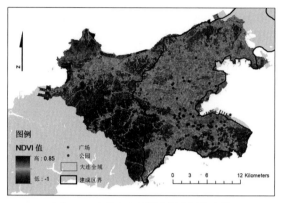

图 8-1 大连市主城区范围内绿色空间

$$NDVI= \frac{NearIR-Red}{NearIR+Red} = \frac{Band4-Band3}{Band4+Band3} \qquad (8-3)$$

绿视率通过对街景图像的语义分割计算。每个点的绿色程度可以由绿色视图指数（四幅图像中绿色像素的比例）决定，如式（8-4）所示。缓冲区中所有点的平均绿色视图指数用于评估住宅位置周围的垂直绿化。

$$绿视率 = \frac{\sum_{i=1}^{4} 绿植所占像素值 \, i}{\sum_{i=1}^{4} 所有像素值 \, i} \qquad (8-4)$$

3. 社会环境

个人对社区环境的评价通过社区环境适宜性调查（NEWS-A）的中文版本获得。该量表在中国人口背景下是有效和可靠的。本书研究只摘选社区环境适宜性调查部分量表题项，并没有包含所有问题。

社会环境包括社会交往与社会活动，通过李克特四级量表获取。社会交往通过与邻居的交往情况反映，社会活动通过社区内活动的丰富性和参与情况反映。

4. 微观环境

1）街道景观

街道景观通过识别街景图像中的要素获取，而街景图像根据受访者家庭住址的经纬度地址通过 Python 爬取。由于本文需要的街景图像分析只是作为建成环境指标体系中的一个子系统，同时受限制于基础条件，本文的采样点并没有像以往的文献中以 40m 的街道距离作为一个采样点。过于庞大的数据量在后续的语义分割处理过程中需要耗费大量的时间成本。所以综合多方面考虑，本研究仅抓取以研究点为中心的 400m 缓冲区内所有路口的街景图。400m 缓冲区的范围设定是因为在 400m 尺度下，环境对健康结果有影响的因素最多，这一部分内容在第 6 章详细解析。

获取街景图像中的要素需要设置具体的五个参数，包括图像大小、经纬度、偏航角、俯仰角和视角。为了获取贴近人本视角的街景图像，研究将图像的大小设置为 960×640 像素，并将垂直角度（API 中的俯仰）设置为 0°。我们在本书研究中没有考虑垂直角度，为以后的研究预留了空间。研究抓取了每个路口前后左右四个方向的街景图。方向是根据路网形态计算而来的平行和垂直于道路方向的视角，然后抓取平行方向的两张（前、后）和垂直方向（左、右）的两张图。每个视线方向的视角为 90°。

2）微观设计品质

微观设计品质包括城市设计品质和微观步行环境。微观城市设计品质通过步行相关的城市设计品质审计工具（Urban Design Qualities Related to Walkability）测量。人行道的品质和交叉口基础设施通过步行环境审计工具（Microscale Audit of Pedestrian Streetscape）获得。其他环境例如美学、安全和社会环境通过问卷量表获得。详细内容将在第 5 章展开。

本文应用的空间数据分析软件为 ArcGIS 10.5 版本，统计分析软件为 SPSS 24.0 版本和 Process 3.1 版本，Matlab 2018b 版本，深度学习编程语言为 Python。

8.4　本章小结

本章以选择建成环境要素和健康指标为出发点，通过对前文的梳理，以及现有的指标构建的方法，提出环境和健康结果的特征要素和指标体系。在此基础上提出每一项要素的测量方法。本章结合多维视角下不同数据类型的测量差异，针对环境要素提出了四个级别的指标，一级指标包括物质空间环境、自然环境、感知和社会环境、微观环境。对健康结果提出三个一级指标，包括自我报告的健康状况、体力活动和健康结果。同时，本节给出每一项测量指标具体的测量方法、测量工具，以及数据来源。本章节所得出的大连市主城区环境与健康的特征因子和量化指标，将作为研究基础支持下一章节关于环境对健康影响的研究。

本章参考文献

[1]　Albert S M. Methods for Community Public Health Research：Integrated and Engaged Approaches[M]. London：Springer Publishing Company，2014，p21.

[2]　高丽玲，李新虎，王翠平 . 空间抽样的理论方法与应用分析——以厦门岛问卷调查为例 [J]. 地球信息科学学报，2010，12（3）：358-363.

[3]　张维群，余欣媛，赵鲲鹏 . 一种基于多变量空间非概率抽样方法的设计 [J]. 统计与决策，2017，20.

[4]　Kassié D，Roudot A，Dessay N，et al. Development of a Spatial Sampling Protocol Using GIS to Measure Health Disparities in Bobo-Dioulasso，Burkina Faso，a Medium-sized African City[J]. International Journal of Health Geographics，2017，16：14.

[5]　Charreire H，Weber C，Chaix B，et al. Identifying Built Environmental Patterns Using Cluster Analysis and GIS：Relationships with Walking，Cycling and Body Mass Index in French Adults[J]. International Journal of Behavioral Nutrition & Physical Activity，2012，9：59.

[6] Forsyth A，Oakes J K，Lee B，Schmitz K H. The Built Environment，Walking，and Physical Activity：Is the Environment More Important to Some People than Others[J] ？ Transportation Research Part D：Transport Environment，2009，14：42–49.

[7] Grafström A，Tillé Y. Doubly Spatial Sampling with Spreading and Restitution of Auxiliary Totals[J]. Environmetrics，2013，24：120–131.

[8] Dickson M M，Espa G，Giuliani D. Incomplete Geocoding and Spatial Sampling：The Effects of Locational Errors on Population Total Estimation[J]. Computers，Environment & Urban Systems，2017，26：1–6.

[9] Goodchild M F. Geocodingand geosampling. In Spatial Statistics and Models[M]. New York：Springer，1984：33–53.

[10] Johnson B T，Cromley E K，Marrouch N. Spatiotemporal Meta–analysis：Reviewing Health Psychology Phenomena over Space and Time[J]. Health Psychology Review，2016，11（3）：9.

[11] Learnihan V，Van Niel K P，Giles–Corti B，Knuiman M. Effect of Scale on the Links between Walking and Urban Design[J]. Geographical Research，2011，49（2）：183–191.

[12] Root E D. Moving Neighborhoods and Health Research Forward：Using Geographic Methods to Examine the Role of Spatial Scale in Neighborhood Effects on Health[J]. Annals of the American Association of Geographers，2012，102：986–995.

[13] Lathey V，Guhathakurta S，Aggarwal R M. The Impact of Subregional Variations in Urban Sprawl on the Prevalence of Obesity and Related Morbidity[J]. Journal of Planning Education & Research，2009，29（2）：127–141.

[14] James P，Berrigan D，Hart J E，et al. Effects of Buffer Size and Shape on Associations between the Built Environment and Energy Balance[J]. Health & Place，2014，27（3）：162–170.

[15] Spielman S E，Yoo E. The Spatial Dimensions of Neighborhood Effects[J]. Social Science & Medicine，2009，（68）：1098–1105.

[16] Manaugh K，El–Geneidy A. Validating Walkability Indices：How Do Different Households Respond to the Walkability of Their Neighborhood ？ [J]. Transportation Research Part D：Transport Enviroment，2011，16（4）：309–315.

[17] Yamada I，Brown B B，Smith K R，et al. Mixed Land Use and Obesity：An Empirical Comparison of Alternative Land Use Measures and Geographic Scales[J]. The Professional Geographer，2012，64：157–177.

[18] Jessica Y G，Chandra R B. Operationalizing the Concept of Neighborhood：Application to Residential Location Choice Analysis[J]. Journal of Transport Geography，2007，15：31–45.

[19] Malcolm P C，Karl E，Christine A M，et al. The Socio–spatial Neighborhood Estimation Method：An Approach to Operationalizing the Neighborhood Concept[J]. Health & Place，2011，17：1113–1121.

[20] Yunmi Park，George O. Rogers. Neighborhood Planning Theory，Guidelines，and Research–Can Area，Population，and Boundary Guide Conceptual Framing ？ [J]. Journal of Planning Literature，2015，30（1）：18–36.

[21] Blanck H M，Allen D，Bashir Z，et al. Let's Go to the Park Today：The Role of Parks in Obesity Prevention and Improving the Publics Health[J]. Child Obesity，2012，8：423–428.

[22] McCormack G R，Cerin E，Leslie E，Du Toit L，Owen N. Objective Versus Perceived Walking Distances to Destinations：Correspondence and Predictive Validity[J]. Environment & Behavior，2008，40（3）：401–425.

[23] Tilt J H，Unfried T M，Roca B. Using Objective and Subjective Measures of Neighborhood Greenness and Accessible Destinations for Understanding Walking Trips and BMI in Seattle[J]. American Journal of Health Promotion，2007；21（4S）：371–9.

[24] Handy S，Cao X，Mokhtarian P L. Relationship Between the Built Environment and Walking：Empirical Evidence from Northern California[J]. Journal of American Planning Association，2006，72：55–74.

[25] Forsyth A，Oakes M，Schmitz K H，Hearst M. Does Residential Density Increase Walking and Other Physical Activity ？ [J]. Urban Studies，2007，44（4）：679–697.

[26] Song Y，Rodriguez D A. The Measurement of the Level of Mixed Land Uses：A Synthetic Approach[J]. Carolina Transportation Program：Chapel Hill NC，2005.

[27] Boer R，Zheng Y，Overton A，et al. Neighborhood Design and Walking Trips in ten U.S. Metropolitan Areas[J]. American

Journal of Preventive Medicine，2007，32（4）：298–304.

[28] Hartig T，Mitchell R，Vries S，Frumkin H. Nature and Health[J]. Annual Review of Public Health，2014，35：207–228.

[29] Sarkar C，Webster C，Pryor M，et al. Exploring Associations between Urban Green，Street Design and Walking：Results from the Greater London Boroughs[J]. Landscape & Urban Planning，2015，143：112–125.

[30] Van Dillen SME，de Vries S，Groenewegen P P，Spreeuwenberg P. Greenspace in Urban Neighbourhoods and Residents'Health：Adding Quality to Quantity[J]. Journal of Epidemiology & Community Health，2012，66：e8.

[31] Klompmakera J O，Hoekb G，Bloemsma L. D. Green Space Definition Affects Associations of Green Space with Overweight and Physical Activity[J]. Environmental Research，2018，160：531–540.

[32] Jenna H T，Thomas M U，Belen R. Using Objective and Subjective Measures of Neighborhood Greenness and Accessible Destinations for Understanding Walking Trips and BMI in Seattle，Washington[J]. American Journal of Health Promotion，2007，21：371–379.

[33] Markevych I，Schoierer J，Hartig T，et al. Exploring Pathways Linking Greenspace to Health：Theoretical and Methodological Guidance[J]. Environmental Research，2017，158：301–317.

[34] Li X，Zhang C，Li W，et al. Assessing Street–level Urban Greenery Using Google Street View and a Modified Green View Index[J]. Urban Forestry & Urban Greening，2015，14：675–685.

[35] Nasar J. Urban Design Aesthetics：The Evaluation Qualities of Building Exteriors[J]. Environment and Behavior，1994，26（3）：377–401.

[36] Hoehner C M，Brennan Ramirez L K，Elliott M B，et al. Perceived and Objective Environmental Measures and Physical Activity among Urban Adults[J]. American Journal of Preventive Medicine，2005，28（2 Suppl 2）：105–116.

[37] Christian H，Giles–Corti B，Knuiman M，et al. The Influence of the Built Environment，Social Environment and Health Behaviors on Body Mass Index. Results From RESIDE[J]. Preventive Medicine，2011，53（1–2）：57–60.

[38] Craig B A，Morton D P，Morey P J，et al. The Association between Self–rated Health and Social Environments，Health Behaviors and Health Outcomes：A Structural Equation Analysis[J]. Public Health，2018，18：440.

[39] Center on Human Needs. Social capital and health outcomes in Boston. Zimmerman E，Evans B F，Woolf S H，Haley A D，editors. Richmond：Virginia Commonwealth University；2012.

[40] Berkman L，Glass T. Social Integration，Social Networks，Social Support，and Health[M]. Social Epidemiology. New York：Oxford University Press，2000，p137–173.

[41] Berry H L. "Crowded Suburbs" and "Killer Cities"：A Brief Review of the Relationship between Urban Environments and Mental Health [J]. New South Wales Public Health Bulletin，2008，（12）：222–227.

[42] Yin L. Street Level urban Design Qualities for Walkability：Combining 2D and 3D GIS Measures[J]. Computers，Environment and Urban Systems，2017，64：288–296.

[43] Badrinarayanan V，Handa A，Cipolla R. Segnet：A Deep Convolutional Encoder–decoder Architecture for Robust Semantic Pixel–wise Labelling[J]. arXiv preprint arXiv 2015：1505.07293.

[44] Long Y，Liu L. How Green are the Streets？ An Analysis for Central Areas of Chinese Cities Using Tencent Street View[J]. PLOS One，2017，12（2）：e0171110.

[45] 崔喆，何明怡，陆明 . 基于街景图像解译的寒地城市绿视率分析研究 [J]. 中国城市林业，2018，16（5）：34–38.

[46] 叶宇；张灵珠；颜文涛；曾伟街道绿化品质的人本视角测度框架——基于百度街景数据和机器学习的大规模分析 [J]. 风景园林，2018，8：24–29.

[47] Ewing R，Handy S. Measuring the Unmeasurable：Urban Design Qualities Related to Walkability[J]. Journal of Urban Design，2009，14（1）：65–84.

[48] Alliance for Biking and Walking. Bicycling and Walking in the U.S. Benchmarking Report[R]. 2012.

[49] Gardner K，Johnson T，Buchan K，Pharoah T. Developing a Pedestrian Strategy for London. In：European Transport Conference Proceedings，Association for European Transport[R]. 1996.

[50] Cervero R，Kockelman K. Travel Demand and the 3Ds：Density，Diversity and Design[J]. Transport Research Part D：

Transport Environment，1997，2（3）：199-219.

[51] Ewing R，Connors M，Goates J，et al，Validating Urban Design Measures[R]. In：Transportation Research board 92nd Annual Meeting，2013.

[52] Moura F，Cambra P，Goncalves A B. Measuring Walkability for Distinct Pedestrian Groups with a Participatory Assessment Method：A Case Study in Lisbon[J]. Landscape and Urban Planning，2017，157：282-296.

[53] Sua S，Zhoua H，Xu M，et al. Auditing Street Walkability and Associated Social Inequalities for Planning Implications[J]. Journal of Transport Geography，2019，74：62-76.

[54] 樊萌语，吕筠，何平平. 国际体力活动问卷中体力活动水平的计算方法 [J]. 中华流行病学杂志，2014，35（8）：961-964.

[55] 池娇，焦利民，董婷，等 . 基于 POI 数据的城市功能区定量识别及其可视化 [J]. 测绘地理信息，2016，41（2）：68-73.

[56] USGS，2018.〈https：//earthexplorer.usgs.gov/〉

本章图片来源

图 8-1　作者自绘 .

表 8-1 ~ 表 8-3　作者自绘 .

第9章　环境与健康数据采集与分析

本章主要分为三个部分，第一部分为大连市城市空间特征，第二部分为数据获取和处理，第三部分为健康数据分析。

第一部分大连市空间特征，对大连市的区位和空间特征作简要分析，并重点分析可以促进体力活动的设施分布与空间公平。鼓励体力活动是促进公共健康的重要组成部分。以往对设施公平的研究多数集中在医疗设施层面，城市地区的健康设施分配是大城市提供健康服务的核心理念。日常体力活动有利于健康，因此体力活动促进设施也可以辅助以医疗为主的健康设施为居民提供服务。居民日常生活的物质空间环境在很多方面都可以促进体力活动。最有可能增加日常生活中运动量的方式将是增加体力活动的参与度，包括体育锻炼在内的多种活动都有益健康。[1] 所以，可以提供场所促进体力活动的设施分布与供需关系是一个值得研究的视角。

第二部分为环境与健康实证研究的前期数据处理阶段。数据的质量是后续对变量之间关系检验的前提保证。数据获取主要概述个体数据获取的方法和选择该方法的原因。在抽样框误差无法避免的情况下，研究期望通过细致的数据整理保证数据质量和后续分析结果的可行性。数据整理包括数据清洗、数据检验和数据变换的步骤。

最后，数据分析部分主要为样本的描述性分析，分析不同个体间对体力活动和健康结果的差异，体力活动和健康结果的总体趋势，以及体力活动与自我报告的健康状况和健康指标的关联。

9.1　大连市人口与空间特征

9.1.1　大连市空间特征

1. 城市区位特征

研究选取大连作为案例城市。大连位于辽宁省辽东半岛南端，地处黄渤海之滨（图9-1）。大连属于温暖季风气候，环境优美，气候宜人。国际环境保护组织自然资源保护协会（Natural Rescurces Denfense Council，NRDC）于2014年发布《中国城市步行友好性评价报告（阶段性报告）》，报告选取了国内部分城市进行步行友好评价，按照该报告的评价体系，大连位列第五名，进入"非常适宜步行"等级。

本书以大连市主城区为研究区域，包括4个行政区（中山区、西岗区、沙河口区、甘井子区），39个行政街道，面积约596km²，人口258万。主城区内山地丘陵较多，平原低地少（图9-1a）。高丘陵分布较广，主要在东南沿海老虎滩地区，丘陵连绵起伏，丘坡多为凸型坡面，上陡下缓。低丘陵则分布广泛，主要集中在甘井子区，标高50~200m，丘坡较缓，5°~10°。以10m高差为距，做出主城区内的等值线，可见整个市区大部分地区都存在一定程度的坡度，但是有部分主要地区为缓坡（图9-1b）。受地理环境限制，大连市鲜少有自行车出行，非机动出行方式主要为步行。

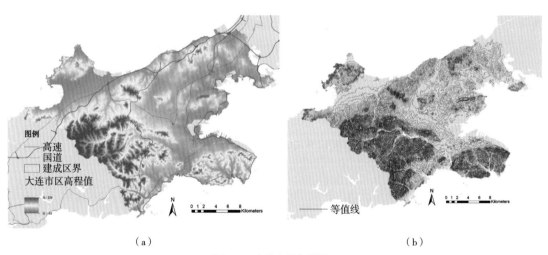

（a）　　　　　　　　　　　　　（b）

图9-1　大连市区高程图
（a）大连市区高程；（b）大连市高程等值线

2. 城市空间特征

大连市主城区人口分布主要集中在东部平原地区，沙河口区最为密集。对各个行政区计算每平方米的人口数并作可视化处理后，如图9-2所示。成年人人口占该地区总人口的比例在各个行政单元差异不大（图9-3），故人口比例在后续研究不作为重点考虑。

大连市主城区各行政单元内路网分布极度不均匀（图9-4a）。城市中心区与次中心地段路网密度高，呈网格状分布。大部分居住用地为缓坡坡地，路网由于地形高差限制较为曲折。路网密度中心地段最高，由中心向外围递减（图9-4b）。

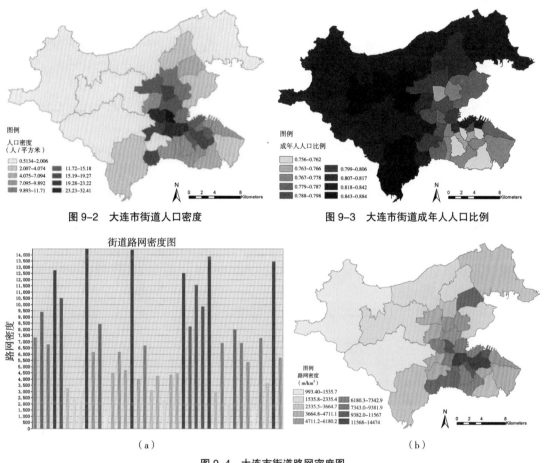

图 9-2　大连市街道人口密度　　　　　　图 9-3　大连市街道成年人人口比例

（a）　　　　　　　　　　　　　　　（b）
图 9-4　大连市街道路网密度图
（a）大连市街道路网密度差异；（b）大连市街道范围路网密度

研究通过 POI 点进行功能区识别以具体地表示大连市土地利用情况。通过 ArcGIS 建立渔网并计算设施频数密度，研究采用 1000m×1000m 的正方形网格对大连市域范围进行划分，共获得701 个单元。对于每一个功能区单元，构建指标频数密度和类型比例来识别功能性质。对全体单元进行计算得到结果如图 9-5 所示，可见建成区内商业、公共、工业与交通设施分布都较为均衡，居住频数密度集中在沙河口区，绿地集中在中山区。高速公路两侧有集中分布的工业地区。

9.1.2　体力活动设施分布

1.体力活动设施定义

为提高体力活动率，增加体力活动有关因素非常重要。现有研究发现，体育锻炼设施的存

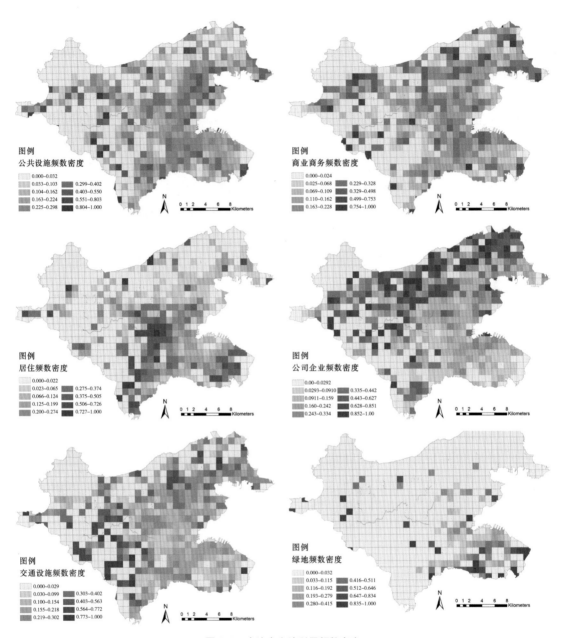

图 9-5　大连市土地利用频数密度

在和参加体力活动有关。[2] 体育设施的可获得性显著影响个人参与体力活动。[3] 体力活动相关设施的可用性与社区社会经济地位之间有明显的联系。[4]

　　有利于体力活动的特定环境的定义和标准迄今并没有统一规范，以往的研究中对可以促进体力活动的设施概念和测量方式都略有不同。设施的测量方式主要为缓冲区内设施的数量与距离，体力活动通过问卷获取活动频次与时间（表 9-1）。通过对以往研究梳理发现，体力活动设施定义与内容基本上都是基于可以促进休闲性体力活动为主的体育锻炼、休闲娱乐场所和设施。

促进体力活动设施的定义综述　　　　　　　　　　　　表9–1

体力活动相关设施名称	体力活动相关设施包含的内容	设施获得方式	体力活动获得方式
体育设施（Sports Facilites）	室外运动设施（跑道、足球场、学校操场、溜冰场、滑雪场）和室内公共和私人体育馆（网球、羽毛球、足球，以及健身房、舞蹈室、学校体育馆、游泳池和室内溜冰场）[5]	缓冲区内设施数量与最近距离	问卷获取频次和时间MET
	体育设施不仅包括有运动器材的场所，还包括运动环境[6]	问卷是否容易获得体育设施	问卷（IPAQ）频次和时间
锻炼设施（Exercise Facilities）	体育馆 / 健身中心、运动设施、网球场、舞蹈中心、公众溜冰场、壁球场、体育馆、羽毛球场；大部分设施为室内设施，只有在"网球场"这一类别中少数是户外设施[7]	缓冲区内锻炼设施提供服务类型数量	问卷（SNAP）记速表一周频次和时间
娱乐设施（Recreational Facilities）	室内设施、自行车、徒步旅行、团队运动、壁球运动、游泳、体育活动指导和水上活动[8]	缓冲区内娱乐设施数量	问卷获取频次和时间MET
体力活动设施（Physical Activity Facilities）	体育健身设施（健康俱乐部、水疗和类似的设施，包括有氧和运动类），会员体育和娱乐俱乐部（高尔夫球、网球、游艇和业余体育和娱乐俱乐部），舞蹈工作室，学校，公众高尔夫球场	数量与位置	
	可以用于参加一系列室内或室外运动的场所或者有一项运动的专门设施，包括向公众开放的学校，健身房是那些只有一个室内健身房的设施[9]	住所与设施点最短距离（设施点以距离最近设施类型用来计算）	问卷（EPAQ2）参加不同活动的频次
	PA 设施（田径跑道、露天运动场、大型集体运动场、室内设施、网球场、游泳池）和自然设施（远足路径、康乐公园、划船中心、滑雪场及泳滩）[10]	距离	问卷（MAQA）频次和时间

　　本书参考以往文献并依据两种体力活动类型将能够促进体力活动的设施分为两类：一类是促进交通性体力活动主要以步行为主，定义为生活服务设施，依据百度 POI 数据分类标准包括餐饮、购物、休闲娱乐、生活服务四类生活服务设施。另一类是促进休闲性活动与体育锻炼，定义为体力活动设施。体力活动设施是促进居民参与体力活动的主要设施，将作为重点进行分析。

　　体力活动设施包括户外与室内两种娱乐场所，最终根据体力活动设施点类型和百度 POI 划分标准分类为：体育场馆（室内场所包括游泳馆、羽毛球馆、乒乓球馆、台球馆、保龄球馆、武术馆、体操馆；室外场所包括网球场、篮球场、足球场、溜冰场、高尔夫球场、滑雪场、赛马场，以及中小学操场），❶ 健身场所，舞蹈或瑜伽室，公园和休闲广场（社区公园、市政公园、

---

　　❶　大连市中小学操场在 2018 年初开始实施全部开放政策，到 9 月已经全面完成。工作日早晚与休息日白天对外开放。

公共开放空间）。本书定义的不同种类的体力活动设施不仅包括体育设施，还包括可以促进体力活动的其他设施用地，其用地权属在土地利用划分标准中涵盖体育用地（A4），康体用地（B32）和公园绿地（G1）。❶

2.设施的空间分布

大连市域尺度下可以促进体力活动的设施（包括体力活动设施和生活服务设施在内的所有设施）在总体空间分布上属于随机分布（图 9-6）。但是可以促进体力活动的设施在街道尺度下的千人均占有量有显著聚类特征（$p<0.001$，$z=3.636$），可见人口因素对其有一定的影响。进一步，在各行政街道层面，对体力活动设施单独进行空间自相关检验。检测某一要素的属性值是否显著地与其相邻空间点上的属性值相关联。所有项目的 p 值均小于 0.01，所以数据是随机生成的概率只有 1%；所有项目的莫兰指数是正数，而且处于 0.55 ~ 0.80，表示数据具有空间正相关性；所有项目的 z 得分均大于 2.58，说明数据呈现了明显的聚类特征。体力活动设施在不同街道范围内的分布不均衡。此外，在市域尺度下，有部分体力活动设施点存在高低值聚类情况。总体上，体力活动设施的集中空间格局位于市中心地段。西岗区有部分聚类情况，甘井子区有部分零散的聚类，人口密集的中部地区设施反而分布较为均衡（图 9-7）。

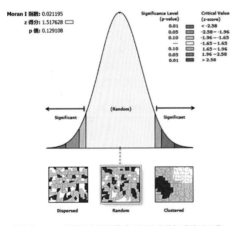

z 得分为 1.52，该模式与随机模式之间的差异似乎并不显著。

图 9-6　体力活动设施空间自相关

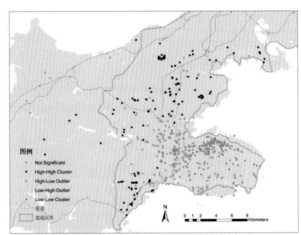

图 9-7　体力活动设施高低值分析

进一步，对体力活动设施的主要类型进行核密度分析。研究发现，不同类型的体力活动设施空间分布与居住设施的分布匹配度不高。体育场馆和公园广场的空间分布与居住密度大的空间重合度较高，但是健身房和舞蹈瑜伽室主要集中在城市中心区与次中心区，见表 9-2。

---

❶　公共管理和公共服务用地—体育用地（A4）：体育场馆和体育训练基地等用地。商业服务业设施用地—康体用地（B32）：单独设置的高尔夫练习场、赛马场、溜冰场、跳伞场、摩托车场、射击场，以及水上运动的陆域部分等用地。绿地与广场用地—公园绿地（G1）。

居住单元与各类体力活动设施核密度汇总　　　　　　　　　　　　　　表9-2

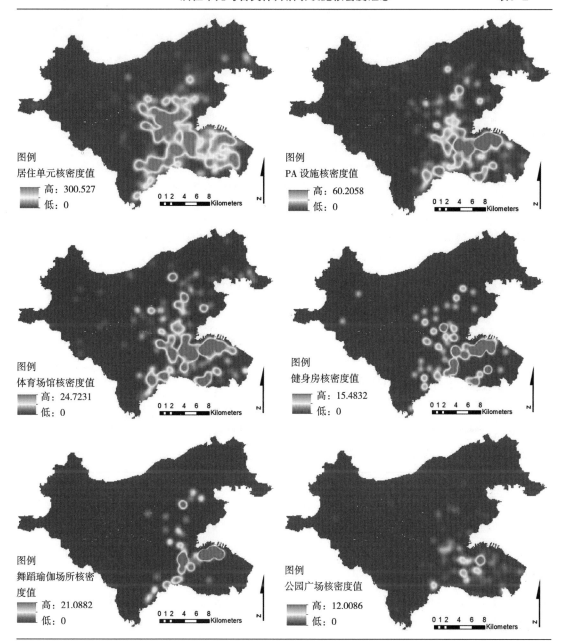

3. 设施的可达性

设施可达性方面，在市域尺度下，大部分居住单元都可以在 1km 范围内获得体力活动设施中某类型的服务。仅有不到 3% 的居住单元距离任意一种体力活动设施大于 2km。可见体力活动设施在大连市主城区内的可获得性总体较好。

进一步，在街道范围内计算综合均值，结果显示不同街道间可达性均值存在一定差异，且

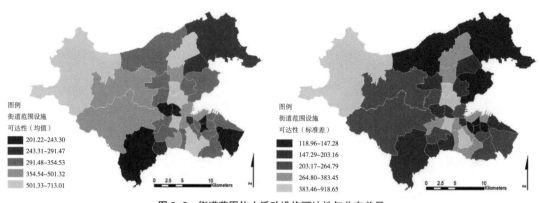

图 9-8　街道范围体力活动设施可达性与分布差异

没有统一的分布规律。西北部建成区界红线外部的居住单元获得体力活动设施具有一定的限制，近几年部分环境较好的近郊地区开发大量居住区，但是相应的配套设施明显不足。同时，计算各街道可达性的标准差来体现变化幅度，只有中部部分街道与西北部的街道可达性差异较大，其他街道可达性数据波动均较为平稳（图 9-8）。

9.2　大连市设施的空间公平

当下，开展全民健身运动，加快推进体育强国建设具有重要意义，且党的"十九大"报告中也明确提出体育强国精神。国土资源部❶印发的《城市公共体育场馆用地控制指标》（国土资源〔2017〕11 号）明确城市公共体育场馆建设的土地使用标准和节约集约用地要求。《大连市全民健身实施计划（2016—2020 年）》（大政发〔2016〕71 号）明确提出拓展升级全民健身场地设施，同时提高公共体育设施的综合利用率。但是关于体育设施在城市范围内的空间布局与公平性的研究还留有空白。所以，研究大连市促进体力活动相关设施的空间分布与空间公平具有现实意义。本节首先通过实证调研大连市主城区体力活动设施的空间集聚对体力活动是否有显著影响，以保证空间公平研究的意义与可行性。其次通过三个方面考察可以促进体力活动的设施分布与空间差异，包括设施分布与设施可达性，服务提供能力（供应）与人口分布（需求）之间的比例关系，需求指数与设施综合指标的对应关系。研究结果旨在为大连市体力活动促进设施的合理布局提供一定参考，为市民将体力活动融入日常生活提供基础。

---

❶　2018 年 3 月，根据十三届全国人民代表大会第一次会议批准的《国务院机构改革方案》，组建自然资源部，不再保留国土资源部。

9.2.1　空间公平指标

1. 空间公平定义

空间公平指各类服务设施在不同地区或不同社会经济群体之间分布的均衡程度。空间公平研究主要集中在公园绿地、医疗设施和公共设施的可达性和公平差异方面。空间公平广泛应用的度量方法是可达性分析。有学者通过空间可达性表征供给端的服务功能。[11] 采用累计机会法对各类公共服务设施进行可达性评价。[12] 通过可达性和居民的需求指数表征空间公平程度。[13] 在街道水平分析公园服务范围覆盖面积比和人口比。[14] 通过服务范围覆盖率、服务重叠度和单位面积公园绿地服务人口数三项指标，分析公园绿地对居住区的社会服务功能的空间差异。[15] 测量可达性的方法通常是计算城市居民到最近设施的距离。关于距离的计算可以基于城市网络路径选择计算，[16] 基于欧几里得的直线距离，[17] 或者采用综合指标的方法。[18]

2. 公平性评价方法

空间公平性分析将公共设施或服务的空间分布与不同居民的位置分布进行比较。空间公平包含多种因素。在本书中，对空间公平的考察维度如下：①设施分布与设施可达性；②服务提供能力（供应）与人口分布（需求）之间的比例关系；③需求指数与设施综合指标的对应关系。设施分布与可达性考察居民对于有利于体力活动的设施的总体可获得性；供需比通过单元内千人设施占有量考察居民对于有利于体力活动的设施的人均可获得性；设施综合指标与需求指数的对应关系考量设施的空间公平。设施综合指数的计算方法如式（9-1）所示。

$$Z_i = N_i \cdot W_1 + S_{ij} \cdot W_2 + R_i \cdot W_3 \qquad (9-1)$$

式中　N_i——设施提供服务能力指标，通过街道内体力活动设施的数量表示；

S_{ij}——设施空间可达性综合度量指标；

R_i——设施种类比重指标，通过体力活动设施占体力活动和生活服务设施总和的比重表示；

W——指标权重，指标权重通过二项系数法赋值。

由于样本数据有限，指标数量较少且彼此不独立，故采用二项系数法进行指标权重的计算。所有指标数值通过极差标准化的方法进行标准化处理。

需求指数广泛应用于社会资源分配的公平性研究。居民对城市各项基础设施的需求与年龄、性别、经济水平等因素密切相关。体力活动设施针对的人群为成年人，本研究中并没有包含老年人活动中心和儿童游戏场，故而需求指数由成年人在总人口中的比重来初步表示各街道对设施的需求程度。基于综合指数和需求指数的计算结果作相关分析，用来判断设施分布的空间公平性。

3. 设施可达性

本书将可达性的概念局限于公共设施的位置与其使用者位置之间的交付关系，没有深入讨论城市研究中常用的不同目的的可达性，例如两部移动搜寻法、引力模型法、最小行进成本法等。

可达性只包括研究区内的设施数量和距离。本书运用最小距离法分析各居住单元到达最近设施的最短距离。虽然最短网络路径距离相对更为精确，但由于本书所提取的居住地为居住建筑点要素，现有的道路网很难与其匹配。出行时间与服务设施的可达性更加直接相关，同时出行时间与直线距离具有高度相关性。[19] 因此本书采用欧氏距离衡量服务设施的可达性。已有研究表明两点之间的最短可通行道路距离一般是欧氏距离的 1.2 ~ 1.4 倍，[20] 因此可以根据所求得的直线距离反推最短网络路径距离。

本书的设施可达性通过多尺度综合指标表示。S_i 为街道层面体力活动设施综合可达性（式 9-2），$i \in \beta_1$ 表示居住设施单元属于街道尺度范围，S_i 为街道内部所有符合要求的距离的均值；D_{ij} 为市域层面体力活动设施可达性（式 9-3），L_{ij} 为居住设施与设施点间的欧式距离，$d_{ij} \leq \alpha + \beta_2$，$\alpha = MIN$ 表示每一个居住单元在市域尺度层级到最近设施点的欧式距离，即居住单元到体力活动设施距离的最小值。

$$S_i = \frac{1}{n} \sum i \cdot D_{ij}, \ i \in \beta_1 \qquad (9-2)$$

$$D_{ij} = L_{ij} \cdot IF \ d_{ij} \leq \alpha + \beta_2, \ \alpha = MIN \qquad (9-3)$$

$$= \begin{cases} 居住设施单元 = O_i \\ 体力活动设施 = O_j \\ 街道尺度层级 = \beta_1 \\ 市域尺度层级 = \beta_2 \end{cases}$$

9.2.2 设施的空间公平

首先，通过街道范围内设施与人口的比率初步衡量供需关系。在主城区和城郊地区，供给与人口的比率也有很大的不同。大连市各地区的设施按人口比率的分配差别很大。由于大多数边缘地区和偏远地区的人口规模相对较低，其设施比率也相应较低。体力活动设施的千人占有量大部分地区较低且分布不平衡，但是生活设施分布则较为均衡（图 9-9）。大连市主城区的大部分地区，每 1000 人中有不到一个设施。这些地区绝大多数位于大连市的西北地区，体力活动设施无法很好地服务于这些地区。由人口分布图可知人口密集的街道大多位于城区中部，但公共设施的供应有限。因此，这种设施按人口分布的空间格局导致了体力活动设施的不平衡，未能实现基于人口规模的设施覆盖的最终公平性。在每个行政单元提供适当数量的公共设施，有利于促进人群日常体力活动。服务设施的地理分布应根据人口的集中程度和密度而定，但是用于体育锻炼的场所并没有统一标准衡量。

其次，通过相关性分析检验综合指数和人口需求的对应关系。结果表明虽然设施的综合指数与需求指数之间相关系数为负，但是在 95% 的置信区间内并不显著（$r = -0.144$，$p = 0.383$）。需求程度高的社区获得健康促进设施服务的综合成本较低，但是结果并不能说明设施的分布

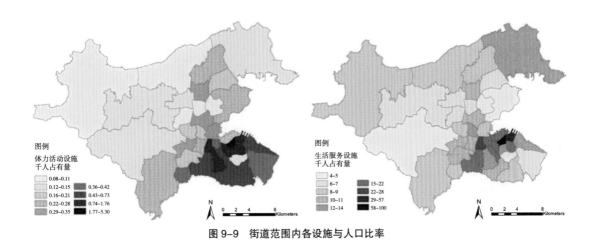

图 9-9　街道范围内各设施与人口比率

能够体现空间公平性。大连市居民需求指数相对来说较为平均，但是设施综合指数波动较大。除却部分街道获得设施服务的便利性较高以外，其他大部分街道设施综合指数分布较为平均（图 9-10）。本书供需指标数值仅代表平均趋势，供需关系达到何种配比才可以满足居民日常健康生活需求没有统一标准，还有待进一步研究。

　　空间公平指标的确定还存在一定限制。可达性的公平通常是基于最近的设施进行计算而不是居民更喜欢使用的地方。[21] 本书没有区分居民喜好的设施和最近设施，并且没有考虑设施的特征和利用率，因为设施利用率的数据很难连续并且可靠。[22] 场所的特征，例如公园广场的面积和娱乐设施在满足公众娱乐需求方面也非常重要。如果娱乐场所设施丰富，公众参与娱乐活动的人数就会增加。[23]

　　首先，体力活动设施有利于促进居民参与体力活动。室外的活动场地时常会有空气污染等困扰，室内场地则有效规避空气和天气等不可控因素。其次，居民的健身意识逐渐增强。现代化传媒方式有着良好的普及率，公共宣传教育使得大家愿意进行体育锻炼。最后，当下很多健身工作室和体育教学场所等的兴起也增加了居民日常进行体力活动的机会。随着健康城市研究

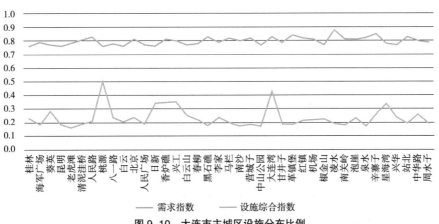

图 9-10　大连市主城区设施分布比例

的日益精细化，促进人群健康的场所与环境的研究越来越有意义。体力活动设施的空间分布和公平性研究作为促进健康生活相关研究的基础。合理的空间规划，辅助相应的政策支持，为体力活动融入日常生活提供物质基础。

9.3 数据获取方法

9.3.1 个体数据获取

1.方法选择

个体数据获取的方式有很多，基于传统社会调查的问卷法、基于 GPS 的物理跟踪、通过移动通信设备和健康应用软件数据等（表 9–3）。基于定位设备物理跟踪的行为轨迹不能区分活动类型。手机信令数据可以较好地反映人们的时空间行为，但是不能区分行为类型。健康应用软件可以准确地获取人群健康与运动数据，但是只能聚焦特定的使用软件的人群。基于新兴移动设备的数据可以大规模精准地获取个人信息，但是无法获得居民对环境的认知与评价。综上分析，研究依然采用社会调查问卷的形式获取居民的主观评价数据。科学地将基于现场调查的认识论大量应用于建筑科学、环境行为研究、城市设计与城市规划研究，以及其他基于现场调查的研究。

随着互联网的普及，无纸化调查可以提供成本效益和及时研究的机会。研究初期调研计划通过多阶分层抽样选定样本社区，在特定环境内进行配额抽样。结果发现定点发放问卷进行面对面采访的效果并不理想。很多受访者以应付差事的心态对待量表题目，统一选择同意或者不同意等消极答案，并且对于部分涉及个人隐私的题目放弃作答。对比发现，网络问卷答题者都是主观选择答题，参与意愿强烈，完成度良好。出于成本与回应率等多方考虑，研究最终选择网络问卷的形式获取个人信息。

网络调查有自身的优势。网络调查中没有真人采访者有其明显的优势，尤其是在研究涉及很多私人信息时。当受访者不需要担心印象管理和采访调查人员如何判断他们的回答时，他们更有可能对自己的行为诚实作答。[24]基于网络的调查使人们可以在方便的时候完成调查，并在必要时休息。答题的志愿者参与意愿强烈，回答问题的动机还可以减少计量误差。但是网络调查也存在弊端，例如受访者的自我选择现象。[25]抽样调查需要随机抽取才能对一个群体的特征作出准确的推断。群体中每一个成员被选中的概率是相等的。在基于志愿者的网络调查中，受访者不再是随机选择的，而是由自己选择完成调查，会导致数据的偏差。

研究需要权衡准确度和测量成本。虽然网络调查存在局限和缺点，但仍然有可能获得高质量的数据，例如采用多种方式提高在线调查最终的响应率。[26]设计混合模式调查有助于为研究提供更完整的信息。混合模式调查可以结合多种方式。由于基于概率抽样的在线面板数据仍然很少且相对较新，方法论还不成熟，不同的研究对设计和实施的侧重点不同，目前还不清楚哪种方法最优。[27] 随着该领域研究的不断发展，网络调查的设计和实施可以通过提高其复杂性和可靠性来提高在线收集信息的质量。[28]

个体数据获取方法　　　　　　　　　　　表9-3

方法		评价
社会调查	调查问卷、结构式访问	相对于传统的走访、填问卷的调查形式，目前采用更多的是网络问卷的形式；网络问卷，由于其获取途径的多样，使调查更加简便高效，并且可获取更多的数据量和内容[29]
物理跟踪	PDA 的行为观察，照片和记录，集中访谈等方式方法研究客体行为规律	从早期通过访谈的形式绘制心理地图，到现在通过使用 GPS 平面图分析技术已经成为应用于分析行为现象的主要选择[30]
便携式移动通信设备	手机信令数据（用户 ID、时间戳、基站位置编号、时间类型）	手机信令数据具有动态、连续、城乡空间几乎全覆盖地记录手机持有者的空间位置，且持有率高的特征，可以较好地反映人们总体的时间空间行为规律[31]
	应用软件数据"微信运动"个体运动数据化与社交化的典型代表	例如智能手表、手环、腕带等均可结合手机的使用实现其部分计算以及记录功能，在采集个体数据的同时也能通信，并通过 App 实现更多功能；同时，与可穿戴设备绑定的智能手机等设备，将个人健康行为可视化，并进一步社交化。[32] 只有少数知名品牌在研究项目中经常使用，而被彻底验证的更是少之又少[33]

2. 样本容量

样本量的确定对统计分析来说至关重要。样本含量不足则检验效能低，不能排除偶然因素的影响。样本含量过大，试验条件难控制且成本过高。样本量与总体中单位间的变异程度和允许的误差相关。给定置信区间、置信水平，但不知道标准差的情况下估算样本量可以通过估计总体比例的方式选择合适的样本容量。本研究选择经典的 Cochran 公式计算样本量（式 9-4）。[34] 该公式被认为特别适用于人口众多的情况。Cochran 公式允许在给定期望的精度水平、期望的置信水平和属性在总体中所占的估计比例的情况下，计算理想的样本大小。

$$n=\frac{Z_{a/2}^2 p\,(1-p)}{E^2} \qquad (9-4)$$

式中　n——样本量；

　　　Z——置信区间（Z value，1.96 for 95% confidence level）；

　　　p——具有相关属性的人口估计比例；

　　　E——置信水平（Confidence Interval），也可以看作误差幅度。

p 的取值无法确定时，用 $p(1-p)$ 的最大可能值代替实际的 $p(1-p)$，这个近似计算出的样本量比实际所需的样本量一般要大，只有当 p 接近 0.5 时，样本量的计算结果才是精确的。本书设定置信水平 95%，最大允许误差为 4% 时，所需要的样本量为 600 份。

3. 抽样误差

本书在抽样过程中设置了多种方式来提高数据质量。抽样误差产生的原因主要有调查设计过程的问卷设计问题和抽样框误差。网络问卷抽样的最大影响因素就是目标总体与抽样框之间的差距。首先，为了尽量降低抽样误差，研究在调查问卷设计方面完全选用了已经发展成熟的问卷量表，保证问卷部分的误差最小。其次，将研究总体限定为网络可获得性较好的城市主城区的白领成年人。没有考虑特殊年龄层和可能无法接触网络的城市偏远地区人群，尽量减少自我选择误差。将地理区域限定在主城区，物质环境和社会经济环境差异相对较小。总体的变异程度越小，抽样误差越小。再次，在抽样数据的整理过程也通过多种方法来尽量减少误差。详细内容在第 9.3 节数据清洗部分展开说明。

研究获取的样本受限于抽样方法和样本容量，并不能绝对精确地推断总体特征。但是本书中网络调查获取样本用于探索大连市主城区社区环境与健康相关结果的关联具有可行性。

9.3.2 实证调研内容

研究对象为主城区范围内公众个体的行为和健康。符合条件的参与者是年龄在 22~64 岁之间的成年人，要求其在社区生活至少一年。根据世界卫生组织（WHO）的建议，65 岁以上的老年人活动标准与成年人有一定差异。[35]18 ~ 22 岁的大学生没有包含在内，❶ 因为他们倾向于在校园里或在其他城市生活。个人信息通过在主城区内发放网络问卷调查，网络问卷的传播途径包括新媒体与移动通信设备（微博与微信公众号）。鉴于调研方法限制，调研针对的人群主要为可以使用手机的白领阶层，无法应用网络的人群没有被包含在内。但是当下移动通信设备的普及，在主城区范围内生活的成年居民基本上都可以使用网络，并且有作为受访者被抽样的概率。

问卷调查在 2018 年 7 至 8 月间进行。东北地区冬季的寒冷天气会影响居民日常外出，且春秋季节由于滨海季风气候常有大风天气，也在一定程度上会影响居民外出。问卷选择在夏季进行，没有考虑其他季节与气候对人们日常活动的影响。

调研问卷获取的内容包括三个方面，个人信息、健康结果、社区环境。个人信息包括年龄、性别、教育程度、经济水平、私家汽车拥有率。所有社会人口特征被认为是潜在的调节因素。抽样调查评估的健康相关结果包括三方面内容：自我报告的健康状况，体力活动和健康指标。社区环境适宜性调查（NEWS-A）的中文版本将用于获得个人对社区环境的评价。此外，量表还添加了社会环境因素，社会环境包括社会交往与社会活动。

最终回收问卷 890 份。通过缺失值、异常值和错误值处理，并着重剔除对于体力活动时间不确定的样本和提供无效地址的样本，无效地址包括无法进行地理编码和地理坐标超出主城区

---

❶ 注释：该地区 18~22 岁非大学生人口由于基础数据限制并没有进行特殊区分。

4 个行政区范围。最终通过信度和效度检验良好的有效问卷数 649 份。详细的数据清洗过程在第 9.4 节进行解析。

9.4　数据整理方法

9.4.1　数据清洗

前期的数据处理是保证数据质量的关键步骤。本书通过 4 个步骤对数据进行筛选。包括缺失值分析、异常值处理、错误值的处理、样本检测。

1. 缺失值分析

网络问卷设置环节设定只有完成所有题目才可以提交。保证回收问卷的完整性。

2. 异常值处理

问卷初步清洗通过剔除不符合常规或正常逻辑的数据。第一步，根据年龄设置选项剔除了 22 ~ 64 岁以外的个体。第二步，根据身高体重计算 BMI，剔除乱写乱填超出合理范围的个体。第三步，根据具体的问题剔除体力活动时间不合格的个体。国际体力活动问卷中体力活动水平的数据清理和异常值剔除原则要求：假定每次至少连续 10min 的体力活动才能获得健康收益，如果个体报告的某个强度的体力活动每天累计时间不足 10min，则将该时间和对应的每周频率重新编码为零。本书通过问卷设置排除对体力活动时间不确定的个体。有 3 道问题设置了不确定选项：①"在参与强有力的身体活动那些天您花多少时间活动"；②"在参与适度的身体活动那些天您花多少时间活动"；③"在步行的那些天您花多少时间活动"。只有确定活动时间的受访者才能进入下一个题目，否则结束答题，样本作废。

3. 错误值的处理

根据问卷中填写的地址进行反向地理编码。第一步，剔除地址乱填无法进行编码的个体。第二步，对所有反向地理编码的数据进行空间加载，在 ArcGIS 软件中剔除研究区域以外的个体。

4. 样本检测

以上三步保证每一个样本数据包括有效并确定的体力活动时间和频次；正确的体重指数；有效的地理位置。最后，对上一环节有效的样本量表题目部分进行信度和效度的检验。

9.4.2　数据检验

数据检验包括了针对量表题目的信度和效度检验，针对因变量的正态性检验。信度分析用于研究定量数据的可靠准确性。效度研究用于分析研究项是否合理且有意义。因变量数据的类型是整个模型构建的关键，正态性检验是统计判决中重要的一种拟合优度假设检验。

1. 信度检验

对问卷量表整体进行可信度的分析。对数据进行 Bartlett 球形检验和 KMO 值分析（表 9–4）。结果显示，信度系数值为 0.814，大于 0.8，因而说明研究数据信度质量高。针对"CITC 值"，"坡度大步行困难"和"步行到目的地有障碍"，"汽车占用人行道"和"草坪占用人行道"，以及"车流量大"对应的 CITC 值小于 0.2，说明它们与其余题项的关系较弱，需要重新调整。

信度分析结果

表9–4

名称（简略）	校正项总计相关性（CITC）	项已删除的 α 系数	Cronbach α 系数
商店步行可达	0.378	0.807	
目的地轻易到达	0.451	0.803	
公交站步行方便	0.336	0.809	
交叉口很近	0.327	0.809	
步行路径选择多	0.388	0.806	
坡度大步行困难	0.031	0.823	
没有死胡同	0.23	0.814	
步行到目的地有障碍	0.132	0.818	
汽车占用人行道	–0.04	0.828	
草坪占用人行道	0.016	0.824	
夜间照明良好	0.449	0.804	0.814
看见步行的人	0.495	0.803	
行道树多	0.545	0.8	
有意思的事物	0.57	0.798	
建筑漂亮	0.588	0.796	
存在自然风景好	0.506	0.8	
车流量大	0.018	0.823	
机动车车速慢	0.396	0.806	
治安良好	0.455	0.805	
丰富活动	0.597	0.796	
容易相处	0.529	0.801	
邻居聊天	0.461	0.803	

注：详细的量表题目见附录 F。

2. 效度检验

效度研究用于分析研究项是否合理且有意义。对数据进行 Bartlett 球形检验和 KMO 值分析，结果显示通过检验，样本数据适合因子分析。采用主成分分析法对数据进行探索性因子分析，结果表明有 5 个公共因子对整体问卷有解释。所有问卷量表的综合信度大于 0.8，但是有题项的共同度低于 0.3。删除组成不稳定结构的题项，同时在 2 个公因子中荷载超过 0.5 的题项。最终删除死胡同这一题项后，重新整理题项再次进行效度校验（表 9-5）。所有研究项对应的共同度值均高于 0.4，且 KMO 值为 0.801，大于 0.6，说明研究项信息可以被有效地提取，数据具有效度。

同时，根据因子荷载矩阵确定居民主观评价的环境共有 5 个维度，可达性和连接性（因子 2），步行环境（因子 5），人行道环境（因子 3），环境美观（因子 1），安全（因子 4）。研究结果与预期设定基本相符，只有步行环境这一项格外分出人行道环境和环境美观两项。5 个维度的环境要素作为感知环境在后续分析中进行应用。

效度分析结果　　　　　　　　　　　表9-5

	因子载荷系数					共同度
	因子 1	因子 2	因子 3	因子 4	因子 5	
商店步行可达	0.066	**0.704**	0.021	0.171	−0.031	0.531
目的地轻易到达	0.15	**0.774**	−0.111	0.046	0.046	0.638
公交站步行方便	0.043	**0.694**	0.128	0.17	−0.251	0.592
交叉口很近	−0.03	**0.725**	0.081	0.145	0.047	0.556
步行路径选择多	0.214	**0.708**	−0.045	−0.115	0.043	0.564
坡度大步行困难	−0.081	−0.118	0.256	0.315	**0.674**	0.64
步行到目的地有障碍	0.16	0.069	0.347	−0.156	**0.717**	0.69
汽车占用人行道	−0.1	−0.01	**0.823**	0.042	0.038	0.691
草坪占用人行道	−0.018	0.034	**0.813**	−0.09	0.212	0.716
夜间照明良好	**0.625**	0.205	−0.079	0.085	−0.102	0.456
看见步行的人	**0.446**	0.196	0.24	0.449	−0.358	0.625
行道树多	**0.683**	0.111	−0.056	0.296	−0.138	0.589
有意思的事物	**0.774**	0.133	0.027	0.048	−0.007	0.619
建筑漂亮	**0.838**	0.036	−0.148	0.074	0.167	0.758
有自然风景	**0.779**	−0.059	−0.193	0.138	0.17	0.695
车流量大	0.163	−0.023	−0.633	0.043	−0.119	0.444
机动车车速慢	0.189	0.178	−0.212	**0.635**	0.267	0.587
治安良好	0.263	0.162	−0.007	**0.697**	−0.062	0.585
KMO 值	0.801					—
巴特球形值	2287.768					—
df	153					—
p 值	0					—

3. 正态性

利用观测数据判断总体是否服从正态分布，是统计判决中重要的一种拟合优度假设检验。检验数据是否正态分布有很多种方法，图示法、统计检验法、描述法等。统计检验法对于数据的要求最为严格，而实际数据由于样本不足等原因，即使数据总体正态，但统计检验出来也显示非正态，因而一般情况下使用图示法相对较多，只要正态性情况在一定可接受范围内即可。

通过正态图直观展示数据特征情况，观察数据的正态分布特性。对因变量数据进行图示化处理，发现体重指数、归属感，以及感知环境总分都符合正态分布（图9-11），但是体力活动不太符合正态分布。为保证后续模型的建立，对体力活动时间进行数据变换以符合正态性。一般来说取对数，开根号等处理只会改变数据的相对值，而数据的相对意义并不会改变，详细见第9.4.3节。

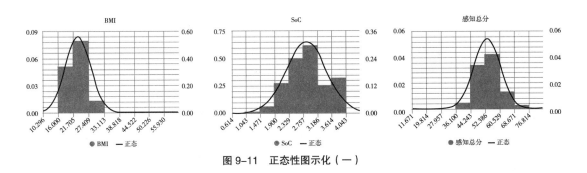

图9-11　正态性图示化（一）

9.4.3　数据变换

1. 数值变换

通常情况下环境与人群健康研究的因变量数据为偏态分布，部分自变量之间存在多重共线性。本书对自变量和因变量分别进行了数值变换。

对自变量进行数据变换。首先，负面评价的题项进行反向编码以配合余下的项目。负面题项包括：①社区附近交通流量较大；②社区地理环境坡度较大；③步行出行有障碍阻隔；④人行道被停泊的汽车占用；⑤人行道被垃圾或者草坪占用。其次，对具有共线性的变量进行合并计算。根据感知环境的旋转方差矩阵对题项进行合并。最终主观感知的环境要素包括可达性与街道连接、步行障碍（坡度和障碍物）、步行道环境（汽车和草坪占用人行道）、美观（照明、行人、行道树、建筑美观、自然风景、有趣的事物）和安全（车速慢、治安好）。社会环境包括社会活动和社会交往。最后，所有自变量通过计算 z 值进行标准化处理。

对因变量进行数据变换。对于3种形式的体力活动（高强度、中强度和步行）进行总时间的计算，将活动频次乘以给定活动报告的小时范围的中点（例如，30~45min=37.5min）。由于其偏态分布形式，遂对最终的计算值进行对数变换。对数变换以后的正态图显示正态性可以进行分析（图 9-12）。

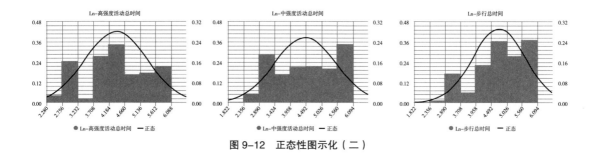

图 9-12　正态性图示化（二）

2. 坐标系变换

本书研究的数据来源包含了不同的坐标体系，坐标体系的统一是空间数据分析的前提。研究对地理数据的处理为统一到国际通用地理坐标系——WGS84 坐标系（地球坐标系），然后转换为投影坐标系。本书采用 UTM 投影坐标系，大连所在的分度带是 Zone51 N。对所有地理坐标系进行统一以后，投影到 UTM 投影坐标系进行深入的分析。

此外，研究应用地理配准（针对栅格文件）和空间校正（针对矢量文件）工具对多源数据进行进一步对准。因为不同地理坐标系之间的转换不是绝对精准，尤其是我国对北京 54 和西安 80 到 WGS84 的转换参数进行了加密。本书的数据获取于 2018 年，彼时获取资源的坐标系基本上都是西安 80 坐标系，并不是我国当前最新的 2000 国家大地坐标系。本书由百度地图获取的 POI 数据点为百度坐标系，将转为 WGS84 坐标进行分析。其他由国际资源渠道获取的数据均为地球坐标系，包括 Open Street Map、谷歌地图、LANSAT 卫星图像。

9.4.4　分析方法

本小节主要针对问卷数据进行分析，包括描述性和推断性分析。

描述性分析计算数据的集中性特征和波动性特征。分析内容包括：①样本人群个体基本情况，自我报告的健康结果，不同个体间的健康差异；②样本人群体力活动与健康结果的基本情况；应用多重响应分析描述多分类变量，即自我报告的健康结果。

推断性分析检验不同个体特征之间对体力活动和健康结果是否有显著差异。分析内容包括：①不同个体与体力活动和健康结果的差异：通过单因素方差分析定类数据与定量数据之间的关系情况；②体力活动与健康结果的关联：通过相关性检验分析体力活动和健康指标的关联，通过二元逻辑回归分析体力活动与自我报告的健康结果间的差异。

9.5 健康数据分析

9.5.1 个体差异

检验不同个体间自我报告的健康状态的差异。不同个体差异通过多重响应分析探索多选题各项的选择比例情况。结果显示，只有收入与自我报告的健康结果显示显著性，拟合优度检验呈现出显著性（chi=775.517，p=0.000<0.05），各项的选择比例具有明显差异性。收入在3000~5000阶层的居民，心理问题最为突出。收入越高，相对而言，心理健康状况越好（图9-13a）。心理健康的响应率和普及率差异最大。心脑血管疾病和血糖血压等差异并不大。

其次，女性的心理状况不佳的人群比例高于男性，男性血糖血压亚健康的人群比例高于女性（图9-13b）。年纪越大身心健康的比例越小，33~43岁人群心理亚健康比例最高（图9-13c）。年纪越大的人心脑血管疾病越多，但是血糖血压亚健康比例最高的是33~54年龄区间。进一步对性别和年龄进行交叉表分析（表9-6）。女性的心理健康问题在所有年龄段都比较突出，22~43岁的男性心理健康问题比年纪大的群体要突出。样本结果符合常规认知，女性心思细腻容易多愁善感，男性食品喜好与不良饮食等容易引起血糖血压亚健康。心理亚健康的比例远超于预期，居民的心理健康状态同样需要关注。学历并没有特别明显的差异趋势，学历在初中及以下的居民和本科硕士心理亚健康比例高，高中和大专学历的人群心理健康状况稍好。

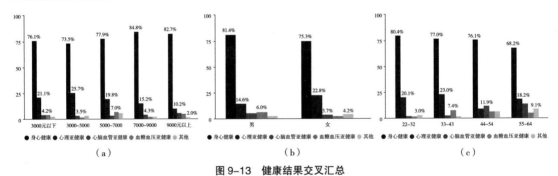

图9-13 健康结果交叉汇总
（a）收入与健康结果交叉汇总；（b）性别与健康结果交叉汇总；（c）年龄与健康结果交叉汇总

自我报告健康状态、年龄、性别交叉表   表9-6

	22 ~ 32		33 ~ 43		44 ~ 54		55 ~ 65	
	男	女	男	女	男	女	男	女
身心健康	83%	78%	82%	73%	79%	74%	73%	64%
心理亚健康	16%	24%	17%	29%	9%	9%	9%	27%
心脑血管亚健康	3%	1%	3%	2%	12%	12%	9%	18%
血糖血压亚健康	2%	1%	13%	2%	3%	9%	9%	0
其他	3%	3%	0	3%	6%	6%	0	18%

9.5.2　体力活动

1.体力活动与健康结果

通过相关性分析发现体力活动对自我报告的健康结果有显著影响。其中，中强度活动的时间和频次，步行时间对心理健康有显著影响。通过二元逻辑回归模型进一步探索（表 9-7）。首先，中强度活动频次会对心理亚健康产生显著的负向影响关系（$z=-2.274$，$p=0.023<0.05$）。中强度活动时间会对心理亚健康产生显著的负向影响关系（$z=-1.973$，$p=0.049<0.05$）。其次，步行时间会对心理亚健康产生显著的负向影响关系（$z=-2.173$，$p=0.030<0.05$）。可见，体力活动有助于良好心理健康状态，虽然影响比较微弱。

二元LOGIT回归分析结果汇总 表9-7

项	回归系数	标准误	z 值	p 值	OR 值	OR 值95%CI
中强度活动频次	-0.216	0.095	-2.274	0.023	0.806	0.669，0.971
截距	-0.908	0.263	-3.452	0.001	0.403	0.241，0.675

注：因变量：心理亚健康　R Pseudo R^2：0.014

项	回归系数	标准误	z 值	p 值	OR 值	OR 值95%CI
中强度活动时间	-0.093	0.047	-1.973	0.049	0.912	0.831，0.999
截距	-1.364	0.132	-10.312	0.000	0.256	0.197，0.331

注：因变量：心理亚健康　R Pseudo R^2：0.010

项	回归系数	标准误	z 值	p 值	OR 值	OR 值95%CI
步行时间	-0.243	0.112	-2.173	0.030	0.784	0.630，0.976
截距	-0.966	0.250	-3.870	0.000	0.381	0.233，0.621

注：因变量：心理亚健康　R Pseudo R^2：0.013

2.体力活动总体水平

对体力活动时间进行描述性分析（表 9-8），研究发现只有 40% 左右的人群可以满足建议的活动水平。WHO 建议 18~64 岁成年人每周至少 150min 中等强度有氧活动，每周至少 75min 高强度有氧活动，或中高强度两种活动相当量的组合来促进身体健康。

此外，计算个体每周体力活动水平（MET-min/w）。对于 IPAQ 短卷，个体每周从事某种强度体力活动水平为：该体力活动对应的代谢当量（MET）赋值 × 每周频率（d/w）× 每天时间（min/d）。3 种强度体力活动水平相加即为总体力活动水平。IPAQ 短卷中步行的 MET 赋值为 3.3，中等强度活动的赋值为 4.0，高强度活动的赋值为 8.0。体力活动对健康的益处主要取决于每周因体力活动而消耗的总能量。从科学的角度来看，每周保持最少 500~1000 的 MET-min 对成年人的健康有益，超过这个范围的活动量会带来更多的好处。产生健康益处所必需的体力活动的量还不能以高度精确的方式确定，这个数字因健康益处的不同而有所不同。[36] 代谢当量的描述性分析结果显示（表9-9），约75%的人群都可以达到最低标准。

体力活动时间 表9-8

活动时间	高强度大于75Mean（SD）	中强度大于150Mean（SD）	两者 Mean（SD）
占总体比例 / 有效百分比（%）	24.8/64	28.2/28.2	40.8
高强度总时间	206（118）	148（145）	151（134）
中强度总时间	183（143）	289（94）	220（127）
步行总时间	195（141）	241（136）	211（136）
BMI	23.60（3.93）	23.62（4.41）	23.54（3.98）
SoC	2.98（0.59）	2.94（0.59）	3.1（0.55）

代谢当量值 表9-9

	均值	标准差	最小值与最大值	百分位数		
MET	1533	1434	33，6426	519	1084	2034

3. 体力活动总时间差异

单因素方差分析结果显示，性别、年龄和私家车拥有率对体力活动总时间有显著影响（表9-10）。男性的高强度活动时间均值高于女性。年龄越大中高强度的活动时间越长。拥有私家车的人群中强度活动总时间均值越高。拥有私家车可能会增加到达可以促进体力活动的场所的便利性。

单因素方差分析结果 表9-10

特征（百分比）	高强度活动 Mean（SD）	F / p	中强度活动 Mean（SD）	F / p	步行 Mean（SD）	F / p
性别						
男（48）	93（125）	11.90	116（133）	2.86	155（135）	0.037
女（52）	58（92）	**0.001**	96（117）	0.091	152（120）	0.848
年龄						
22～32岁（48）	62（96）	3.32	82（112）	5.96	153（125）	1.13
33～43岁（29）	72（110）	**0.006**	103（121）	**0.000**	142（128）	0.346
44～54岁（16）	96（125）		156（142）		163（129）	
55～65岁（7）	112（108）		163（129）		166（123）	
月税后收入						
3000元及以下（17）	68（115）	1.50	98（140）	1.20	148（137）	0.133
3000～5000元（27）	70（106）	0.20	96（124）	0.313	162（131）	0.97
5000～7000元（21）	59（92）		96（114）		158（132）	
7000～9000元（11）	105（124）		117（118）		154（134）	
9000元及以上（24）	79（115）		128（134）		155（115）	

续表

特征（百分比）	高强度活动 Mean（SD）	F p	中强度活动 Mean（SD）	F p	步行 Mean（SD）	F p
教育背景						
初中及以下（2）	48（118）	0.77	66（156）	0.69	96（94）	1.67
高中（6）	90（141）	0.54	80（105）	0.59	122（132）	0.16
大专（9）	71（111）		125（137）		157（131）	
本科（45）	81（120）		109（131）		163（133）	
硕士及以上（38）	63（89）		104（122）		158（122）	
私家车						
没有（40）	63（102）	3.52	93（122）	3.88	170（132）	1.25
拥有（60）	80（114）	0.061	116（130）	**0.050**	148（126）	0.26

4. 活动频次和时间差异

进一步分析，不同个体间的活动频次和时间差异。

描述性分析图表，如图 9-14 所示。性别对于不同活动时间和频次差异不大，只有高强度活动频次和时间方面，男性高于女性。年龄对不同的活动时间和频次有显著差异。如图 9-14 可见，基本上年龄越大活动的频次和时间越长。年龄样本对于共 5 项结果呈现出显著性。年龄样本对于高强度活动频次（$F=3.934$，$p=0.009$），中强度活动频次（$F=6.387$，$p<0.001$），中强度活动时间（$F=4.965$，$p=0.002$），步行时间（$F=7.454$，$p<0.001$），单次步行时间（$F=6.843$，$p<0.001$）有差异性。

收入仅对于高强度活动时间呈现出显著性（$F=2.68$，$p=0.03$）。收入在 7000~9000 元区间的居民活动频次和时间与其他收入居民有明显的不同，步行频次与时间相对较低，其他活动时间与频次较高。

学历对于单次步行时间呈现出显著性（$F=3.49$，$p=0.01$），具体对比差异可知，高中 / 中专学历在所有活动频次和时间里差异性最突出。

私家车对于步行频次呈现出 0.01 水平显著性（$F=10.28$，$p=0.00$），以及具体对比差异可知，没有车的平均值（4.09），会明显高于有车的平均值（3.67）。

9.5.3　健康结果

1. 总体特征

健康指标与自我报告的健康状态有显著关联（表 9-11）。体重指数和高血压、高血糖显著相关，社区归属感与自我报告的心理健康显著相关。总体上，大部分的居民身心健康，但是有高达 19% 的居民选择了心理亚健康状态。这一指标远远高于心脑血管与高血压的常见慢性病，可见居民心理健康也是非常值得关注与重视的。心脑血管亚健康和血糖血压亚健康的人群相当，略微高于罹患其他类型疾病的人群，可见此类慢性病依然是困扰居民健康的常见疾病。

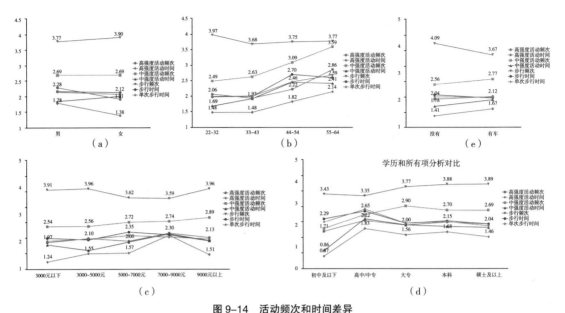

图9-14　活动频次和时间差异

（a）性别对活动频次和时间差异；（b）年龄对活动频次和时间差异；（c）收入对活动频次和时间差异；

（d）学历与结果差异；（e）私家车与结果差异

BMI和SOC与自我报告的健康结果的相关性　　　　　　　　　表9-11

	身心健康	心理亚健康	心脑血管亚健康	血糖血压亚健康	其他
BMI	−0.087	**−0.045**	**0.104****	**0.237****	−0.033
SoC	0.063	**−0.094***	0.035	0.018	−0.059

注：*p<0.05，**p<0.01。

健康指标的描述性分析发现体重指数的均值和中位数都在正常范围，社区归属感均值略小于中位数总体评价较好（表9-12）。具体的，我国居民体重肥胖的分类标准与世界卫生组织给出的范围略有不同。根据中国标准，[37] 研究发现居民体重肥胖（BMI ≥ 28）人群只有7.5%，相比较而言低于国民平均水平 [38]❶。但是体重过重（24 ≤ BMI < 28）人群高达36%。体重过重的人群患高血压的危险是正常体重者的3~4倍，患糖尿病的危险是体重正常者的2~3倍，而体重肥胖的人群罹患疾病的风险更高。

健康结果描述分析　　　　　　　　　表9-12

名称	方差	中位数	标准误	均值95%CI	IQR	峰度	偏度	变异系数（CV）
BMI	18.847	22.490	0.249	22.388，23.366	4.750	11.445	2.465	18.977%
SoC	0.396	3.000	0.036	2.951，3.092	1.000	0.061	−0.222	20.829%

❶　目前国内缺乏关于肥胖率年龄界定的统一标准与权威参考数据，参考文献中成年人年龄界定（20~59岁）与本文调查人群略有出入。

此外，研究发现社区归属感与所有体力活动总时间正相关。

2. 差异分析

利用方差分析去研究个体因素对于 BMI 和 SoC 的差异性。总体上，性别、年龄、教育背景和私家车拥有率都对体重指数有显著影响（表 9–13）。具体的，男性的 BMI 均值高于女性，且高于正常值（BMI = 18~24），处于过重状态。年龄越大的人群体重指数均值越高。学历在高中及以下的人群体重过重。学历在高中以上的人群，学历越高体重指数越低。拥有私家车的人群体重均值也比没有车辆的人群要高。

此外，不同收入样本对于社区归属感全部均呈现出显著性差异。收入对社区归属感有显著影响。5000~7000 元收入人群社区归属感最低，7000 元以上，收入越高归属感越强，5000 元以下收入越低归属感越强。

单因素方差分析结果

表9–13

	特征（百分比）	BMI Mean（SD）	F / p	SoC Mean（SD）	F / p
性别	男（48）	24.5（4.3）	28.4	3.06（0.60）	1.07
	女（52）	22.1（4.9）	**0.000**	2.99（0.63）	0.302
年龄	22 ~ 32 岁（48）	22.3（3.6）		2.98（0.62）	
	33 ~ 43 岁（29）	24.1（6.1）	4.10	3.01（0.65）	1.73
	44 ~ 54 岁（16）	24.3（5.4）	**0.001**	3.18（0.56）	0.126
	55 ~ 65 岁（7）	25.1（2.8）		3.00（0.67）	
月税后收入	3000 元及以下（17）	23.3（5.9）		3.12（0.63）	
	3000 ~ 5000 元（27）	22.4（3.9）		2.93（0.57）	
	5000 ~ 7000 元（21）	23.7（5.1）	1.20	2.90（0.68）	3.13
	7000 ~ 9000 元（11）	23.4（5.7）	0.31	3.10（0.57）	**0.015**
	9000 元及以上（24）	23.7（3.8）		3.15（0.59）	
教育背景	初中及以下（2）	25.4（9.6）		3.14（1.12）	
	高中（6）	26.6（9.2）		3.12（0.58）	
	大专（9）	23.7（4.1）	4.46	3.09（0.64）	1.03
	本科（45）	22.2（4.4）	**0.002**	3.06（0.64）	0.390
	硕士及以上（38）	23.2（3.8）		2.95（0.56）	
私家车	没有（40）	22.7（4.8）	4.16	3.00（0.61）	1.53
	拥有（60）	23.6（4.7）	**0.042**	3.05（0.62）	0.217

9.5.4　感知评价

所有个体要素中，只有不同性别样本对于主观的感知评价总分全部呈现出显著性差异。性别对于感知总分呈现出 0.05 水平显著性（F=4.23，p=0.04），男性的平均值（54.06），会明显高于女性平均值（52.56）。

对样本的其他项，年龄、学历和收入对环境感知的差异进行描述分析（图 9-15），学历在

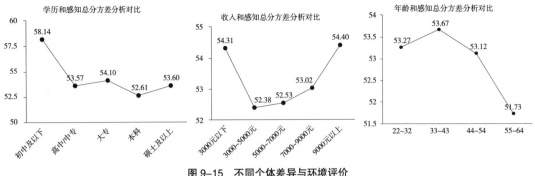

图 9-15　不同个体差异与环境评价

初中及以下的人对环境感知总分越高，其他学历的居民差异不大，初中学历和本科学历的感知总分差值在所有个体特征中差值最大。收入在 3000 元以下和 9000 元以上的人对环境评价高，3000~5000 元收入的居民评价最低。55~64 岁的居民对环境感知评分最低，其余年龄段差异不大。

个人对不同社会环境的感知评价差异中，只有收入显示出显著差异（$F=2.504$，$p=0.042$）。相对而言，收入越高对社会环境评价越好。

9.6　本章小结

本章首先介绍大连市空间特征，大连市具有特殊的丘陵地势和良好的自然资源，但是城市空间和路网特征在不同地区并不均衡。同时，大连市体力活动设施的供需关系不平衡。体力活动设施的千人占有量大部分地区较低且分布不平衡，但是生活设施分布则较为均衡。除却部分街道获得设施服务的便利性较高以外，其他大部分街道设施综合指数分布较为均衡。体力活动设施的空间分布和公平性研究，对大连市社会资源公平性方面的研究作出补充。

其次，本章重点分析个体数据的获取方法，数据清洗（缺失值、异常值、错误值、样本检测），数据检验（信度、效度、正态性），以及数据变换（数值变换、坐标系变换）来保证数据的质量。同时，对于问卷数据进行描述性和推断性分析。

研究发现，在个人差异层面：其一，只有收入与自我报告的健康结果显示显著性，收入越高心理健康状况越好。总体上，年纪越大身心健康比例越小。女性的心理状况不佳的人群比例高于男性。男性血糖、血压、亚健康的人群比例高于女性。其二，通过相关性分析发现体力活动对自我报告的健康结果有显著差异。中强度活动的时间和频次，步行时间对心理健康有正向影响。

在体力活动特征层面：只有 40% 左右的人群可以满足国际卫生组织（WHO）提出的体力活动要求。约 75% 的人群都可以达到最低标准的代谢当量（每周保持最少 500~1000 的 MET-min）。性别、年龄和私家车拥有率对体力活动总时间有显著影响。男性的高强度活动时间均值高于女性，年龄越大中高强度的活动时间越长，拥有私家车的人群中强度活动总时间均值越高。此外，社区归属感与所有体力活动总时间正相关。

在健康结果层面：健康指标与自我报告的健康状态有显著关联。体重指数和高血压、高血糖显著相关，社区归属感与自我报告的心理健康显著相关。性别、年龄、教育背景和私家车拥有率都对体重指数有显著影响。

本章对健康相关结果作了总体性评价，研究结果验证了心理健康和情感因素在健康研究中的重要性。研究样本中有高达 19% 的居民选择了心理亚健康状态，这一指标远远高于心脑血管与高血压类常见慢性病。在环境空间的优化以外，如何改善心理健康同样值得关注。

本章参考文献

[1] Godbey G C, Caldwell L L, Floyd M, et al. Contributions of Leisure Studies and Recreation and Park Management Research to the Active Living Agenda[J]. American Journal of Preventive Medicine, 2005, 28（2 Suppl 2）：150–158.

[2] Eriksson U, Arvidsson D, Sundquist K. Availability of Exercise Facilities and Physical Activity in 2,037 Adults：Cross-sectional Results from the Swedish Neighborhood and Physical Activity（SNAP）Study[J]. Public Health, 2012；12（1）：1.

[3] Kim Y, Kosma M. Psychosocial and Environmental Correlates of Physical Activity Among Korean Older Adults[J]. Research of Aging, 2012, 35（6）：750–767.

[4] Powell L M, Slater S, Chaloupka F J, et al. Availability of Physical Activity–related Facilities and Neighborhood Demographic and Socioeconomic Characteristics：A National Study[J]. American Journal of Public Health, 2006, 96（9）：1676–1680.

[5] Halonen J I, Stenholm S, Kivimäki M, et al. Is Change in Availability of Sports Facilities Associated with Change in Physical Activity？A Prospective Cohort Study[J]. Preventive Medicine, 2015, 73：10–14.

[6] Lee S A, Ju J Y, Lee J E, et al. The Relationship between Sports Facility Accessibility and Physical Activity among Korean Adults[J]. Public Health, 2016, 16（1）：893.

[7] Eriksson U, Arvidsson D, Sundquist K. Availability of Exercise Facilities and Physical Activity in 2,037 Adults：Cross-sectional Results from the Swedish Neighborhood and Physical Activity（SNAP）Study[J]. Public Health, 2012, 12（1）：1.

[8] Ranchod Y K, et al. Longitudinal Associations between Neighborhood Recreational Facilities and Change in Recreational Physical Activity in the Multi–ethnic Study of Atherosclerosis, 2000–2007[J]. American Journal of Epidemiol, 2014；179（3）：335–343.

[9] Equity of Access to Physical Activity Facilities in an English City[J]. Preventive Medicine, 2008, 46（4）：303–307.

[10] Casey R, Chaix B, Weber C, et al. Spatial Accessibility to Physical Activity Facilities and to Food Outlets and Overweight in French Youth[J]. International Journal of Obesity, 2012, 36 914–919.

[11] 黄安，许月卿，刘超等. 基于可达性的医疗服务功能空间分异特征及其服务强度研究——以河北省张家口市为例[J]. 经济地理, 2018, 38（3）：62–71.

[12] 刘正兵，张超，戴特奇. 北京多种公共服务设施可达性评价[J]. 经济地理, 2018, 38（6）：77–84.

[13] 胡海德，赵岩，孔德洋. 长春市文化设施空间公平研究[J]. 东北师大学报（自然科学版）, 2018, 50（2）.

[14] 江海燕，周春山，肖荣波. 广州公园绿地的空间差异及社会公平研究[J]. 城市规划, 2010, 34（4）：43–48.

[15] 余柏蒗,胡志明,吴健平,等. 上海市中心城区公园绿地对居住区的社会服务功能定量分析[J]. 长江流域资源与环境, 2013, 22（7）：871–879.

[16] Dony C C, Delmelle E M, Delmelle E C. Re-conceptualizing Accessibility to Parks in Multi–modal Cities：A Variable-width Floating Catchment Area（VFCA）method[J]. Landscape and Urban Planning, 2015, 143：90–99.

[17] Chen J, Chang Z. Rethinking Urban Green Space Accessibility：Evaluating and Optimizing Public Transportation System through Social Network Analysis in Megacities[J]. Landscape & Urban Planning, 2015, 143：150–159.

[18] Dadashpoor H，Rostami F. Measuring Spatial Proportionality between Service Availability，Accessibility and Mobility：Empirical Evidence Using Spatial Equity Approach in Iran[J]. Journal of Transport Geography，2017，65：44-55.

[19] 曾文，向梨丽，李红波，等. 南京市医疗服务设施可达性的空间格局及其形成机制 [J]，经济地理，2017，37（6）：136-143.

[20] 王慧，黄玖菊，李永玲，等. 厦门城市空间出行便利性及小汽车依赖度分析 [J]. 地理学报，2013，68（4）：477-490.

[21] Higgs G，Fry R，Langford M. Investigating the Implications of Using Alternative GIS-based Techniques to Measure Accessibility to Green Space[J]. Environment & Planning B：Urban Analytics and City Science，2012，39（2）：326-343.

[22] Dahmann N，Wolch J，Joassart-Marcelli P，et al. The Active City？ Disparities in Provision of Urban Public Recreation Resources[J]. Health & Place，2010，16（3）：431-445.

[23] Kara F，Demirci A. Spatial Analysis and Facility Characteristics of Outdoor Recreational Areas[J]. Environmental Monitoring & Assessment，2010，164（4）593-603.

[24] Chang L，Krosnick J A. Comparing Oral Interviewing with Self-administered Computerized Questionnaires：An Experiment[J]. Public Opinion Quarterly，2010，74（1）：154-167.

[25] Blom A G，Gathmann C，Krieger U. Setting Up an Online Panel Representative of the General Population：The German Internet Pane[J]. Field Methods，2015，27（4）：391-408.

[26] Blom A G，Bosnjak M，Cornilleau A，et al. A Comparison of Four Probability-based Online and Mixed-mode Panels in Europe[J]. Social Science Computer Review，2016，34（1）：8-25.

[27] Bosnjak M，Das M，Lynn P. Methods for Probability-based Online and Mixed-mode Panels：Selected Recent Trends and Future Perspectives[J]. Social Science Computer Review，2016，34（1）：1-3.

[28] Hooker C M，Zúñiga H G. The International Encyclopedia of Communication Research Methods[M]. Chapter（Survey Methods，Online），2017.

[29] 风笑天. 现代社会调查方法 [M]. 武汉：华中科技大学出版社，2005.

[30] 叶鹏，王浩，高非非. 基于 GPS 的城市公共空间环境行为调查研究方法初探——以合肥市胜利广场为例 [J]. 建筑学报，2012，（S2）：28-33.

[31] 王德，钟炜菁，等. 手机信令数据在城市建成环境评价中的应用——以上海市宝山区为例 [J]. 城市规划学刊，2015，3（255）：82-90.

[32] 张铮，于伯坤，李府桂，等. 微信运动使用对健康行为的影响：基于计划行为理论分析 [J]. 媒介与社会，2017，6：60-67.

[33] Henriksen A，Haugen Mikalsen M，Woldaregay A Z，et al. Using Fitness Trackers and Smartwatches to Measure Physical Activity in Research：Analysis of Consumer Wrist-worn wearables[J]. Journal of Medicine Internet Research，2018，20：e110.

[34] Cochran W G. Sampling Techniques[M]. Third Edition Boston：John Wiley & Sons.

[35] https：//www.who.int/dietphysicalactivity/factsheet_recommendations/en/.

[36] Nelson M E，Rejeski W J，Blair S N，et al. Physical Activity and Public Health in Older Adults：Recommendation from the American College of Sports Medicine and the American Heart Association[J]. Medicine & Science in Sports & Exercise，2007，8：1435-1445.

[37] 中国肥胖问题工作组. 中国成人超重和肥胖症预防与控制指南（节录）[J]. 营养学报，2004，26：1-4.

[38] Tian Y，Jiang C，Wang M，et al. BMI，Leisure-time Physical Activity，and Physical Fitness in Adults in China：Results from a Series of National Surveys，2000-14[J]. Diabetes Endocrinol，2016，4：487-497.

本章图片来源

图 9-1 ～图 9-15 作者自绘.

表 9-1 ～表 9-13 作者自绘.

第 10 章　建成环境对健康结果的影响

本章研究的问题是建成环境与健康之间的关联，即哪些具体的建成环境要素对体力活动和健康结果有影响，哪些要素又对健康结果的影响起到了主要的作用。本章聚焦的建成环境主要为平面维度视角的建成环境（通过地图数据获取的密度、土地利用、街道连接、坡度等）和自然环境（通过遥感影像数据获取的绿色空间），以及社会维度视角的环境特征（通过主观报告获取的感知环境和社会环境）。

关于如何解释活动行为的决定因素，现有的研究模型包括人口统计学、心理学、环境因素和社会解释变量等。建成环境对体力活动和健康相关结果的影响，在特殊的环境背景下可能略有不同。研究基于以往文献中的实证经验，假设建成环境要素在不同的测量方式下有不同的结果，不同的尺度对结果影响不同，客观建成环境通过与其对应的感知环境作为中介变量影响最后的结果。

本章主要逻辑思路为：首先，检验客观建成环境在不同尺度下对结果的影响；其次，检验主观评价的建成环境对结果的影响；再者，检验多尺度下不同测量方法的差异；最后，在以上研究结果的基础上，建立中介效应模型检验多要素间的交互效应，以感知环境为中介变量。同时，研究加入了社会环境变量，在模型中以社会环境为中介变量或者调节变量，检验客观环境和感知环境对体力活动和健康结果的间接作用。

10.1 环境特征与分析方法

10.1.1 环境特征

大连市主城区4个行政区的社会经济特征在不同地区间的差别，相对其他行政区而言，彼此间差异较小。但是大连市主城区环境在不同地区间差异很大，不同地区有其特有的城市形态特征。其中，中山区属于城市中心区，历史上曾被苏联占领，所以中山广场等地方具有明显的法式以转盘为中心的放射状路网（图10-1a）。但是在中山区的东南部，由于丘陵地势起伏高差，路网沿主路向坡顶延展，居住小区分布在各山涧。这也是大连丘陵地势下的比较常见的居住组团形式（图10-1b）。其二，西岗区为城市次中心区域，在历史上主要由日本占领建设。道路网呈现标准方格网式布局，街道连通性良好，街廓面积较小。商业和居住等用途混合度较高（图10-2）。其三，沙河口区发展建设晚于中山区和西岗区，为大连市居住密度较高的区域，地势较为复杂。囿于高差台壁等因素，路网不成体系。这种连通性较差的居住形态也比较常见（图10-3）。最后，甘井子区为城市近郊区，工业用地较多，同时混合大量居住用地，居住组团规模比较大，大型的居住社区比较常见（图10-4）。

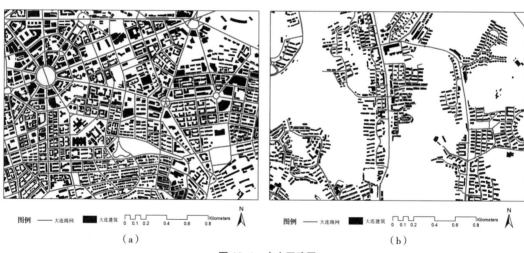

图 10-1　中山区路网
（a）中山区中心地段放射状路网；（b）中山区丘陵地势路网

图 10-2　西岗区方格网路网

图 10-3　沙区居住形式

图 10-4　甘区居住工业混合

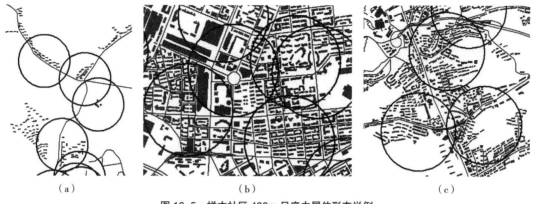

（a）　　　　　　　　　　（b）　　　　　　　　　　（c）

图 10-5　样本社区 400m 尺度内居住形态举例
（a）最小值；（b）最大值；（c）均值

大连市的居住密度并不高，很多在半山坡的居住区有良好的环境和视野。研究样本中的容积率均值为 1.04，最大值为 3.00（表 10-1）。建筑密度最小的一类为偏远山坡上的居住单元。建筑密度较大的区域为主城区商住混合的街廓较为密集的区域。最普遍的居住形态是在小山坡坡地处，依山势而建的居住区（图 10-5）。

样本密度描述性统计分析　　　　　　　　　　表10-1

名称	最小值	最大值	平均值	标准差	中位数
容积率	0.069	3.004	1.039	0.391	1.009
建筑密度	0.006	0.335	0.187	0.069	0.195

社区范围内设施数量分布差异很大（表 10-2）。体力活动设施数量、购物设施、餐饮设施、生活服务、休闲娱乐设施、公交地铁站数量共 6 项的最大值超过平均值 3 个标准差，说明数据波动较大，使用中位数描述整体水平更适合。购物设施和餐饮设施数量较多，且发展相对较为均衡。第 9 章已经对体力活动设施进行了公平性的探索，体力活动设施各个社区内可获得性差异非常大。

样本可达性描述性统计分析　　　　　　　　　　表10-2

名称	最大值	平均值	标准差	中位数	峰度	偏度
体力活动设施数量	23	2.763	3.288	2	5.650	1.901
购物设施	228	35.337	35.395	24	3.623	1.616
餐饮设施	390	32.627	38.816	22	23.514	3.730
生活服务	131	14.293	13.866	10	19.009	3.179
休闲娱乐设施	87	9.229	10.123	7	15.422	3.040
公交地铁站数量	18	2.678	2.022	2	8.589	1.903

10.1.2 分析方法

本章数据分析思路共分为4个部分。

第一步，建成环境与健康结果的分析通过回归分析不同测量方法和尺度下，每一类环境要素对体力活动和健康结果的影响。当环境要素对体力活动总时间没有直接的显著影响时，进一步分别探索其对于每周活动频次和单次活动时间的影响。当线性方程没有显著关联时，进一步分析环境要素和结果的曲线关系。其次，展开分析对健康结果有显著影响的环境要素对结果的解释率。对于自变量彼此相关联的模型，通过逐步回归解决共线性问题。第二步，自然环境与健康结果的分析，针对大连市丘陵地势下的绿色空间和坡度进行更深入的分析，具体方法详见第10.3节。第三步，通过相关性检验分析不同测量方法与尺度之间的差异。第四步，通过中介效应检验客观环境、感知环境和结果之间的交互作用，具体方法详见第10.5节。

10.2 建成环境对健康结果的影响

10.2.1 不同尺度综合结果

在没有任何先验经验的特定环境下，研究假设，以往在欧美国家和我国一线城市得到验证的检验结果，在大连市有相似的规律。为了检验环境对结果的影响，在大连市特殊的地势环境和社会经济背景下是否会有差异，研究首先针对每一项建成环境要素，在所有尺度层级下分别进行分析。

首先，客观建成环境有4个要素对体力活动有显著影响，包括土地利用、建筑密度、街道连接和可达性（表10-3）。在400m尺度下呈现显著的因素最多。其他测量尺度中，在800m尺度下的容积率对中强度运动有影响，在1600m尺度下的路网密度对步行时间有影响。其他尺度下的建成环境要素对体力活动的影响虽然显著，但是影响系数较小。其中，各要素间大部分呈现线性相关，只有建筑密度与中强度活动时间呈二次曲线相关，且模型解释率为所有建成环境拟合模型中最高（$R^2=0.628$，$p<0.001$）。

客观建成环境与体力活动和健康指标的结果　　表10-3

建成环境要素		尺度（m）	高强度运动 Beta Sig.	中强度运动 Beta Sig.	步行运动 Beta Sig.	社区归属感 Beta Sig.	体重指数 Beta Sig.
土地利用	商业用地	400	0.360**				
密度	建筑密度	400		0.102**		−0.098**	
	容积率	400				−0.145***	
		800		0.082*			

续表

建成环境要素		尺度（m）	高强度运动	中强度运动	步行运动	社区归属感	体重指数
			Beta Sig.	Beta Sig.	Beta Sig.	Beta Sig.	Beta Sig.
街道连接	路网密度	400	0.411**			−0.119**	
		1600			0.086*		
	交叉口数量	400			0.134**		
可达性	服务设施数量	400	0.060**		0.110**		
地形	坡度	400					−0.588**
建设品质	房价	400			0.101**		

注：$p<0.1$*，$p<0.05$**，$p<0.01$***，$p<0.001$****。

因变量：体力活动总时间（$\frac{单次活动时间}{每周活动频次}$），社区归属感，体重指数。

其次，密度和街道连接对社区归属感有显著的负相关作用。密度包括建筑密度和容积率，建筑密度的影响比较微弱。但是容积率在 99% 的置信区间内显著。最后，坡度是客观环境中唯一与体重指数直接显著关联的要素。坡度与其他客观环境（除却公交站点数量）均呈现负相关关系。但是客观测量的坡度和感知坡度并没有显著关联。

10.2.2　环境与结果详细分析

1. 环境与体力活动

体力活动（Physical Activity，PA）设施与高强度活动总时间显著相关（表 10–4）。路网密度和商业用地与高强度活动时间相关。将 PA 设施数量作为自变量，高强度活动总时间作为因变量进行线性回归分析。对模型进行 F 检验时发现模型通过 F 检验（$F=5.102$，$P<0.05$）。模型 R^2 为 0.021，意味着 PA 设施数量可以解释高强度活动总时间的 2.1% 变化原因。

体力活动设施与步行活动总时间显著相关（表 10–4）。交叉口数据量和建设品质（房价）对步行时间正相关。将体力活动设施数量作为自变量，步行活动总时间作为因变量进行线性回归分析。体力活动设施数量的回归系数值为 0.042（$t=3.101$，$P=0.002<0.01$），意味着体力活动设施数量会对步行总时间产生显著的正向影响关系。

线性回归分析结果　　　　　　　　　　　　表10–4

	非标准化系数		标准化系数	t	p	VIF	R^2	调整 R^2	F
	B	标准误	Beta						
常数	1.908	0.081	—	52.812	0.000**	—	0.021	0.017	5.102（0.025*）
PA 设施数量	0.042	0.026	0.060	2.259	0.025*	1.000			

注：因变量：高强度活动总时间，D–W 值：2.107，$p<0.05$ *，$p<0.01$**。

续表

	非标准化系数		标准化系数	t	p	VIF	R^2	调整 R^2	F
	B	标准误	Beta						
常数	4.636	0.060	—	77.817	0.000**	—	0.024	0.022	9.615
PA 设施数量	0.043	0.014	0.110	3.101	0.002**	1.000			（0.002**）

注：因变量：步行总时间，D-W 值：1.913，$p<0.05$ *，$p<0.01$**。

2. 环境与体重指数

坡度是客观环境中唯一与体重指数直接显著关联的要素。坡度越大，体重指数越小。坡度可以解释 1.5% 的体重指数（表 10-5）。可能的解释是坡度大，相对来说同样的步行路程消耗能量越多。另一种可能是，坡度大的地方，相对来说公共交通很不方便，居民需要步行更多的路程才能到达地势平坦区域搭乘公共交通。

线性回归分析结果 表 10-5

	非标准化系数		标准化系数	t	p	VIF	R^2	调整 R^2	F
	B	标准误	Beta						
常数	23.25	0.233	—	99.675	0.000**	—	0.015	0.013	6.472
坡度	−0.306	0.234	−0.587	−2.544	0.011*	1			（0.011*）

注：因变量：BMI，D-W 值：1.938，$p<0.05$ *，$p<0.01$**。

3. 环境与社区归属

密度和街道连接对社区归属感有显著的负相关作用，但是每一项对结果的解释作用都很小。以建筑密度为自变量的回归模型 R^2 为 0.01（调整 R^2 为 0.007）；以容积率为自变量的回归模型 R^2 为 0.021（调整 R^2 为 0.019）；以路网密度为自变量的回归模型 R^2 为 0.014（调整 R^2 为 0.0012）。并且，密度和街道连接两者之间存在共线性。通过逐步回归的方法排除共线性的干扰。

将建筑密度、容积率、路网密度作为自变量，而将社区归属作为因变量进行逐步回归分析（表 10-6）。经过模型自动识别，最终余下容积率 1 项在模型中，R^2 为 0.021。模型通过 F 检验（$F=8.767$，$p<0.05$），说明模型有效。容积率的回归系数值为 −0.089（$t=-2.961$，$p=0.003<0.01$），容积率会对社区归属产生显著的负向影响关系。

逐步回归分析结果 表 10-6

	非标准化系数		标准化系数	t	p	VIF	R^2	调整 R^2	F
	B	标准误	Beta						
常数	3.027	0.03	—	101.251	0.000**	—	0.021	0.019	8.767
容积率	−0.089	0.03	−0.145	−2.961	0.003**	1			

注：因变量：社区归属，D-W 值：2.079，$p<0.05$ *，$p<0.01$**。

10.3　自然环境对健康结果的影响

绿色空间与体力活动的关联是环境与健康研究的重要部分。大连市具有特殊的丘陵地势，随之相伴的则是丰富的自然资源。研究前期的调研发现大连市的居住区很多都邻近山坡或者山体公园。所以，本小节单独分析大连市自然资源、坡度与绿色空间，以及丘陵地势环境中不同尺度下的绿色空间与体力活动以及健康结果的关联。

10.3.1　绿色空间分析方法

本章针对不同的测量尺度采取了不同的分析策略。因为研究证明任何尺度的绿色空间都能很好地预测身体健康，[1] 本节同样建立多层级缓冲区（400m、800m、1200m、1600m）。此外，地形对植被指数存在不可忽视的影响，但是当坡度在 5°~25° 时，NDVI 的变动系数不大，NDVI 作为植被指数的指标时可消除地形带来的直接影响。[2] 本节同时增加了地形坡度作为参考变量。坡度通过缓冲区内高程变化的标准差来表示地势的变化程度。针对通过高程标准差表示的坡度，4 个层级上坡度变化的异常值很少，基本都是合理变化范围（图 10-6）。同时，本节补充了通过高程极差计算和百分比表示的坡度用来剔除不合理数据。

首先，400m 与 800m 尺度下没有剔除坡度影响。研究前期通过多阶段分层抽样选取空间样本进行实地考察。调研发现小尺度下的依靠丘陵地势形成的山体公园均可进入，坡度并没有造成较大干扰。其次，1200m 与 1600m 层级的尺度下则存在坡度较大影响休闲出行的问题。该尺

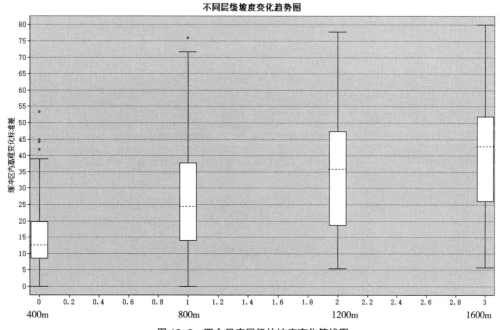

图 10-6　四个尺度层级的坡度变化箱线图

度下坡度和植被指数正相关，与公园和设施负相关。但是1600层级坡度和植被指数的关联极其微弱，只在90%的置信区间显著（表10-7）。通过计算缓冲区内高程的极差剔除了坡度超过15°的样本（耕地坡度划分的第四和第五级），最终删除了54个样本后再次进行统计分析。

不同尺度下坡度和其他要素的关联　　　　　表10-7

坡度	植被指数	公园数量	设施数量
400m	0.133*	0.063	−0.257***
800m	0.227**	0.236****	−0.416****
1200m	0.091**	−0.167****	−0.304****
1600m	0.077*	−0.098****	−0.257****

注：$p<0.1$*，$p<0.05$**，$p<0.01$***，$p<0.001$****。

10.3.2 绿色空间综合结果

1. 绿色空间综合结果

研究评估不同尺度下绿色空间与体力活动和健康结果之间的联系。研究没有发现公园数量与体力活动和健康结果有显著关联的迹象。上一节发现，健身设施数量在400m层级对体力活动有显著的正向关系。研究发现设施与坡度显著负相关。地形高差变化大的区域相对应的设施分布较少，而设施分布匮乏则在一定程度上限制了增加体力活动的可能性。NDVI在所有层级上都对步行有显著的负向影响，但线性关系强度较低（表10-8）。400m层级的植被指数与每周步行频次相关，800m与单次步行时间相关，1200m和1600m与交通性步行时间相关。另外，1200m尺度下的植被指数与中强度体力活动时间正相关，但是相关程度极其微弱。

绿色空间与体力活动和健康指标的模型结果　　　　　表10-8

要素	高强度运动	中强度运动	步行运动（min／W）	交通性步行	体重指数
		Coef. 95%CI	Coef. 95%CI	Coef. 95%CI	
400NDVI			−0.106** （−0.268，−0.012）		
800NDVI			−0.130** （−0.280，−0.042）		
1200NDVI		0.097** （−0.118，167）		−0.116** （−0.223，−0.026）	
1600NDVI				−0.116** （−0.246，−0.045）	

注：$p<0.1$*，$p<0.05$**，$p<0.01$***，$p<0.001$****。

因变量：体力活动（$\frac{单次活动时间}{每周活动频次}$），交通性步行，社区归属感，体重指数。

最新植被指数相关的研究结果发现，绿色空间和健康结果有曲线关系。[3] 本书应用局部加权回归散点平滑法（LOWESS）拟合坡度、植被指数和体重指数的关系（图 10-7）。结果显示当坡度和植被指数趋近于零时，体重指数的变化起伏较大。但是当植被指数变大时，体重指数明显增加。400m 缓冲区内的模型拟合效果大于其他层级线性模型拟合。

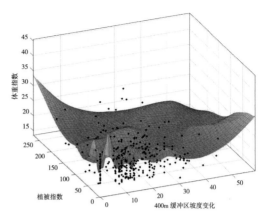

图 10-7　坡度、植被指数和体重指数的曲面拟合

研究还发现植被指数与坡度高度正相关（图 10-8）。当缓冲半径为 1200m 时正相关关系开始减弱，缓冲半径增加到 1600m 时正向关系非常微弱。进一步对植被指数和体重指数进行曲线拟合（图 10-9）。结果显示其关联性波动较大，但是当缓冲区范围变大时，体重指数随植被指数增大而增加的趋势越发明显。

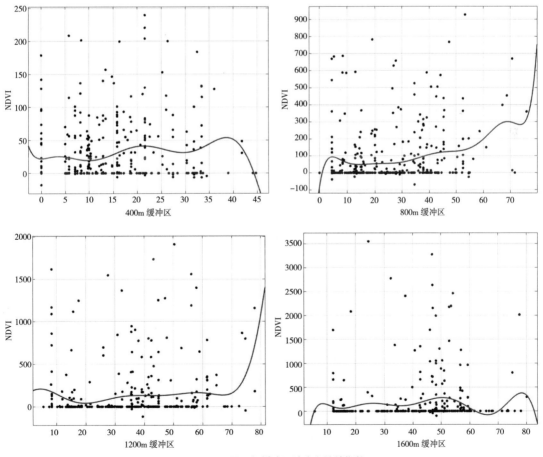

图 10-8　不同层级缓冲区坡度和植被指数

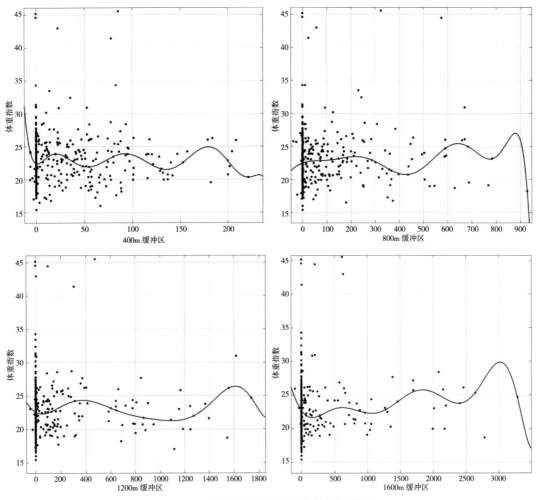

图 10-9　不同层级缓冲区植被指数和体重指数

绿视率对结果没有显著影响，但街景的绿视率与坡度正相关。可能的原因是目前应用的算法本身存在一定误差率，并且街景图像的采集时间受限于现有百度街景采集的图像时间，东北地区春季的树木茂盛程度不如夏季，所以绿视率的测量结果不如预期。

绿色空间与社会环境和社区归属感没有显著关系，且对步行均是负向影响，只有 1200m 层级与体力活动呈现极其微弱的正相关关系，这与预期并不相符。以往的研究发现绿色空间与步行没有显著关联，[4]NDVI 与体力活动没有关联，[5] 但是绿色空间丰富的社区人群心理亚健康的风险较低。[6] 常规经验认知中，绿色空间有利于邻里交往从而促进社区社会网络构建，提供维护社会环境的空间，增加良好社会联系的可能性。

2. 结果讨论与总结

绿色空间对体力活动和社区归属感的影响并不明显。对于分析结果可能的解释是丘陵地势环境下的良好绿色空间并没有融入居民日常生活。丘陵地势带来良好绿化资源的同时也导致了地形的起伏变化。1200m 尺度下的坡度和植被指数间的变化最为平缓，所以其与体力活动呈现了微弱的正向关联。大连市半数以上的居住社区存在不同形式的坡度。少数居住区在研究单元内因地势坡度使得车行与步行均存在较大障碍。其次，研究发现没有任何迹象表明公园的可达性与超重或体力活动有关，但有利于体力活动的健身场所和设施则显著影响体力活动。研究前期实地调研发现，大部分居住区内以小山坡为主体的公园并没有得到充分利用，使用率低，基础设施维护差。这些良好的城市空间与绿色资源有待于在日后得到更多开发和利用。

对绿色空间的定义、个人因素和其他混杂因素都会影响最终结果。大多数研究假设绿地与健康结果之间存在线性关系，但不是所有研究都发现显著的结果。[7] 绿色空间与超重和体力活动之间的非线性联系是合理的。例如拥有高水平的绿地往往与商店等生活设施相悖。距离可能是选择主动或非主动交通方式最重要的决定因素。同时，自我选择偏向使得城市绿地对体力活动的影响具有不确定性。

公共绿地可以通过促进体力活动、与自然的接触和社会互动来提供健康效益。然而大量证据表明，公共绿地作为体力活动的资源通常没有被充分利用。[8] 因此，通过增加访问和积极使用公共绿地来提高人群健康，存在很大的发展空间。公共绿地相较于其他公共设施更容易改变，更有利于开展活动。对于城市公共绿地进行评估，评估措施可以提高基于实证的干预政策的可能性，干预措施不局限于各种社会或生态改变，还包括经济投资和土地使用或运输政策的改变等。[9]

10.4　感知环境与社会环境

10.4.1　感知环境测量结果

个体差异在感知环境中有显著不同。性别对感知环境有显著的差异，男性对社区安全与环境美观的感知评价要高于女性。教育背景对社会环境有显著差异，相对来说学历越高邻里交往程度越低。进一步计算感知评价量表的总分用来代表居民对社区环境的总体评价。结果显示，男性感知环境评价比女性分数高。居民对社区的感知环境评价越好，社区归属感越强（$p<0.001$）。感知环境评分与社会环境之间高度正相关。

感知环境变量中只有环境美观和安全对体力活动有显著影响（表 10-9）。美观对高强度活动频次、中强度活动时间和频次有正向影响。安全对高强度体力活动总时间有正向影响。感知环境包括街道连接、可达性、环境美观、步行环境、安全都对社区归属感有显著的影响。虽然个体差异对环境感知与体力活动时间都有显著关联，但是在感知环境对体力活动影响的关系中并没有起到调节作用。

1. 感知环境与体力活动

感知环境中的美观和安全对体力活动结果有显著影响。与以往的研究结果相符合，居民对

感知建成环境与体力活动和健康指标的结果　　　　　　　　表10-9

	高强度运动 Beta Sig.	中强度运动 Beta Sig.	步行运动 Beta Sig.	社区归属感 Beta Sig.	体重指数 Beta Sig.
街道连接				0.199****	0.6796***
可达性					
坡度					
环境美观	0.1471**（频次）	0.1372**（频次） 0.3860**（时间）		0.6261****	
步行环境				0.1024**	
安全	0.121**				
社会环境	0.107**	0.097**	0.141***	0.539****	0.131***

注：$p<0.1$*，$p<0.05$**，$p<0.01$***，$p<0.001$****。

因变量：体力活动总时间（$\frac{单次活动时间}{每周活动频次}$），社区归属感，体重指数。

环境的感知作为客观测量同样可以影响体力活动。环境美观包括了6个题项：夜间照明、步行人群、行道树、有意思的事物、建筑美观、自然风景。安全包括了车速慢和治安良好。人们对环境的居住品质的认可同样影响体力活动结果，并且这种与生活息息相关的环境要素更能影响行为结果。

社会环境与所有的体力活动总时间都有显著影响，但是模型解释率并不高。社会环境为自变量，高强度总时间为因变量时，可以解释3.3%的结果（$R^2=0.033$，$F=8.123$，$p=0.005$）；中强度总时间为因变量时，可以解释2.5%的结果（$R^2=0.025$，$F=7.922$，$p=0.005$）；步行总时间为因变量时，可以解释2%的结果（$R^2=0.020$，$F=7.791$，$p=0.006$）。

2. 感知环境与社区归属

将环境美观、步行道环境、街道连接作为自变量，将社区归属作为因变量进行逐步回归分析（表10-10）。经过模型自动识别，最终剩下环境美观和街道连接两项在模型中，R^2为0.406。而且模型通过F检验（$F=140.240$，$p<0.05$），说明模型有效。环境美观对社区归属感的影响作用相对其他因素较强。可见环境的美学品质，包括建筑设计、树木和自然景观、空间氛

逐步回归分析结果　　　　　　　　表10-10

	非标准化系数		标准化系数	t	p	VIF	R^2	调整 R^2	F
	B	标准误	Beta						
常数	1.445	0.115	—	12.530	0.000**	—			
环境美观	0.465	0.029	0.611	15.912	0.000**	1.018	0.406	0.403	140.240 （0.000**）
街道连接	0.092	0.030	0.118	3.068	0.002**	1.018			

注：因变量：社区归属，D-W值：1.926，$p<0.05$*，$p<0.01$**。

围营造等也同样值得关注。

3. 社会环境与社区归属

社会环境也对社区归属感有显著影响，社会环境可以解释社区归属的47.8%变化原因（表10-11）。可见社会环境对社区情感塑造的重要性。社会交往与社会活动增进了邻居之间的感情，也促进了居民走出家门参与到社区事务当中。可步行的环境也为居民在邻里避逅、互动和参与活动提供了机会，可以促进社区意识，并可以改善精神健康结果。社区感情对居民在其社区内步行的倾向也具有积极的影响。在社区内步行的频率与更多的与邻居的避逅交往相关，这反过来又有助于人际关系的形成和发展。

线性回归分析结果　　　　　　　　　　　　　　表10-11

	非标准化系数		标准化系数	t	p	VIF	R^2	调整 R^2	F
	B	标准误	Beta						
常数	1.012	0.106	—	9.536	0.000**	—	0.478	0.477	377.117（0.000**）
社会环境	0.705	0.036	0.691	19.420	0.000**	1.000			

注：因变量：社区归属，D-W值：2.014，$p<0.05$ *，$p<0.01$ **。

10.4.2　不同测度方法差异

客观测量的建成环境与主观测量的环境并不能一一对应，且不同尺度下的客观环境与感知环境的关系不同。在400m尺度下，只有客观测量的可达性与主观感知的可达性显著相关。同时，容积率和路网密度与环境美观负相关，与社会环境和社区归属感负相关。在其他尺度下，建筑密度（800m、1200m、1600m）、容积率（800m、1200m），路网密度（800m、1200m、1600m）、交叉口数量(1200m)都与感知的坡度和障碍负相关。1200m层级的容积率与社区氛围负相关（表10-12）。

研究结果与经验认知相符。高密度的建成环境通常伴随更多的城市问题，例如交通拥堵和噪声、景观视线遮挡、街道环境维护等，可能会在一定程度上影响居民对美观和氛围的感知。建筑密度较高的社区相对应的服务设施较为完善并且道路通畅，但是高密度的建设并没有给社会交往和活动提供便利，反而降低了社区归属感。

研究结果与以往文献相符。通常情况下，建成环境的测量在宏观尺度开展，测量的要素通常包括可达性、连接性、土地利用、密度等。主观测量的建成环境要素通常聚焦微观尺度，既涵盖客观测量的要素，又包含一些客观无法检测的环境要素，例如美学、交通安全与治安安全。环境对健康的影响在微观层面更为直接和显著。

本书同样证实，同一种建成环境要素以相同的测量方式在不同的尺度下会有不同的结果，在相同的尺度下通过不同的方式测量亦会有不同的结果。主观和客观测量方式之间关联度并不高。其次，本书研究结果证实感知环境中微观社区品质（美观、步行道、安全）同样对健康结果有显著影响，这些环境品质在客观测量方法中很难实现。感知环境的某些要素可以作为客观测量方法的补充，更为全面地评价社区环境。

客观环境与主观建成环境之间的差异性　　　　表10-12

建成环境			可达性 Coeff.Sig.	环境美观 Coeff.Sig.	坡度和障碍 Coeff.Sig.	社会环境 Coeff.Sig.	社区归属感 Coeff. Sig.
建成环境		尺度					
密度	建筑密度	800			−0.108**		
		1200			−0.111**		
		1600			−0.101***		
	容积率	400					
		800	−0.108**		−0.096**	−0.108**	−0.145***
		1200			−0.087**		
街道连接	路网密度	400					
		800			−0.127***		
		1200	−0.138***		−0.123***	−0.136***	−0.119***
		1600			−0.104**		
可达性	交叉口数量	1200			−0.088**		
	设施数量	400	0.097**				

注：$p<0.1$*，$p<0.05$**，$p<0.01$***，$p<0.001$****。

10.5　多要素间的交互作用

根据生态模型，个体（生理和心理）、社会（例如社会支持）和物理环境水平间多因素相互作用共同影响体力活动。那些多因素间的交互作用仍然是了解最少的。[10]社会生态学模型关于健康行为的内容建议主观感知的环境作为中介变量，即客观环境是通过感知环境的中介效应进而影响体力活动结果。前文的研究结果表明，在400m的尺度层级下环境对结果有影响的因素最多。本节选择400m尺度这一个层级，进行深入分析，探索大连市特定的建成环境与健康多层次影响因素间的中介作用和调节作用。中介作用和调节作用通过在原有模型基础上增加中介和调节变量来实现。

10.5.1　理论基础与分析方法

1. 理论基础

近年来，在心理学和其他社科研究领域，中介效应（Mediation Effect）模型得到大量应用。中介效应模型可以分析自变量对因变量影响的过程和作用机制，相比单纯分析自变量对因变

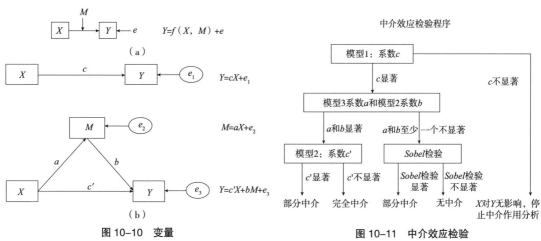

图 10-10　变量
(Moderating Variable and Mediation Variable)
（a）调节变量；（b）中介变量

图 10-11　中介效应检验

量影响的同类研究，中介分析不仅方法上有进步，而且往往能得到更多更深入的结果。[11] 中介变量是环境对结果影响的中介，环境变量通过作用于中介变量从而进一步影响行为结果。此外，本书还探讨了可能存在的调节作用。调节变量是指因变量与自变量的关系受到第三个变量的影响。如果变量 Y 与变量 X 的关系是变量 M 的函数，称 M 为调节变量。即 Y 与 X 的关系受到第三个变量 M 的影响（图 10-10）。调节变量可以是定性的（如性别等），也可以是定量的（如年龄、教育背景等），它影响因变量和自变量之间关系的方向（正或负）和强弱。[12]

检验中介效应常用的方法是逐步检验回归系数，但近年来不断受到批评和质疑。温忠麟教授在 2004 年提出过一套中介效应检验流程（图 10-11）。[13] 系数乘积的检验是中介效应检验的核心。Sobel 法就是其中比较有名的一种。随着中介效应方法的逐步完善，现在多数学者都只推荐 Bootstrap 法。针对该方法的结合，温教授在 2014 年提出了新的中介效应检验流程。近几年来，Hayes 教授开发的检验中介效应和调节效应的 Process 模型得到越来越多的应用，其主要的优势为中介效应分析一步到位，无需进行完整的三个步骤的检验；中介效应的 Bootstrap 和 Sobel 检验可以自动处理，同时可以处理多重中介效应、有中介的调节效应、有调节的中介效应等 74 种不同的中介效应模型。[14]

本书选取 Hayes 教授在 2018 年最新发布的版本 v3.1❶ 中，最基础的带有协变量的 6 种不同的模型：带有协变量的调节效应模型 3 种（模型 1、模型 2、模型 3），带有协变量的中介效应模型 3 种（模型 4、模型 7、模型 14），如图 10-12 所示。本书的数据分析参考了温忠麟教授最

❶　3.1 版本接受因变量为分类变量。模型检验不需要研究人员手动检验和设置每一步，流程自行解决该类问题。当模型检验到因变量为分类变量时，Y 的估计使用逻辑回归进行建模编码。Y 模型的所有回归系数均为 logistic 回归系数，均采用 log-odds 度量，包括这些系数的置信区间。

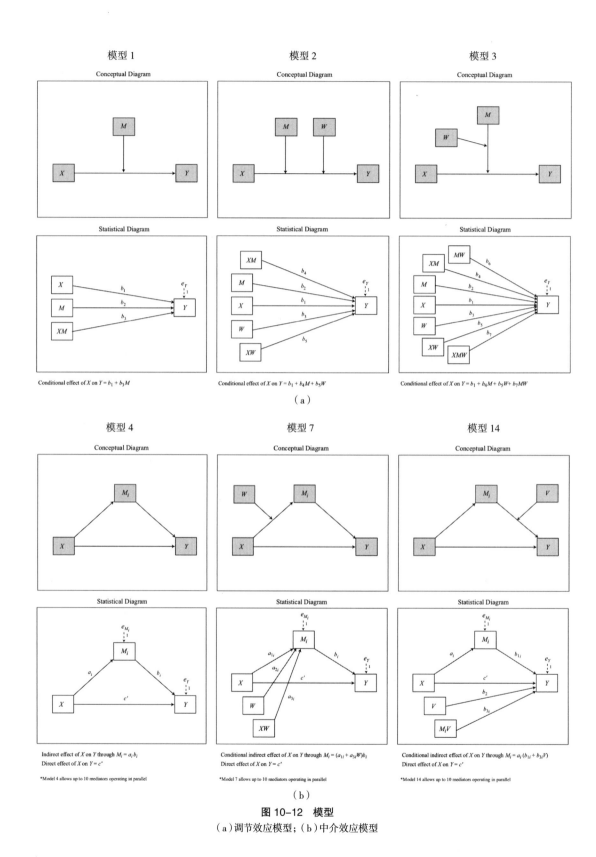

图 10-12　模型
（a）调节效应模型；（b）中介效应模型

早提出的带 sobel 检验的中介效应检验流程和最新提出的 Bootstrap 检验流程，结合以上 6 种理论模型，提出了适用于本研究特征的检验模式。

2. 分析方法

结合目前环境与健康结果的多要素间的中介和调节效应，提出了如下的检验模式。并且在模型中加入了人口特征作为协变量。回归模型的构建共分为五步：

第一步式（10-1），首先检验客观环境变量（自变量，X）和体力活动的关联（因变量，Y），并以相应的感知环境为中介变量（中介变量，M）。此过程可以对比客观环境和感知环境的关系（系数 a 是否显著），同时知晓中介效应作用（a 和 b_2 至少一个显著）。中介作用显著的模型将进一步控制人口特征。

第二步式（10-2），在中介作用模型中加入斜变量控制人口特征，先验检测对该结果有显著影响的个体特征（斜变量，Co）。

$$Y= \text{Intercept}+b \ (X) +e \ [没有中介变量]$$

$$Y=\text{Intercept}_1+b_1 \ (X) +b_2 \ (M) + e_1 \qquad m=aX+e_2 \qquad （10\text{-}1）$$

$$Y=\text{Intercept}_2+b_3 \ (X) +b_4 \ (M) +b_5 \ (Co) +e_3 \qquad （10\text{-}2）$$

第三步式（10-3）、式（10-4），对于自变量显著但中介作用不显著的变量，进一步探索社会环境因素的调节作用（调节变量，Mod）。

第四步式（10-5），在上一步检验显著的调节作用模型或者中介作用模型中加入其他调节变量，先验检测对该结果有显著影响的个体特征（辅助调节变量，W）。

$$Y=\text{Intercept}_3+b_6 \ (X) +b_7 \ (\text{Mod}) +e_4 \qquad （10\text{-}3）$$

$$Y=\text{Intercept}_4+b_8 \ (X) +b_9 \ (\text{Mod}) +b_{10} \ (X*\text{Mod}) +e_5 \qquad （10\text{-}4）$$

$$Y=\text{Intercept}_5+b_{11} \ (X) +b_{12} \ (\text{Mod}/M) +b_{13} \ (W) +b_{14} \ (X*\text{Mod}/M) +b_{15} \ (X*W) +e_6 （10\text{-}5）$$

[调节变量对 Y 的调节作用 $= b_{11}+b_{14}M+b_{15}W$]

回归模型构建共有三组（图 10-13）。

第一组以客观环境为自变量检验中介作用；第二组以感知环境为自变量检验调节作用；第三组以健康结果为因变量检验调节作用。三组模型操作重复上述步骤。

当客观建成环境对体力活动总时间没有直接的显著影响时，进一步探索其他可能性。其一，建立有序逻辑回归模型探索其对于单次活动时间和每周活动频次的分别影响；其二，探索建成环境与体力活动之间的曲线关系。

10.5.2　环境对结果的直接效应

土地利用、街道连接、可达性和建筑密度四个环境要素对体力活动有显著影响。尽管这些结果与以往的研究相似，[15] 但是本书研究区域建成环境背景与西方城市截然不同，研究城市有着较高的人口密度和建筑密度。一般而言，密度与体力活动有正相关的关系。但是街道连接性

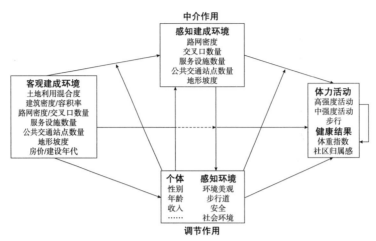

图 10-13　建成环境对体力活动和健康结果的中介／调节作用

注释：虚线表示个体特征与感知环境的调节作用分别进行

和体力活动之间的关联并没有统一结论，很多结果关联微弱。同样，本书研究发现路网密度也仅仅与单次高强度活动时间相关，与活动总时间并不相关。以往研究发现社区附近公园的数量也有助于参加休闲性体力活动。[16] 本书研究在公园的基础上还添加了有利于休闲性体力活动的其他服务设施，包括室内外体育场馆和健身场所。体力活动设施同样有助于体力活动，且是客观环境中唯一与体力活动总时间有直接关联的要素。

分析研究区域地势高差变化起伏的丘陵地势。研究发现，虽然坡度对体力活动并没有直接的影响，但是坡度对体重指数显著负相关。坡度较大的地方，居民体重指数较低。但是坡度并没有通过影响体力活动而间接影响健康结果，所以坡度与体重指数之间的关联还有待进一步深入探索。

建成环境和行为活动之间的关联证据主要来自于个人层面对于环境认知的自我报告。建成环境的审美认知对体力活动有重要意义。安全对体力活动有显著影响，但是不适用所有维度，治安安全和交通安全有时并不显著。[17] 本书同样发现交通安全对体力活动没有显著影响，但是治安安全影响显著。另外，研究单元内可步行性得分越高，感知环境得分越高。拥有更积极的环境认知，在社区步行的概率越大。本书发现总体感知环境只与建设年代和土地利用显著相关，跟建设年代正相关，跟土地利用中的工业设施频数密度负相关。结果与经验相符，新建设的居住区环境品质相对较好，但邻近工业会造成一定干扰。

10.5.3　环境对结果的间接效应

1. 感知环境的中介作用

以往的研究发现建成环境通过其对应的感知环境间接影响体力活动。公园数量对体力活动的影响以其对应的感知环境作为中介变量。[18] 交叉口数量和土地混合利用对体力活动的影响通过性别和安全进行调节。性别和教育背景两项在安全和体力活动的影响关系中起到调节作用。[19]不同的是，本书并未发现感知环境的中介作用。服务设施数量是唯一与其对应的感知环境显著相关的客观环境，但是并没有中介作用。这与现有的研究成果不符。可能的原因是 NEWS 量表在高密度居住环境下的误差。虽然性别对感知安全和体力活动都有显著影响，但是在交互效应中均不显著。

2. 社会环境的中介作用

研究证实高密度居住环境下，社会环境在促进身心健康方面有着非常重要的意义。客观建成环境与体力活动和健康指标模型检验中，只有容积率一项以社会环境为中介变量（满足式 10-1，模型 4），但是只有部分中介作用（b_1=-0.0718**，b_2=0.6765****，a=-0.1064**）。

社会环境在感知环境（包括街道连接、可达性、美观、步行环境）对社区归属感中起到中介作用（满足式 10-1，模型 4），如图 10-14 所示。其中街道连接、美观、步行环境完全通过社会环境作为中介作用，从而与社区归属感有关联。可达性与社区归属感之间，社会环境起到部分中介作用。同时，在街道连接与体重指数的关联中，社会环境起到调节作用（满足式 10-3、式 10-4，模型 1）。人们对社区建成环境的主观感知会受到社会环境的影响。

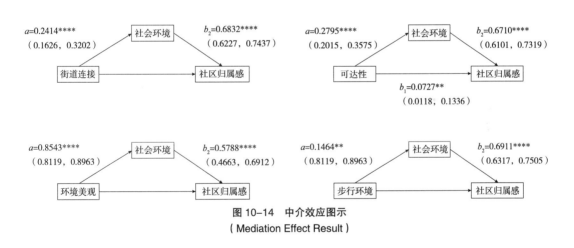

图 10-14　中介效应图示
（Mediation Effect Result）

进一步，在以上具有中介作用的模型中，加入人口特征作为辅助调节变量（式 10-5）。结果显示只有以街道连接为自变量的模型中，带有辅助调节作用（模型满足上述模型 7），辅助调节变量为收入（其交互项结果为 b_{15}=-0.0722**）。对此可能的解释是，不同收入人群的居住小区形式有差异，导致出行方式差异较大。相对而言，高收入群体居住的小区多为封闭管理且地势较为平整，而普通居住区多为开放小区。不同收入的居民对街道连接的感知有差异。

归属感能够促进人们对安全、自信和舒适的认知，从而激发社区中的积极体力活动，增加社会交往的机会。[20] 社区归属感可以促进休闲性活动。低密度建设和丰富的商业用地有利于增强社区归属感。[21] 本书同样发现社区归属感对所有类型活动均有显著正向影响。但是建筑密度对其有负向影响。过高的密度容易形成空间压迫感，同时绿色空间较少，不利于社会交往。居民对环境的主观感知评价越高越有利于邻里间的人际交往。研究证实了社会环境的重要性。良好的社会关系有助于社区归属感的培养，而社区归属感则有益身心健康。

10.6 本章小结

环境对健康结果的影响因素众多，各因素所起的作用大小各不相同，作用方式也有所区别，本章节建立建成环境与行为和健康结果之间的互动研究，将感知环境和社会环境作为中介变量或调节变量，引入到环境与健康效应关系中。绿色空间是环境与健康研究领域比较重要的一个分支，标准化植被指数是衡量绿色空间的重要指标，作者将其引入到社区层面的环境行为研究当中。绿色空间的研究结果证明，通过增加可达性和积极使用公共绿地来提高人群健康有很大的发展空间。本章主要在不同的尺度层级对众多影响因素进行梳理，寻找出有显著影响的关系属性。研究证实客观和感知环境要素、社会环境都对体力活动或者健康结果有显著影响。

1. 客观建成环境有四个要素对体力活动有正向影响，包括土地利用、建筑密度、街道连接和可达性。坡度对体重指数显著负相关，但是坡度并没有通过影响体力活动而间接影响健康结果。

2. 绿色空间与体力活动和健康结果的关联与研究预期不符。公园可达性与绿视率和结果没有显著关联。所有尺度下植被指数与地形坡度高度关联，但是丘陵地势环境下的良好绿色空间并没有促进居民日常活动。可能的原因是丘陵地势带来良好绿化资源的同时也导致了地形的起伏变化，地势变化较大的地方可达性差，山体公园基础设施维护差，使用率低。

3. 感知环境包括街道连接与可达性、环境美观、步行环境、安全都对社区归属感有显著的影响。其中，环境美观对社区归属感的影响作用相对其他因素较强。可见环境的美学品质，包括建筑设计、树木和自然景观、空间氛围营造等也同样值得关注。此外，美观和安全对体力活动有显著影响。

4. 研究证实健康导向下建成环境不同的测度方法与尺度对健康结果的影响存在差异性。建成环境要素在 400m 尺度下对结果的影响因素最多，同时 400m 尺度下，主观和客观测量的环境之间有关联的要素最多。所以 400m 尺度是适合进行社区级别居住环境研究的尺度。在主客观环境对应方面，服务设施数量是唯一与其对应的感知环境显著相关的客观环境，但并没有中介作用。

5. 本书并未发现感知环境的中介作用。可能的原因是 NEWS 量表在高密度居住环境下的误差。虽然性别对感知安全和体力活动都有显著影响，但是在交互效应中均不显著。社会环境在感知环境（包括街道连接、可达性、美观、步行环境）对社区归属感的效应中起到中介作用。人们对环境的主观感知会受到社会环境的影响。

　　通过研究结果更为深入和准确地了解到，除关注较多的物质空间环境以外，社会环境和社区情感也对体力活动以及身心健康有重要意义。居民对环境的感知评价作为客观测量的辅助同样可以影响体力活动。研究在特定区域进行，环境要素的有限变化可能会限制测量结果的普适性。大连市主城区社区环境与健康关联的研究结果，与建筑学、城乡规划等学科关注的物质空间及要素建立起紧密的联系，可用于指导促进健康行为的社区环境空间的优化，对建设健康社区提供数据支持。

本章参考文献

[1]　Browning M，Lee K. Within What Distance Does "Greenness" Best Predict Physical Health？ A Systematic Review of Articles with GIS Buffer Analyses across the Lifespan[J]. International Journal of Environmental Research and Public Health，2017，14（7）：1-21.

[2]　张慧，李平衡，周国模，等 . 植被指数的地形效应研究进展 [J]. 应用生态学报，2018，29（2）：669-677.

[3]　James P，Hart J M，Hipp J A，et al. GPS-based Exposure to Greenness and Walkability and Accelerometry-based Physical Activity[J]. Geospatial Approaches to Cancer Control & Population Sciences，2017，26（4）：525-532.

[4]　Ord K，Mitchell R，Pearce J. Is level of Neighbourhood Green Space Associated with Physical Activity in Green Space？ [J]. International Journal of Behavioral Nutrition and Physical Activity，2013，10（1）：127.

[5]　Villeneuve P J，Ysseldyk R L，Root A，et al. Comparing the Normalized Difference Vegetation Index with the Google Street View Measure of Vegetation to Assess Associations between Greenness，Walkability，Recreational Physical Activity，and Health in Ottawa，Canada[J]. International Journal of Environmental Research & Public Health，2018，15：1719.

[6]　Richardson E A，Pearce J，Mitchell R，et al. Role of Physical Activity in the Relationship between Urban Green Space and Health[J]. Public Health，2013，127：318-324.

[7]　Shanahan D F，Fuller A，Bush R，et al. The Health Benefits of Urban Nature：How Much Do We Need？ [J]. BioScience，2015，65：476-485.

[8]　Sugiyama T，Carver A，Koohsari M J，et al. Advantages of Public Green Spaces in Enhancing Population Health[J]. Landscape & Urban Planning，2018，178：12-17.

[9]　Durand C P，Andalib M，Dunton G F，et al. A Systematic Review of Built Environment Factors Related to Physical Activity and Obesity Risk：Implications for Smart Growth Urban Planning[J]. Obesity Review，2011，12：173-182.

[10]　Perez L G，Conway T L，Bauman A，et al. Sociodemographic Moderators of Environment-Physical Activity Associations：Results from the International Prevalence Study[J]. Journal of Physical Activity & Health，2018，15：22-29.

[11]　温忠麟，叶宝娟 . 中介效应分析：方法和模型发展 [J]. 2014，22（5）：731-745.

[12]　温忠麟，侯杰泰，张雷 . 调节效应与中介效应的比较和应用 [J]. 心理学报，2005，37：268-274.

[13]　温忠麟，张雷，侯杰泰，刘红云 . 中介效应检验程序及其应用 [J]. 2004，心理学报，36：614-620.

[14]　Andrew F. Hayes. Introduction to Mediation，Moderation，and Conditional Process Analysis-A Regression-based Approach[Z]. Second Edition，2018.

[15]　Sallis J F，Cerin E，Conway T L. Physical Activity in Relation to Urban Environments in 14 cities Worldwide：A Cross-sectional Study[J]. Lancet，2016，387：2207-2217.

[16]　Schipperijn J，Cerin E，Adams M A. Access to Parks and Physical Activity：An Eight Country Comparison[J]. Urban Foresty & Urban Greening，2017，27：253-263.

[17] Bracy N L, Millstein R A, Carlson J A, et al. Is the Relationship between the Built Environment and Physical Activity Moderated by Perceptions of Crime and Safety ? [J]. International Journal of Behavioral Nutrition and Physical Activity, 2014, 11: 24.

[18] Cerin E, Conway T L, Adams M A, et al. Objectively-assessed Neighbourhood Destination Accessibility and Physical Activity in Adults from 10 Countries: An Analysis of Moderators and Perceptions as Mediators[J]. Social Science & Medicine, 2018, 211: 282-293.

[19] Perey L G, Conway T L, Bauman A, et al. Sociodemographic Moderators of Environment-Physical Activity Associations: Results From the International Prevalence Study[J]. 2018, 15: 22-29.

[20] Berry H L. "Crowded Suburbs" and "Killer Cities": A Brief Review of the Relationship between Urban Environments and Mental Health [J]. New South Wales Public Health Bulletin, 2008 (12): 222-227.

[21] Wood L, Frank L D, Giles-Corti B. Sense of Community and Its Relationship with Walking and Neighborhood Design[J]. Social Science & Medicine, 2010, 70: 1381-1390.

本章图片来源

图 10-1 ~ 图 10-9　作者自绘.

图 10-10　摘录自，本章参考文献 [11、12].

图 10-11　摘录自，本章参考文献 [13].

图 10-12　摘录自，本章参考文献 [14].

图 10-13、图 10-14　作者自绘.

表 10-1 ~ 表 10-12　作者自绘.

第 11 章　微观环境与案例实证分析

　　本章着重分析微观层面的环境特征和健康相关结果的关联。本章聚焦的建成环境主要为垂直维度视角的建成环境（通过街景图像获取的天空比例、建筑围合、街道家具等）和城市设计品质（通过审计工具获取的微观环境设计品质），以及具体的案例分析。

　　街道作为城市中人类活动的基本单元，在影响社会交往和体力活动方面发挥着重要作用。以往通过地理信息系统数据库进行的分析在垂直维度、空间关系，以及精细纹理层面还存在局限，不能更为直观地体现居民实际生活中的空间感受。通过街景图像了解街道环境如何影响人类的活动是很重要的。此外，城市设计包含街道环境更微观的特性，城市设计品质可以反映人们对环境的感知与互动。本章作为第 10 章建成环境的补充，在垂直维度的微观环境方面展开进行详细分析，探索传统建成环境要素以外的不同环境特征对结果的影响。

11.1　城市街道环境

11.1.1　街道环境测量

　　街道环境测量应用卷积神经网络的算法识别大连市主城区街道景观影像图。SegNet 算法将图片中的像素点识别为天空（Sky）、人行道（Pavement）、车道（Road）、建筑（Building）、树木绿化（Tree）等要素类型。作者特别挑选具有细微尺度城市设计要素的结果图片（图 11-1），例如路灯杆（英文图例为 Pole）、藩篱（Fence）、自行车（Bike）和行人（Pedestrian）。有部分细节内容的图形识别结果并不精确。如果要素掩映在建筑背景中不容易被清晰地识别，则结果

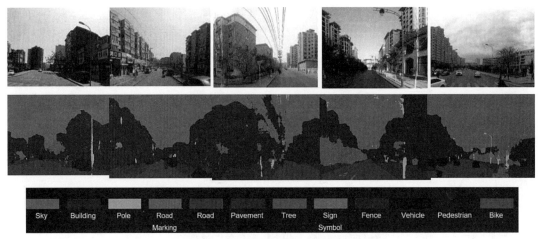

图 11-1 SegNet 模型识别结果（要素图例）

会出现一定偏差。作者认为该算法可以用来代表城市设计要素。首先，现有的开源算法不可能获得百分百的精确程度。其次，结果中识别存在误差的微观要素，即便是行人步行在街道景观中，相比于天空的比例、建筑的围合以及树木绿化等，可能也非行人关注的重点。最后，同样会存在掩映在建筑立面背景下不容易被识别的现象。

虽然通过计算机进行图像识别可以解决人力成本问题，但是本文应用的图像识别方法受限于技术和时间成本，还存在一定的缺陷。其一，用于语义分割的开源算法很难识别更加细微的建筑设计要素，例如本书第 10.3 节的城市微观品质中提到的建筑立面的透明度等。这些内容需要在算法层面进行深入改进，例如，进行人工标记训练数据集等。其二，本文应用的算法计算输出值为像素点，只能计算各要素在图像中的比例关系，并不能计算个数。这一部分内容可以通过实例分割的方法，来区分同一物品的不同个数。其三，部分在阴影里或者掩映于建筑背景中的要素，可以通过边缘提取的算法进行深入精确化。

此外，本章通过熵值法对街景图像识别结果进行了综合得分的计算，以便于后续分析。熵值法是根据指标变异性的大小来确定客观权重。一般来说，若某个指标的信息熵越小，表明指标值得变异程度越大，提供的信息量越多，在综合评价中所能起到的作用也越大，其权重也就越大。使用熵值法对天空等总共 11 项进行权重计算，从表 11-1 可以看出各项间的权重大小有着一定的差异，其中路标（Road Marking）这项的权重最高为 0.258，以及天空（Sky）这项的权重最低为 0.013。以权重系数为指标进行街景总分的计算。

11.1.2 结果与讨论

1. 街道环境与结果的关联

街景的综合指数对体力活动和健康结果并没有显著关联。街道环境三个计算指标与体力活动和心理健康没有发现显著关联。进一步计算每一项街道环境要素对结果的影响（表 11-2），

熵值法计算权重结果汇总　　　　　　　　　　　　　　　　　　　　表11-1

项	信息熵值 e	信息效用值 d	权重系数 w
天空（Sky）	0.9942	0.0058	1.30%
建筑（Building）	0.9877	0.0123	2.77%
路灯杆（Pole）	0.9834	0.0166	3.75%
道路标志（Road Marking）	0.8859	0.1141	25.80%
车道（Road）	0.9833	0.0167	3.77%
人行道（Pavement）	0.9923	0.0077	1.74%
绿化（Tree）	0.958	0.042	9.49%
标识牌（Sign Symbol）	0.9372	0.0628	14.20%
藩篱（Fence）	0.9089	0.0911	20.60%
汽车（Vehicle）	0.9781	0.0219	4.96%
行人（Pedestrian）	0.9487	0.0513	11.61%

结果发现不同要素对步行行为和社区归属感有一定关联。建筑界面对单次步行时间有负向关联。路灯杆对步行频次和单次步行时间有正向关联。道路标志和标识牌（Sign Symbol）都不利于社区归属感。

街道环境对健康行为的影响　　　　　　　　　　　　　　　　　　　表11-2

	天空（Sky）	建筑（Building）	路灯杆（Pole）	道路标志（Road Marking）	车道（Road）	人行道（Pavement）	绿化（Tree）	标识牌（Sign Symbol）	藩篱（Fence）	汽车（Vehicle）
每周步行时间	−0.087	0.017	0.044	0.008	−0.017	−0.017	0.060	0.029	0.039	−0.005
每周步行频次	0.040	−0.039	**0.149***	**−0.101***	0.064	0.085	−0.028	0.029	0.011	0.001
单次步行时间	0.020	**−0.100***	**0.143***	0.017	**0.106**	0.092	0.048	0.008	0.000	−0.011
SOC	0.045	−0.064	0.040	**−0.113***	−0.022	−0.010	0.057	**−0.117***	0.017	0.006

注：$p<0.1^*$，$p<0.05^{**}$，$p<0.01^{***}$，$p<0.001^{****}$。

　　此外，计算每一项街景要素与行人的相关性，研究发现只有藩篱（$r=-0.199$，$p<0.01$）和汽车（$r=0.269$，$p<0.01$）对行人显著相关。藩篱对行人数量有负相关作用。研究进一步发现，图像识别将封闭小区的栅栏和部分高差台壁的断面识别为藩篱，所以藩篱多的地区大多为高差较大的阶梯式设计的住区，或者封闭小区。研究结果符合经验值，藩篱多的情况下道路的连接性较差，环境也不利于行人步行。汽车多的地方道路连通性和混合利用都较好，行人较多。

2. 街道环境与客观测量

街道景观的图像识别结果与二维空间的建成环境有相关性，且结果符合经验与预期。街道景观的图像识别可以有效地增加传统建成环境测量的维度。

街道景观与密度、街道连接、坡度都显著相关（表11-3）。天空的比例与容积率和坡度负相关，建筑墙与二者正相关。容积率高的地方，显然建筑围合性较高。坡度大的区域由于高差错落，天空的视野相对而言不够宽阔。道路标示与交叉口数量正相关，交叉口处斑马线等道路标示增多。人行道与坡度负相关，坡度变化多的区域，人行道相对没有平缓地区完善。标识牌在建筑密度高和路网密度高的区域增多，因为密度高的区域商业设施丰富。汽车和行人在建筑密度高的地方增多。

所有街道景观要素都与土地利用显著相关。天空的比例在商业和管理用地区域中变小，在工业用地中增多。建筑立面在商业和管理用地区域增多。道路与交通用地正相关。树木与居住用地正相关。标识牌在商业设施丰富的商业用地和工业用地增多。藩篱在工业用地增多。购物、餐饮、生活服务、休闲娱乐和地铁公交设施丰富的地方，行人数量增多。

街道环境与建成环境相关分析结果　　　　　　　　　　　　　表11-3

	天空 （Sky）	建筑 （Building）	路灯杆 （Pole）	道路标志 （Road Marking）	车道 （Road）	人行道 （Pavement）	绿化 （Tree）	标识牌 （Sign Symbol）	藩篱 （Fence）	汽车 （Vehicle）	行人 （Pedestrian）
建筑密度	−0.092	−0.018	0.079	−0.094	**−0.155****	0.011	0.037	**0.209****	−0.009	**0.121****	**0.116****
容积率	**−0.293****	**0.178****	−0.037	−0.014	−0.063	−0.060	0.065	−0.000	**−0.165****	0.001	0.097
路网密度	−0.038	−0.065	0.059	−0.002	−0.082	0.086	0.057	**0.142****	0.035	0.051	0.091
节点比	0.020	0.041	−0.045	0.102	0.039	−0.071	−0.082	0.068	0.000	−0.026	−0.014
交叉口	0.039	0.003	−0.075	**0.142****	0.034	−0.011	−0.060	0.005	0.015	−0.091	0.043
坡度	**−0.316****	**0.271****	−0.050	0.012	−0.078	**−0.161****	**0.114****	**−0.157****	**−0.240****	−0.011	0.004

注：$p < 0.05$ *，$p < 0.01$ **。

3. 街道环境与感知环境

在所有的图像识别的街景要素当中，只有道路标志和标识牌与感知环境相关（表11-4）。道路标志与可达性与街道连接、社会环境之间有着负相关关系。标识牌与环境美观、社会环境之间有着负相关关系。道路标志与可达性负相关与经验相符，可能的原因是在路网密集可达性较好的区域，道路标志线往往被车辆覆盖，或者本身年久褪色，不容易被识别到。反而是连接较差的地区，街道宽阔，没有车辆和行人，道路上的标志容易被识别出来。这种建筑密度较低，路广人稀的地方，社会环境肯定相较而言要弱一些。标识牌与环境美观负相关，与经验和预期相符。大连市的城市街道设计并没有任何对立面标识牌的导则或管控，颜色凌乱的标识牌影响居民的审美愉悦。环境美观是影响社会环境一个很重要的因素，所以标识牌也对社会环境有负向关联。

图像识别的结果并没有预期中关联性高。分析可能的原因有两点，其一，图片本身像素限制，图像识别的精确度不够高。其二，居民对社区的感知距离存在偏差。开放小区可以获得所有街道的街景影响，但是封闭小区无法获得小区内部的街景图像，使得这部分小区可能存在偏差。研究并没有有效地区分无法获取内部图像的小区。

街道环境与感知环境相关分析结果　　　　　　　　　　　表11-4

	天空（Sky）	建筑（Building）	路灯杆（Pole）	道路标志（Road Marking）	车道（Road）	人行道（Pavement）	绿化（Tree）	标识牌（Sign Symbol）	藩篱（Fence）	汽车（Vehicle）	行人（Pedestrian）
步行坡度与障碍	0.018	0.036	-0.005	-0.050	0.063	0.021	-0.048	0.031	-0.105	-0.003	-0.002
可达性街道连接	-0.037	0.005	0.023	**-0.163****	-0.008	0.089	0.022	-0.037	0.015	0.001	0.044
步行环境	-0.032	0.102	-0.013	-0.099	0.003	0.023	-0.073	0.023	-0.112	-0.010	-0.054
安全性	0.052	0.016	-0.028	-0.098	0.002	0.033	-0.098	-0.067	0.052	-0.068	-0.012
环境美观	0.103	-0.101	0.005	-0.102	0.010	0.042	0.053	**-0.146****	-0.009	-0.031	-0.037
社会环境	0.058	-0.048	-0.032	**-0.158****	-0.077	0.011	0.022	**-0.124****	0.049	-0.024	0.004

注：$p<0.05$ *，$p<0.01$**。

11.2　微观设计品质

本节主要针对大连市主城区内的微观环境品质进行分析，微观城市设计品质是街道环境的补充，聚焦更为微观的设计层次。目前基于深度学习的开源算法对建筑细节的识别精度受限于图片像素，同时对于建筑立面的设计要素也无法识别。所以本节聚焦的城市设计品质仍采用审计工具进行精细纹理的考察。

微观城市设计品质的测量单元仅为一条街道。在本文设定的10~15min住区范围内，可能存在多条微观环境品质差异较大的街道。微观城市设计品质无法在缓冲区内进行统一计算。所以本节的分析对象聚焦在一条街道，其自变量为街道的微观设计品质，因变量是该街道上的行人量，并没有包含第10章中的体力活动。上一小节街道景观的测量结果也证实微观的街道环境对体力活动的影响较小。由于微观环境品质的测量依靠人工审计工具，其工作量并不能针对整体大连市进行实现，所以本节通过抽样的方法缩小范围选取住区进行分析。

11.2.1　微观环境测量

1.多阶段分层抽样

本节采用多阶分层抽样，结合人口密度和建成环境特征以保证样本的代表性。进行空间分层抽样能使结果更具代表性，可以提高抽样精度。多指标空间非概率抽样可以涵盖不同层次的社区。多阶段空间抽样程序可以针对研究问题进行开发。在城市街道微观环境层面，通过社会人口特征和宏观建成环境特征进行地理分层抽样，可以使样本代表性最大化。[1、2] 通过人口密度、路网数据和可达性进行的多阶段分层抽样有较好的可行性，并且可以应用于其他场景指导社区策略。[3] 其次，通过百度街景地图获取街道设计品质特征。基于图像的审计是一种可靠的方法，[4] 街道视图能以更低成本审计邻里环境。[5] 街道景观往往被认为是最实用的测量精细纹理特征，如微观人行道品质。[6]

第一阶段选取样本街道，对大连市现有的 39 个街道进行系统 R 聚类。分析要素包括人口密度、路网密度、体力活动设施千人占有量和生活服务设施千人占有量（图 11-2）。人口、路网密度、可达性是多阶分层抽样常用的分层依据。可达性通过街道设施分布特征表示。综合聚类结果显示共有五类街道，第五类只有一个街道属于特殊情况，遂从其余四类街道中按比例抽取 10 个街道。

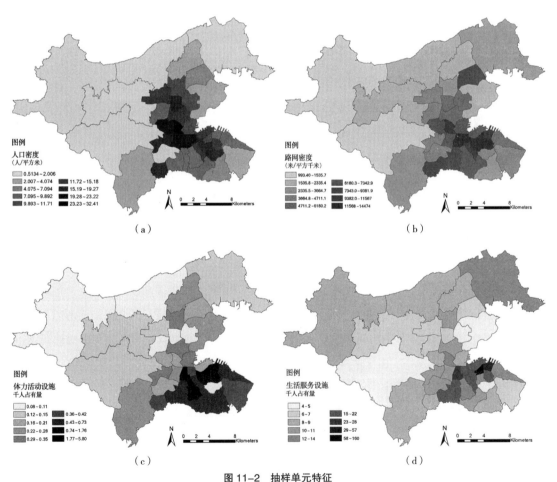

图 11-2　抽样单元特征
（a）大连市街道人口密度；（b）大连市街道路网密度；（c）大连市街道体力活动设施千人占有量；
（d）大连市街道生活服务设施千人占有量

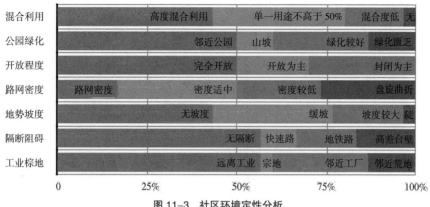

图 11-3　社区环境定性分析

第二阶段以 10 个街道为主体，以行政社区分层，层权重按照行政区划人口比例分配。在每个层内进行简单随机抽样，最终抽取了 46 个行政社区。进一步参考相关国内实证研究案例的社区分类依据，对行政社区进行初步定性观察。目的是依据定性分析结果，选取建成环境特征指标。对所有社区的指标进行分析（图 11-3）。由于丘陵地势，社区绿化状况良好，大部分社区邻近公园或山坡（N=27）。❶ 但同时超过半数的社区都存在不同程度的坡度（N=30），部分社区路网由于高差限制盘旋曲折，导致可达性较差（N=10）。部分社区邻近工厂、荒地，或者发展不成熟的棕地（N=18）。

第三阶段对所有 46 个社区进行 K 均值聚类分析共分为五类。以土地混合利用程度升序排列。第一类社区开放程度较高（17%）。❷ 第二类居住用地为主邻近公园，高差坡度大且路网比较曲折（22%）。第三类封闭小区混合利用较低，路网密度与建筑密度适中（28%）。第四类混合利用适中，棕地或邻近公园使得路网曲折开放程度较高（22%）。第五类混合利用度高，路网密度高但是绿地率低（11%）。从 46 个社区中按聚类比例最终筛选 24 个社区的主要街道。

2. 微观环境测量

1）微观环境品质

本文通过百度街景地图获取街道设计品质特征。审计路段以街廓为准，路网密度较高的地区审计的平均长度在 200~300m 之间。居住为主的社区沿街界面较长，审计路段平均在 500m。审计路段选择商业设施分布较多，具有城市设计特色的街道。最终审计 59 条街道。对选定区域内的城市微观环境品质进行测量，测量内容包括微观步行环境和步行相关的城市设计品质。步行环境应用审计工具步行街景的微观设计迷你版（MAPS-Mini）。[7] 测量内容包括人行道的存在状态（沿街建筑、公园、公交站点、室外座椅、路灯、维护状态、涂鸦、骑行和步行道、无障碍设施、隔离带、树木覆盖率）和交叉口设施（信号灯、坡道、斑马线）共 15 项内容（详见本节末尾）。

❶ N 代表样本数量。

❷ 括号内为该类型在整体中所占比例。

城市设计品质应用审计工具可步行相关的城市设计品质（Urban Design Qualities Related to Walkability，UDQRW）。测量包含城市设计的 5 项内容：可识别性、围合感、人性化尺度、透明度和复杂性。可识别性指一个地方的品质使其与众不同、可以辨认。围合感指街道和其他公共空间在视觉上被建筑物、墙壁、树木和其他垂直元素所围合的程度。人性化尺度指与人的大小和比例相匹配的物理元素的大小、质地和清晰度。透明度定义为过路的人可以看到或感知人类活动的程度。复杂性指一个地方的视觉丰富性取决于物理环境的多样性，包括建筑物的数量和种类、建筑的多样性和装饰、街道的设施和人类活动。

2）步行行为

步行行为通过计数审计街道内的行人数量代表总体步行。行人数量作为因变量在微观环境设计的研究中较为常用。[8] 由于财力限制研究并没有通过视频或者现场观察与访谈等方式系统地区分不同类型的行人步行活动。并且，关于城市微观环境品质与不同类型活动的研究发现，街道景观和步行道环境在所有年龄段都与交通性步行显著相关，但是只有美学品质和社会环境特征，与儿童及年轻人的休闲性活动显著相关。[9]

3）分析方法

本节建立二组负二项回归模型。第一组为城市设计品质，第二组为微观步行环境。负二项模型比泊松模型更适合本研究数据。在因变量为计数数值时适合应用泊松和负二项回归。两种方法对因变量分布的假设各不相同。当因变量的均值和方差相等时，适合应用泊松回归。当因变量过于分散时，即方差大于均值，适合应用负二项回归。通过计算发现，研究数据因变量最小值为 5，最大值 200，均值 67.97，标准差 49.22。

11.2.2 结果与讨论

1. 分析结果

第一个模型以人数为因变量，城市设计 5 项特征为自变量（表 11-5）。模型首先以审计工具中各要素比重综合计算的 5 项特征进行拟合，结果并不成功。故本书进一步采用了 5 项特征的原始要素值，拟合模型成功。结果显示透明度与行人数量显著相关，意向与人性化尺度在 95% 的置信区间下相关。庭院广场和花园的数量对人数影响最大。沿街首层窗户比例、沿街设施数量、沿街活跃建筑的比例对人数的影响程度相近。此外，本书选取了五项城市特征评分极值的代表社区，通过街景图像直观地展示城市设计品质特征差异。

第二个模型考察微观步行环境对行人人数的影响，模型效应检验显著（瓦尔德卡方 655.473，显著性 <0.001），且步行环境得分越高影响越大。总体上，各个社区微观步行环境差异较大（表 11-6），由峰度值可知高低分段都有分布。但是不同品质的微观环境并没有得到有效区分。可能的原因是国内高密度的居住形式不同于西方的机动出行模式。尤其是在审计工具的编制地美国，居住社区内并不能完善地提供有利于步行的基础设施。但国内社区基本上都能

城市设计品质与行人数量的关联　　　　　　　　　　　　　表11-5

城市设计品质	具体内容	系数	标准误差
意向	庭院、广场、公园、花园的数量	11.452*	4.6485
	主要景观的数量	6.823	6.7309
	带有特征识别的建筑数量	−5.930	4.9689
	具有非矩形形状的建筑物数目	0.716	2.4844
	户外餐厅现状	1.411	3.5060
围合	宽阔视野街景的数量	0.296	0.997
	街道建筑墙的比例——观察者一侧	0.274	4.963
	街道建筑墙的比例——观察者对侧	0.022	3.3511
	天空的比例——前侧	0.010	2.041
	天空的比例——对侧	2.246	4.645
人性化尺度	宽阔视野街景的数量	0.296	0.997
	沿街首层窗户比例	3.912**	1.0100
	建筑平均高度	−5.268	3.8920
	小型植物数量	1.312	2.2708
	沿街设施数量	3.848*	1.9073
透明度	街道层面窗户比例	3.912**	1.0100
	街道建筑墙的比例	0.274	4.963
	活跃建筑的比例	3.396**	0.4150
复杂性	建筑单体数量	−1.110	4.480
	建筑单体沿街立面颜色数量	−1.990	3.059
	具有非矩形形状的建筑物数目	0.716	2.4844
	公共艺术品数量	−0.492	1.997

注：因变量：人数，模型：意向、围合、尺度、透明度、复杂性。
$p < 0.05$ *，$p < 0.001$ **。

微观步行环境差异　　　　　　　　　　　　　表11-6

	最小值	最大值	均值	标准差	偏度（SD）	峰度（SD）
步行环境得分	0.140	0.952	0.571	0.213	−0.112（0.393）	−0.400（0.768）

提供最基本的街道设施，包括过街斑马线、路灯和红绿灯等。所以应用该审计工具还需要在适应国情方面作出改进。

2. 结果讨论

公园与户外场所可以有效地促进休闲性步行，但是结果不如预期。尽管大连市绿化覆盖率较高，邻近公园的社区比例过半，但是仍然没有有效地促进步行行为。这一特点在实地考察时亦有发现，虽然公园分布较广，但大部分失于维护、基础设施较少，加之坡度限制，并没有得到高效的利用。另外，远离工业的社区对步行有正向影响，但是抽样统计发现近半的社区邻近工业或者邻近棕地与荒地，这些居住社区并没有进行有效的隔离设计。

城市设计特征中的透明度与结果显著相关，城市意向与人性化尺度在 95% 的置信区间下相关。模型 1 的结果与现有研究有一定的一致性。[10、11] 混合利用显然有助于沿街窗户比与活跃建筑数量。高度的混合利用使得设施分布密集，商业建筑的立面设计特征趋向较高的透明度。但是即便在居住为主的社区，良好的沿街立面设计也可以促进步行。另外，庭院与花园广场、沿街设施可以有效美化街道景观。沿街设施可以使机动车通行尺度下的街道更利于行人步行。步行路径本身的设计与维护可以增强和鼓励步行，同时还可以通过结合树木和其他生态措施帮助管理水循环和改善空气质量，从而有助于建立更健康的环境。

研究表明，提高城市环境的可步行性不仅可以通过提高混合利用和增加密度来实现，也可以通过城市设计品质与微观步行环境改善行人空间体验。微观环境品质可以通过城市设计与街道设计导则指引导控。具有法律效应的规划工具同样有效，例如美国的形式准则（Form-based Codes）。以本书研究中的透明度为例，透明度是城市设计准则和土地开发规范中最常定义和规定的城市设计品质。美国阿灵顿市的形式准则要求居住地区沿街立面的首层透明度最小达到 30%，顶层透明度最小 20%，并且不同的用地性质对透明度设定的指标不同。形式准则还要求建筑入口朝向主要街道，规定步行道和绿化带的最小宽度等。这些管控内容都可以有效地促进步行环境品质与街道的活跃性。提高可步行性不仅是简单地增加密度与混合利用或者单独实施城市设计，还要全面发展高品质且充满吸引力的微观城市环境，为行人提供更愉悦的体验（表 11-7）。

MAPS-mini 审计工具中文译版（得分 = $\dfrac{总分}{21}$）　　　　　　　　表 11-7

人行道	1. 街道建筑商业为主，还是居住为主（居住 0；商业 1）
	2. 有多少个公共公园（没有 0；一个 1；两个以上 2）
	3. 有多少个公共交通站点（没有 0；一个 1；两个以上 2）
	4. 是否有室外场所可以就座（没有 0；有 1）
	5. 是否有路灯（没有 0；有一些 1；足量 2）
	6. 建设维护良好（有不好 0；100% 好 1）
	7. 是否有涂鸦（有 0；没有 1）
	8. 是否有划线的自行车道（没有 0；有 1；物理隔断 2）
	9. 是否有步行道（没有 0；有 1）
	10. 步行路径上有阻碍交通的障碍物（有 0；没有 1）
	11. 是否有沿街隔离带（没有 0；有 1）
	12. 步行路径被树木等覆盖率（0%~25%；26%~75%；76%~100%）
交叉口	1. 是否有行人过街信号灯（没有 0；有 1）
	2. 交叉口处是否有坡道（没有 0；有一个 1；两侧都有 2）
	3. 是否有过街标识斑马线等（没有 0；有 1）

11.3　实证分析

11.3.1　实证案例选取方法

本书在最后补充了具体的典型住区进行深入分析，以便将客观住区环境条件与主观评价对照分析，继而为后续规划设计提供可信的依据。

案例住区的选取分为两步。首先，采用 K-means 聚类分析将样本社区分成五类。聚类结果用以分析在具体的空间环境特征下，客观住区环境条件和主观评价的对照。其次，在此分类基础上与上一小节的多阶段分层抽样结果进行交集计算，从每一种类型的住区环境中选取同样符合大连市多阶段分层抽样结果的典型住区。以此方法从具有交集的住区选取一例作为代表，进行住区规划设计的详细分析。样本住区的聚类结果按照坡度的升序排列见表 11-8。

样本住区的聚类结果 表11-8

聚类结果	平缓		缓坡		陡坡
	第一类	第二类	第三类	第四类	第五类
类型比例	（43.4%）	（2.7%）	（36.6%）	（15.6%）	（1.7%）
坡度（高程标准差）	6.15	8.26	16.63	29.38	45.45
土地利用（居住用地）	0.18	0.07	0.22	0.22	0.32
建筑密度（容积率）	0.99	1.88	1.15	0.81	0.68
街道连接（路网密度）	0.019	0.025	0.018	0.014	0.011
可达性（设施数量）	2	14	3	1	2
（公交站点）	2	7	3	2	2

第一类与第二类住区坡度变化最小，地势平坦。第一类住区土地利用为商住混合型，以底层商业为主，混合度较高，建筑密度和道路连接性适中，道路为方格网状布局。第二类住区的土地利用以商业为主，居住用地频数最低，建筑密度最高，多为高密度的中心区或者商住混合用地等。第二类住区街道连接性最好，道路多为中心放射状路网，各类服务设施分布密集。

第三类与第四类住区有一定坡度变化，居住用地的频数密度相等，但是第四类的坡度变化程度是第三类的两倍。第三类住区的建筑密度仅次于第二类住区，土地利用形式包括商业、工业和居住用地，混合度较高。但是部分工业用地占地面积较大，所以街道连接性仅与第一类住区接近，次于第二类住区。第四类住区用地混合度不高，多为邻近山坡的大型居住区，建筑密度、街道连接性、服务设施数量都次于第三类住区。另有一些依据山坡走向而建的居住小区，该类型的既有小区多为阶梯式步行道路，而部分新建小区的步行道路则为缓坡步行道。

第五类住区的坡度变化程度最大，居住用地比例最高，用地功能相对单一，建筑密度和路网密度最低。第五类住区大多为依山而建的居住区，路网布局受限于坡度盘旋曲折，对于车行和步行都有一定阻碍。但是此类住区通常有较好的自然景观，邻近公园且视野通透。

11.3.2 不同类型住区特征

1. 客观住区环境与主观评价对照分析

总体来说，居住区周边环境的建设密度对主观评价有较大的影响（表11-9）。进一步，对数据进行可视化处理用以消除指标之间的量纲影响。消除量纲差异的不同方法之间并没有绝对的优劣。本节通过最大最小值归一化的方法进行计算，❶因为针对本节的研究数据其可视化效果最好，可视化结果如图11-4所示。对比可知，大连市特殊的地势坡度对感知环境有较大的影响。因为坡度在很大程度上决定了该区域的用地类型、建筑密度和道路形态等建成环境要素。

客观住区环境与主观评价对照分析　　　　　　　　表11-9

客观住区环境	第一类	第二类	第三类	第四类	第五类
坡度（高程标准差）	6.15	8.26	16.63	29.38	45.45
土地利用（居住用地）	0.18	**0.07**	0.22	0.22	**0.32**
建筑密度（容积率）	0.99	**1.88**	1.15	0.81	**0.68**
街道连接（路网密度）	0.019	**0.025**	0.018	0.014	**0.011**
可达性（设施数量）	2	**14**	3	**1**	2
主观评价环境					
感知总分	53.37	**50.73**	53.39	53.66	**55.14**
社会环境	2.87	**2.51**	2.88	2.82	**2.96**
具体感知环境					
步行坡度与障碍	2.17	**1.86**	2.10	2.21	2.21
街道连接	2.94	**3.36**	2.98	2.97	**2.64**
可达性	3.13	3.21	3.16	3.10	3.21
人行道环境	2.52	**2.45**	2.54	2.64	**2.93**
环境美观	2.84	**2.18**	2.83	2.77	**3.29**
交通安全	2.58	**2.36**	2.73	2.72	2.71
犯罪治安	3.28	**3.09**	3.15	3.31	**3.57**

注：五种类型住区中最高值和最低值加粗显示。

具体来说，高密度的建设有利于街道连接和可达性，但是对于人行道环境、环境美观和安全都有负面影响。例如，第二类高密度的商业型住区，其服务设施最充足，道路连通性好，较

❶ 归一化处理计算方法：$\dfrac{(X-Min)}{(Max-Min)}$

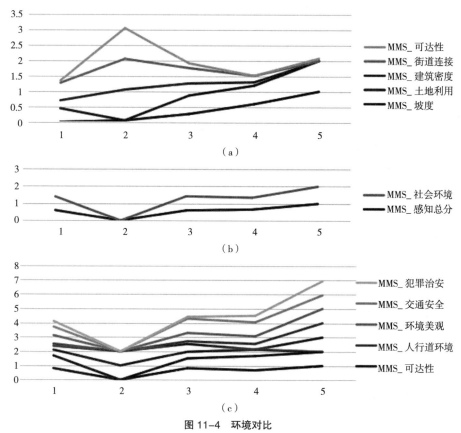

图 11-4　环境对比

（a）各类型住区物质空间环境对比；（b）各类型住区社会环境对比；（c）各类型住区感知环境对比

高的土地利用混合度和稠密的业态环境可以为居民带来生活上的便利，所以居民对步行坡度与障碍、街道连接性评价最好。然而，高密度且商业密集的建设在增强可达性的同时，增加了街道环境的拥挤度，增加了车流量和来往人群的多样性。所以，第二类住区的主观感知评价总分最低，居民对于美观、安全、社会环境的评价也最差。相反，陡坡上的低密度住区可达性和街道连通性较差，但是居民对于美观、安全、社会环境的感知评价最好。其他三种住区的感知评价较为平均，并没有特殊差别。

2. 不同类型住区的体力活动和健康结果

不同类型住区对居民健康的影响与第 10 章的结果一致，通过住区分类可以更清晰地看出建设密度对社区归属感的负面影响，以及设施可达性对体力活动有积极的促进作用。

首先，体重指数在各住区之间的差别并不明显，但是相对而言，坡度较大的住区居民体重指数更小，例如第四类和第三类住区，符合坡度对 BMI 的影响结果。因为坡度大的住区步行环境多为阶梯式，爬坡和爬楼梯相对于平地步行要消耗更多的能量。

其次，高密度住区的居民社区归属感最差。例如第二类商业型高密度住区多为酒店式公寓或者超高层住宅，因而住区内部公共环境和景观设计都有所欠缺。并且，高密度建设的环境会产生空间压迫感。此类居住环境下生活的居民缺乏社会活动和交流的场所和机会，会对社区认同感产生负面影响。对比而言，陡坡上的低密度住区较好的景观设计为社会环境提供了场所和机会，丰富的绿色空间和良好的自然资源也对主观评价和社区情感有积极作用。

最后，通过不同类型住区对比分析发现，体力活动设施的可获得性对于促进居民中高强度体力活动非常重要。在建设密度较高的第二类居住区，商业用地占比和设施密度高，可以提供更多参与活动的机会，从而促进了居民参与锻炼。而步行在不同住区环境间差异并不大（表11-10）。

不同类型住区的体力活动和健康结果 表11-10

客观住区环境	第一类	第二类	第三类	第四类	第五类
坡度（高程标准差）	6.15	8.26	16.63	29.38	45.45
土地利用（居住用地）	0.18	**0.07**	0.22	0.22	**0.32**
建筑密度（容积率）	0.99	**1.88**	1.15	0.81	**0.68**
街道连接（路网密度）	0.019	**0.025**	0.018	0.014	**0.011**
可达性（设施数量）	2	**14**	3	1	2
可达性（公交站点）	2	**7**	3	2	2
健康结果					
BMI	**23.57**	23.48	23.33	**21.97**	22.05
SOC	2.88	**2.64**	2.81	2.84	**3.09**
体力活动结果					
VPA	73	**104**	72	68	64
MPA	99	98	**123**	**93**	107
WALKING	161	**165**	159	145	152

注：五种类型住区中最高值和最低值加粗显示。

3. 具体案例住区解析

本节将最终选定的五个住区进行环境的可视化分析。可视化的内容包括坡度、自然环境、道路网络、设施点分布、街道景观（表11-11）。本书的第10章和上一小节再次证实，设施可达性对体力活动有积极促进作用，故本节对设施的分布做了可视化处理。

首先，通过案例住区的设施分布可知，体力活动设施的可获取性有利于居民的体力活动。但是现有的住区规划设计没有很好地兼容设施可获得性和环境的美学设计。在建设密度较高的住区，设施丰富可获得性最高。但是街道的空间环境围合感较高，缺乏景观设计，很难见到绿色植被，并且道路侧方停车凌乱挤占行人步行环境。本文第11.2节微观设计品质的研究证实，庭院、花园、花坛等景观要素都有利于行人步行。高密度的住区环境需要环境更新以改善行人的步行体验。

其次，通过案例住区的街道景观图像可知，良好的街道设计有利于居民对环境的评价。上一小节发现第五类住区的感知总分最高。第五类住区案例小区中对高差台壁的处理采用了具有

案例住区设施分布和街道景观的可视化分析　　　　　　　　表11-11

住区分类	具体案例	住区分类	具体案例
第一类住区	五四小区	第二类住区	经典生活小区
第三类住区	北洋小区	第四类住区	枫合万嘉小区
第五类住区	金广东海岸小区		

一定审美愉悦的设计处理。前文的分析中提到过，大连市的丘陵地势导致很多住区存在不同程度的高差台壁，但是这些环境没有得到妥善处理。在本文第 11.1 章街道环境分析中也证实藩篱会影响行人步行。第五类住区中良好的景观设计得到了较高的评价，对于住区环境良好的感知评价有利于社区归属感。

综上，住区设计需要兼顾密度和环境设计。在既有的低密度住区维护良好的景观设计，通过增加体力活动设施提高设施的可获得性。在既有的高密度住区进行城市更新，保证设施可获得性的同时进行环境更新，添加可以促进居民步行的设计要素。同时，通过城市设计导则和城市管控，设计城市街道景观，添加有利于步行和感知评价的街道家具，管理城市道路停车乱象，减少可能阻碍步行的要素。

11.3.3　环境优化政策建议

针对本文的研究发现，本节提出可能的解决办法（表 11-12）。政策建议没有按照研究发现的顺序，而是将解决办法按照宏观、中观和微观三个层面重新整合与梳理，最终给出健康导向的环境更新政策建议。

环境优化政策建议

表11-12

主要研究结论		解决办法	政策建议
大连市主城区居民健康	居民体力活动没有达到建议的健康标准	促进居民体力活动进行宣传与指导	社区实践
	居民心理健康问题突出	注重社会支持	
建成环境	体力活动设施能有效促进体力活动，但设施供需不平衡	通过供需模型计算设施布局	政策工具设计引导
	路网密度和建筑密度促进体力活动	城市规划设计	
自然环境	绿色空间对结果影响微弱，自然环境没有得到良好利用，需要进一步完善	山体公园设计	
感知环境	美观、安全、社会环境对社区归属感有正向影响	微观环境塑造	设计引导
	社会环境对体力活动和社区归属感都有正向影响	社会环境营造	社区实践
微观环境	城市街道景观有利于步行	城市街道设计	设计引导
	城市设计品质有利于步行	城市街道设计	

1. 宏观层面——制度与政策

本书的研究发现，密度、土地利用和街道连接等建成环境要素可以影响居民的体力活动。针对以上发现，如何通过城市规划控制具体的建成环境指标，可以借鉴第3.1节提到的美国区划条例中的规划单元开发。规划单元开发允许开发商在满足社区密度和土地使用的前提下，不受现有区划要求的约束。结合我国的规划体系，健康规划目标实施可以在控制性详细规划层面，建立规划设计条件研究机制。在符合控制性详细规划要求的前提下，引入专项分析内容或者作为独立单元，对不同地区的实施机制进行区分。建设单位可以在满足专项设计条件的前提下，放松对控制性详细规划的限制，予以灵活管理。

城市街道中的透明度和花园庭院数量，以及街道的微观步行环境会影响步行。这些城市设计要素可以通过硬性指标的形式进行管控，例如，美国区划条例中的"充足设施条例"和"形式准则"。结合我国的规划体系，可以在控制性详细规划和城市设计导则中明确设计指标，或者在修建性详细规划中加入硬性指标。同时，可以借鉴美国的叠加区划在现有的控制性详细规划管理基础上增加健康促进型设计要素。专项的管理方式可以强化空间保护管理，可以为规划过程中的编制和审批提供更灵活和高效的方式。通过在规划设计过程中加入可以促进体力活动的设计元素，从而间接惠及居民健康。在社区的决策中明确指标，确定责任，分清轻重缓急，将健康作为优先解决事项。

2. 中观层面——设计与引导

本书的研究发现，体力活动设施的可获得性可以有效促进体力活动，但是大连市设施的空间分布不均衡。首先，设施的空间布局规划需要确定不同类型社区对设施的需求程度。设施的需求程度包括设施的类型和水平，场景变更时（包括新开、搬迁和关闭设施的影响）的供应和需求变化，以及人口变化对设施需求的影响。供应能力包括四个方面，设施容量、位置、吸引力和出行模式。设施供给和需求的模型参数主要来自用户概况信息（例如用户的年龄、性别、访问频率、出行距离、停留时间），以及设施本身的信息（例如设施规划、高峰使用时间和设施容量）等。在比较设施供应的数量和当地人口对该设施的需求方面，可以将需求（以人员为单位）和供应（设施）转换为一个可比较的单元，通过综合指数和模型计算供需。其次，设施的空间布局规划需要进行多种场景模拟计算，包括现有设施评估、设施规模、管理类型和人均占有量；未来几年内可能关闭和新开的设施以及人口的增长情况；新开设施的吸引力和新的设施供给计算。[12]

本书的研究发现绿色空间、街道景观和微观环境都可以影响健康结果。针对以上发现，可以通过城市设计与管控来落实能促进健康结果的设计要素。公共空间、街道景观、安全和美学的设计方法在作者的其他文章中有详细阐述。[13] 同时，研究发现大连市特殊地势带来的良好绿化资源没有得到很好的利用。地势高差和台壁通常都没有得到很好的设计和维护。既有的住区可以通过城市更新改造，并利用现有优势进行环境优化设计。例如，针对高差台壁，可以将较为破旧的街区改造成充满活力的公园。利用高差设计景观小径和绿植，设计可以供社区居民自己种植的花圃，并通过描绘美好社区的壁画改善环境（图 11-5a）。针对社区内部的斜坡，坡顶平坦的区域可以改造成广场用来容纳社区活动、各种亲密聚会和游戏，还可以利用地形优势设计带有坡度变化的儿童游戏场用于攀爬（图 11-5b）。针对社区内的一些缓坡坡地，可以进行公共空间改造，通过简单的高差设计进行空间分割，营造出空间的界限，可以作为用于社区聚会的平台。通过街道家具，例如特色夜灯和引人注目的铺装设计等丰富公共空间（图 11-5c）。

（a） （b） （c）

图 11-5 社区改造[14-16]

（a）各类型住区感知环境对比；（b）斜坡改造；（c）缓坡改造

3. 微观层面——实践与活动

大连市现有的社区管理隶属于行政组织机构，由于多方面因素并不能很好地与社区居民最根本的需求契合。本节从社区管理的角度出发，通过社会实践活动促进居民自治体的形成，让居民形成自发的共同领导。

建立社区健康管理措施加强居民的健康意识。相关部门采取措施方便居民能够控制自己的健康，使个人能够积极参与并主动要求一种促进健康的生活方式。通过教育培训营养和体力活动相关知识，让居民主动建立自己的目标，从而使他们能够自发地多运动；为糖尿病患者提供健康食品指导；在自媒体发达的通信时代建立网络移动平台，帮助糖尿病患者或糖尿病前期患者监测并管理自己的健康等。其次，加强对居民行为动机的研究与分析。以往环境行为与健康相关研究都集中在环境对行为结果的关联性研究，到底哪些环境因素影响了健康相关结果。而行为干预研究，根据动机分析对居民进行细分。动机分析可以理解人们坚持健康管理计划的目的。通过这些资料可以对居民进行有针对性的行为提示。

通过集体活动促进社会交往。研究证实社区归属感有助于心理健康并与体力活动有显著关联。社会环境在居民身心健康中也有着重要意义。如何通过环境营造社区氛围，促进社区交往，也是非常重要的一环。城市公园和绿地可为居民参与各种有趣活动创造机会。社区建设要让所有个人和家庭都能参与到活动中来，提高社区凝聚力、归属感和自豪感。首先，可以采取措施满足那些通常不会使用传统体育设施人群的需求。将活动从健身房和休闲中心带到社区的中心。例如，社区通过组织儿童活动让家人陪同的方式让更多的人参与，或者通过提供免费的活动项目来消除费用障碍。其次，创建可以自我维持的当地团体。为当地的居民提供培训和物资，当社区领导人是自己的邻居时可以增强熟悉和信任，增强当地团体内部的社区凝聚力。[17]此外，利用数字技术创建社区网络也有助于营造社区归属感。例如，通过使用手机应用平台和在线预订课程的网站来吸引居民，与那些通常不参加锻炼课程的人建立联系。[18] 应用程序不仅有助于测量和监控用户的健康状况，而且对于帮助规划和构建满足用户需求的新课程至关重要。使用新技术和社交媒体也有助于创建社区归属感，鼓励并留住用户，创建一个自我支持的网络。

综上所述，环境的改变受到公共政策的影响，城市更新与实施需要多方协调。宏观调控很难在短时间内成效，但小尺度的改造项目同样可以影响生活方式。从细微处着手将项目直接服务于较小的群体。为健康行为提供教育机会，提高公众意识，鼓励更多的人参与到社区生活当中。虽然这些策略本身并不能带来较大的社区变革，但它们可以培养公众兴趣并有助于动员居民参与。

11.4 本章小结

本章从垂直维度的环境视角分析建成环境对体力活动和健康结果的关系。随着健康城市研究的日益精细化，对促进人群健康的特定场所与环境的研究越来越有意义。首先，研究发现，深度学习方法进行的图像识别与传统测量的对比发现，垂直维度的城市设计检验结果与二维建成环境高度相关。但是图像识别的城市设计与所有健康相关结果都没有显著关联。建筑界面对单次步行时间有负向关联。路灯对步行频次和单次步行时间有正向关联。标识牌与环境美观、社会环境之间有着负相关关系，同时不利于提高社区归属感。

其次，城市设计品质中的庭院广场和花园数量对行人人数影响最大。沿街首层窗户比例、沿街设施数量、沿街活跃建筑的比例对人数的影响程度相近。步行环境得分越高影响越大，但各个社区微观步行环境差异较大。最后，通过对具体案例的解析，可以更清晰地显示第 10 章的研究结果，即高密度的建设虽然有利于体力活动但是对社区归属感有负面影响。现有的住区规划设计要兼容设施可获得性和环境的美学设计。良好的街道环境景观设计有利于居民的社区归属感，而归属感有利于身心健康。

城市微观环境研究作为建成环境的补充研究，证明了微观设计品质对健康的意义。庭院与花园广场、沿街设施可以有效美化街道景观。沿街设施可以使机动车通行尺度下的街道更利于行人步行。研究结果与建筑、规划、风景园林学科关注的物质空间及要素建立起紧密的联系，对大连市的设施布局、社区公园环境的优化，对于建设步行友好的街道环境提供数据支持和可操作的措施。

主要参考文献

[1] Thornton C M, Conway T L, Cain K L, et al. Disparities in Pedestrian Streetscape Environments by Income and Race/Ethnicity[J]. Population Health, 2016, 2: 206–216.

[2] Kelly C, Wilson J S, Schootman M, et al. The Built Environment Predicts Observed Physical Activity[J]. Frontiers in Public Health, 2014, https: //doi.org/10.3389/fpubh.2014.00052.

[3] Ussery E N, Omura J D, Paul P, et al.Sampling Methodology and Reliability of a Representative Walkability Audit[J]. Journal of Transport & Health, 2019, 12: 75–85.

[4] Wilson J S, Kelly C M, Schootman M. Assessing the Built Environment Using Omnidirectional Imagery[J]. American Journal of Preventivemedicine, 2012; 42（2）: 193–199.

[5] Rundle A G, Bader D M, Richards C A. Using Google Street View to Audit Neighborhood Environments[J]. American Journal of Preventive Medicine, 2011; 40（1）: 94–100.

[6] Ben–Joseph E, Lee J S, Cromley E K. Virtual and Actual: Relative Accuracy of On–site and Web–based Instruments in Auditing the Environment for Physical Activity[J]. Health & Place, 2013, 19: 138–150.

[7] Millstein R A, Cain K L, Sallis J F, et al. Development, Scoring, and Reliability of the Microscale Audit of Pedestrian Streetscapes（MAPS）[J]. Public Health, 2013, 13: 403.

[8] Yin L, Cheng Q, Wang Z, Shao Z. Big Data for Pedestrian Volume: Exploring the Use of Google Street View Images for Pedestrian Counts[J]. Applied Geography, 2015, 63: 337–345.

[9] Caina K L, Gavanda K A, Conwaya T L, et al. Developing and Validating an Abbreviated Version of the Microscale Audit for Pedestrian Streetscapes（MAPS–Abbreviated）[J]. Journal of Transport & Health, 2017, 5: 84–96.

[10] Ewing, Reid, Clemente O. Measuring Urban Design: Metrics for Livable Places[M]. Washington: Island Press, 2013.

[11] Ameli S H, Hamidi S, Garfinkel–Castro A, et al. Do Better Urban Design Qualities Lead to More Walking in Salt Lake City, Utah？ [J]. Journal of Urban Design, 2015, 20（3）: 393–410.

[12] Sport England. Bradford Metropolitan District Council: Strategic Assessment of Sports Hall Provision, Facilities Planning Model Assessment and Scenario Testing[R]. 2015.

[13] 孙佩锦. 促进积极生活的住区环境优化研究 [D]. 大连：大连理工大学，2017.

[14] https：//inhabitat.com/san-franciscos-burrows-street-pocket-park-opens-to-the-public/.

[15] https：//www.parentmap.com/article/new-yesler-terrace-park-playground-seattle-fun.

[16] https：//good-design.org/projects/richmond-terrace-pocket-park/.

[17] Active Design Case Study Active Parks Birmingham：Let's Take This outside[R]. Sportengland.org/activedesign.

[18] Our Parks：Bring Activity to the Community[R]. Sportengland.org/activedesign.

本章图片来源

图 11-1 ~ 图 11-5　作者自绘及自摄 .

表 11-1 ~ 表 11-11　作者自绘 .

第12章 结论

本书以关注居民身心健康为出发点，基于环境行为学和社会生态学等相关理论，应对现代城市环境与居民健康行为问题，从多维视角分析可能影响居民体力活动和健康结果的环境要素及其影响机制。本书的贡献主要包括通过以健康为导向的体系构建和环境与健康的实证研究，为未来环境健康设计实践提供依据，其中环境对健康的影响机制将会在研究结论中详细展开。

主要研究贡献内容如下：

1. 构建了以健康社区为导向的规划体系框架

中国的城市规划往往根据城市经济确定城市空间发展方向，着重考虑城市产业构成及其所需空间，而将居民生活空间作为配套功能。在我国当前的住区规划设计理论中，对于健康的空间环境关注较少。本书研究强调健康导向下的城市规划与设计，研究结合健康城市相关理论，详细分析欧美国家的成功案例和实证结果，构建了以健康社区为导向的规划体系框架，包括制度与政策、城市设计和社会实践，提升健康设计在城市社区理论中的地位。

2. 明确了大连市环境对健康的影响机制

研究分析了大连市居民的健康特征，发现心理健康和慢性疾病同样值得关注。经研究证实，在具有丘陵地势的非一线城市的建设环境下，客观建成环境（密度、土地利用和街道连接），感知环境（美观和安全），以及社会环境均对体力活动有促进作用，与现有的文献结果相符。同时，经研究证实垂直维度的街道环境和微观设计品质对步行有影响。此外，针对大连市特殊地势的分析发现，坡度大的地区居民体重指数低。但是与西方研究结果不同的是，较高的密度不利于社区归属感，感知环境与客观测量关联度很低且并不存在中介作用。社会环境作为感知环境的中介变量影响社区归属感（表12-1）。本书的研究价值在于发现了特定环境背景下最适用的测量尺度和测量方式，以及建成环境、自然环境、社会环境与健康结果的关联。

3.为未来的健康环境设计实践提供依据

本书通过以健康为导向的体系构建和实证研究两方面为未来的健康环境设计实践提供依据。根据本书的研究结果，城市规划能够在促进公共健康的过程中发挥建设性作用。在环境优化的过程中，城市规划应适度集约利用土地，避免高密度的负面效应，综合考虑密度对社会环境和社区情感的影响。依托城市规划的实施管理机制将健康理念付诸实践。通过城市设计塑造可以促进积极生活的场所和空间。通过社会实践活动促进居民自治体的形成，改善社会环境，让健康理念自下而上地融入生活（表12-1）。

本研究课题的建成环境和现有研究结果的对比　　　　　　　　表12-1

健康相关的建成环境要素				
	直接效应		间接效应	
	积极影响	消极影响	中介变量	主效应
本书	（体力活动）土地利用、街道连接、可达性、密度、建设品质、微观环境、安全和美观、社会环境	（SoC）密度、街道连接（BMI）坡度	社会环境	安全和美观对体力活动的影响，主观感知的街道连接、可达性、美观、安全、步行道对社区归属感的影响
国内其他城市	土地利用、可达性、社区品质、设计特征和安全	（体力活动）密度、单一土地利用、毗邻主干道		
西方城市	（体力活动）土地利用、街道连接、可达性、密度、公园和广场，步行道基础设施、海岸和山林等风景，维护良好的社区、安全和美观、社会资本和社会环境	（体力活动）城市蔓延、维护不好的道路和设施、肮脏的环境、垃圾和碎玻璃	主观感知的公园数量	公园对体力活动的影响
			性别和安全	交叉口、土地利用对体力活动的影响
			性别和教育	安全对体力活动的影响

12.1 研究结论

12.1.1 大连居民健康状态

1.居民健康结果总体概述

研究发现，在自我报告的健康状态中有高达19%的居民选择了心理亚健康状态。这一指标远远高于心脑血管与高血压等常见慢性病，可见居民心理健康也是值得关注与重视的。

研究证实，健康指标与自我报告的健康状态有显著关联。与经验和预期相符，体重指数和高血压高血糖显著相关。在大连市主城区的样本人群中，居民体重肥胖（BMI ≥ 28）人群只有7.5%，但是体重过重（24 ≤ BMI < 28）人群高达36%。体重过重的人群患高血压的危险是正

常体重者的 3~4 倍,患糖尿病的危险是体重正常者的 2~3 倍,而体重肥胖的人群患病的风险更高。研究结果证实了对于大连市居民来说控制体重的重要性，体重可以通过增加日常体力活动和饮食管理来控制。

社区归属感与自我报告的心理健康显著相关。研究还并不能解释关联的发生顺序与因果关系，但是研究发现社会环境可以影响社区归属感。在塑造物质空间以外，社会环境的营造也是健康环境非常重要的一环。此外，中强度活动的时间和频次，以及步行时间都对心理健康有显著影响，积极运动有利于身心健康。

2. 居民体力活动有待加强

样本人群中有约 75% 的人群都可以达到最低标准的代谢当量（每周保持最少 500~1000 的 MET-min）。但是只有 40% 左右的人群可以满足 WHO 提出的体力活动要求。WHO 建议 18~64 岁成年人每周至少 150min 中等强度有氧活动，每周至少 75min 高强度有氧活动，或中高强度两种活动相当量的组合来促进身体健康。其次，不同个体因素会对体力活动产生影响。性别、年龄和私家车拥有率对体力活动总时间有显著影响。男性的高强度活动时间均值高于女性。年龄越大中高强度的活动时间越长。在拥有私家车的居民中高强度活动总时间均值显著高于没有私家车的居民，步行时间较短但是结果并不显著。

3. 居民健康结果存在个体差异

研究发现性别、年龄、教育背景和私家车拥有率都对体重指数有显著影响。男性的 BMI 均值高于女性且高于正常值（BMI = 18~24）属于过重状态。年龄越大的人群体重指数均值越高。学历在高中以上的人群，其学历越高体重指数越低。拥有私家车的人群体重均值也比没有车辆的人群要高。其次，只有收入与自我报告的健康结果有显著性。收入在 3000~5000 元中间阶层的居民心理问题最为突出。此外，研究发现性别在很多因素间存在差别。对于相同的环境，男性的评价要好于女性。在样本人群中女性心理状况不佳的人群比例高于男性。男性血糖血压亚健康的人群比例高于女性。研究发现女性心理健康状态需要更广泛的关注。

12.1.2　环境对健康的影响

1. 体力活动设施的空间公平

体力活动设施可以显著影响人群体力活动，体力活动对身心健康均有益处，所以设施的空间公平问题也有重要意义。大连市主城区体力活动设施的空间格局集中于市中心地段。体育场馆和公园广场的空间分布与高密度的居住空间重合较多，但是健身房和舞蹈瑜伽室主要集中在城市中心区与次中心区。体力活动设施在大连市主城区内的可获得性总体较好。大部分居住单元都可以在 1km 范围内获得体力活动设施中某类型的服务，但是体力活动设施的千人占有量在大部分地区分布不平衡。中心地段的设施综合服务水平较高，西北部地区的体力活动设施服务水平较弱。设施的空间分布与供需关系存在偏颇，还需进一步完善，满足不同社会经济背景的人群的使用需求。

2. 环境对健康结果的影响

客观建成环境层面，有四个要素对体力活动有显著影响，包括土地利用、建筑密度、街道连接和可达性。此外，密度和街道连接对社区归属感有负相关作用，但是每一项对结果的解释作用都很小。将所有测量方法下的建成环境作为自变量，将密度和街道连接两个要素进行逐步回归排除共线性影响，最终只有容积率会对社区归属产生显著的负向关系。

自然环境层面，植被指数对健康结果的影响非常微弱且没有统一规律。植被指数与坡度高度相关。研究没有发现公园数量和绿视率对结果有关联的迹象。绿色空间与社会环境、社区归属感也没有影响。丘陵地势环境下的良好绿色空间并没有融入居民日常生活。公共绿地可以起到促进体力活动、与自然接触和社会互动的作用，来提供健康效益。但是公共绿地作为体力活动的资源通常没有得到充分利用。因此，通过增加到访和积极使用公共绿地来提高人群健康，有很大的发展空间。公共绿地相较于其他公共设施更容易改变，更有利于开展活动。

感知与社会环境层面，美观和安全对体力活动结果有显著影响。美观包括了六个题项：夜间照明、步行人群、行道树、有意思的事物、建筑美观、自然风景。安全包括机动车车速慢和治安良好。研究证明人们对环境品质的评价同样影响体力活动结果，并且这种与生活息息相关的环境要素的影响更为直接。此外，社会环境对社区归属感有显著影响，社会环境可以解释社区归属 47.8% 的变化原因，可见社会环境对社区情感塑造的重要性。社会环境对所有的体力活动总时间都有显著影响，但是模型解释率并不高。

3. 不同测量方法的差异

研究证实，不同的环境测度方法与尺度对健康结果的影响有较大差异性。在 400m 尺度下，建成环境要素对结果有影响的因素最多，主观和客观测量的环境要素间有关联的要素也最多。400m 尺度是适合进行社区级别的居住环境研究的尺度。此外，客观测量和主观评价的环境对健康结果的影响各不相同，两种测量方式不存在优劣。研究证实感知环境中微观社区品质（美观、步行道、安全）同样对健康结果有显著影响，这些环境品质在客观测量方法中很难实现。客观测量的建成环境需要主观评价作为补充，才能更为全面地研究环境对健康的影响。

此外，客观测量与主观测量的环境并不能一一对应，且不同尺度下的客观环境与感知环境的关系不同。同一种建成环境要素采用不同方法测量，只有客观测量的可达性与主观感知的可达性相关。在 400m 尺度下，容积率和路网密度与环境美观负相关，与社会环境和社区归属感负相关。同时，在其他尺度下，建筑密度、容积率、路网密度、交叉口数量都与感知的坡度和障碍负相关。高密度的环境通常伴随更多的城市问题，影响居民对美观和氛围的感知，但是高密度的建设并没有给社会交往和活动提供便利，反而降低了社区归属感。可见有利于混合利用的高密度建设还需要兼顾美观和社会环境的塑造。何种程度的建设密度可以合理有效地兼顾混合度与环境感知，还需要深入研究。

4. 多要素间的交互作用

以感知环境为中介变量，检验客观环境和健康结果的关联，并未发现感知环境的中介作用。服务设施数量是唯一与其对应的感知环境显著相关的客观环境，但是并没有中介作用。这与现有的研究成果不符，可能的原因是 NEWS 量表在高密度居住环境下存在误差。此外，建成环境与体力活动和健康指标模型检验中，只有容积率一项以社会环境为中介变量，但是只有部分中介作用。

以社会环境为中介变量，检验感知评价和社区归属感的关联。研究发现，社会环境在感知环境（包括街道连接、可达性、美观、步行环境）对社区居民的归属感中起到中介作用。社会环境在多种模型检验中对结果有间接的影响，研究证实了其重要性。

此外，在以上具有中介作用的模型中，加入人口特征（如收入）作为辅助调节变量。结果显示在街道连接与社区归属感的模型检验中以收入为辅助调节变量，个体特征在中介作用和调节作用检验中的影响并不大。

5. 微观环境对结果的影响

城市街道景观层面的研究发现，藩篱对行人数量有负向影响。图像识别将封闭小区的栅栏和部分高差台壁的断面识别为藩篱。藩篱多的地区大多为具有高差较大的阶梯式设计的住区或者封闭小区。藩篱多的情况下，道路的连接性较差不利于行人步行。此外，图像识别技术和传统测量的建成环境之间的关联符合经验和预期，但是垂直立面上测量的城市设计品质与二维平面的环境还是有很大差异。不同的测量维度可以从不同的视角更好地量化城市环境。其次，通过图像识别测量的城市设计品质与居民对社区环境的情感评价间的关系非常微弱。如何将新技术方法融合到传统的环境行为学研究当中，还需要进一步的探索。

微观设计品质层面，透明度、意向、人性化尺度与行人数量相关。具体的，庭院广场和花园的数量对人数影响最大，沿街首层窗户比例、沿街设施数量、沿街活跃建筑的比例对人数的影响程度相近。微观步行环境也会影响行人数量，但是各个社区微观步行环境差异较大。研究证实，提高城市环境的可步行性不仅可以通过提高混合利用和增加密度来实现，也可以通过城市设计品质与微观步行环境改善行人空间体验。微观环境品质可以通过城市设计与街道设计导则进行指导与管理。

12.2 研究创新

1. 从多维视角建立多源数据融合的数据集来分析环境对居民健康的影响，揭示了大连市建成环境、自然环境与社会环境对健康的影响机制。

通过建立多源数据融合的综合数据集来分析环境对居民健康的影响。在城市大数据背景下，综合数据集包含居民日常生活的城市环境中影响健康行为的环境要素。从多维视角将环境与行为之间的关系作为一个整体进行研究，解决环境与居民健康的关联问题。

多维视角包含了研究内容、数据特征和测量方法三个层面的含义。首先，从研究内容来说，多维视角包括建成环境，自然环境和社会环境。其次，从数据特征来说，本书聚焦的建成环境主要为平面维度的建成环境，垂直维度的建成环境和城市设计品质，以及社会维度的环境特征。最后，从测量方法来说，本书包括从平面到立体，客观测量到主观评价，多种尺度层级，以及多要素间的交互关系。其中，客观测量到主观评价是指环境测量同时包含两种方法，研究同时对比在客观与主观这两个层面上影响体力活动的空间要素是否一致；多种尺度层级指通过测量多种尺度层级下环境与健康的关联，探索在特定城市环境背景中哪一种尺度层级最适宜分析环境对居民健康的影响；多要素间的交互关系指本书建立多种中介效应模型，将感知环境和社会环境作为中介变量或调节变量，并加入人口特征作为协变量。

健康已经成为城市亟需面对的问题之一。本书在现代生活背景下，深入分析环境与生活在城市环境中的居民健康行为之间的关系，探索人与环境相互影响的内在机制。将中介变量引入到环境促进居民健康的关系中，并构建了多维视角下环境影响机制的理论模型及研究框架。解读归纳出建成环境、自然环境、社会环境特征作用于居民行为模式与健康结果的内在原理。

2. 物质空间的数字化识别评析与活动主体主观评测相结合的分析与评价方法，揭示街道环境品质对健康的影响关系。

本书使用基于深度学习的图像识别技术进行物质空间的数字化识别评析，应用语义分割的方法提取城市街道影像中的设计要素。以往通过深度学习方法识别街道环境的研究，并没有对应个人的居住体验。本书将街道环境要素的识别结果与人们对自己住区的主观评价进行对比分析，加入个人的情感要素，结合现代化数字识别和活动主体的主观评测，揭示街道环境品质对健康的影响关系。从居民对城市街道微观环境的体验和对环境的心理反应角度，进行环境与行为和健康结果的量化评价与分析，探索城市微观环境对健康的影响，同时分析空间的数字化识别技术在大连市环境背景下的适用性。

3. 从规划制度、城市设计到社会实践三个层面构建完整的健康环境规划体系框架，为解决当今城市健康问题和探索健康人居环境模式提供制度上的新思路。

当前我国健康城市的关键问题是如何建立健全实施机制。本书构建了从健康规划机制，城市设计到社会实践的完整框架体系。探索如何将健康社区的空间优化落实到城市规划与设计过程当中。书中提出建立健康规划实施制度，应用规划管理工具，建立合作机制；以健康规划实施制度为基础，展开城市设计；通过解析设计的政策属性与制度，以此为导向进行社会实践的方法。通过政策支持、环境更新、社会组织的方式，为加强环境对健康的主动式干预，探索健康生活方式的空间互动模式，提高城市居民生活品质提供了新的思路。

（1）研究限制

首先，本书的第2章提及了城市规划和健康交叉学科的主要挑战，即证明因果关系和自我选择现象。环境与健康之间有很多混杂因素，大部分的研究都只能证明环境与健康的关联，本书同样存在上述研究限制。体力活动是改善一般健康状态和可预防疾病的因素之一，但是可预防疾病与很多其他因素的关联性更强，例如个人生活习惯和个人行为偏好等。住区环境对生活在其中时间较长的老年人和儿童的健康影响同样显著，但是本书由于调查方法和数据的可获得性，将被调查对象设定在 22~64 岁，并没有包含所有居住群体。

其次，本书在住区空间界定方面也存在一定的局限。其一，住区本身的定义。环境行为研究集中在居住地周围的区域，然而实际上个体居民通常有部分时间不在家里。其二，住区边界的界定。本书对边界的限定只采用了应用最为广泛的缓冲区方法，并没有综合道路网建立复杂网络确定边界。到底哪种方式最适合本研究，缺少深入探索。其三，居民对空间认知的差异。研究在问卷调查中设定住区的概念为从住所步行 10~15min 可达的距离范围。同时强调在居住区居住满 1 年，因为新居民对环境和距离的感知可能会因为感受时间短而差异较大。根据环境行为学理论，人们对距离的认知是有差异的。研究并没有很好地排除人们的认知距离与实际测量距离的误差。实际上，这种差异是随着个体差异而变化的，即不同人口特征个体间的差异。

最后，数据的可获得性是本书最大的难点。在我国非一线城市，城市级别的数据并不丰富且很难公开获取。由于缺乏权威数据库中的个人体力活动和健康相关数据，本书采用传统抽样调查的方法获取数据。研究问卷中涉及例如个人家庭住址等隐私数据会导致数据获取难度加大。受限于人力和财力成本，样本容量只能限定在可接受的误差范围内。数据的质量会影响研究精度，因为网络问卷回答者自我选择现象导致的概率问题无法完全避免。其次，本书的空间数据来源不一致，不同坐标系间的转换以及地理编码本身都无法绝对精确。虽然国内非一线城市的数据库较为匮乏，数据的可获得性在一定程度上会影响研究的精确度，但是拥有特殊地势环境的大连市具有研究的价值且研究结果具有实际意义。

（2）研究展望

城市环境与健康结果的交叉研究涵盖范围广泛。本书仅初步尝试探索具有特殊环境城市的实证结果。研究还存在很多限制和不足，根据本书的研究方向，期望在以下方面展开拓展研究。

对不同特征群体进行差异性分析。尽管本研究分析了个人因素的影响，但如果可以有效地区分不同类别的研究对象，会更有利于因果关系的研究。在未来的研究中可以通过设置对照组和实验组或者通过方法上的改进，排除个体选择差异带来的影响。

分析环境和心理健康以及情感因素的关联。本书的研究结果表明，居民心理健康问题已经远超预期，值得进一步关注。同时，居民对所在社区的情感寄托对行为和结果有显著的影响，例如社区归属感。社会环境与物质环境共同影响人们的行为结果。以往的实证研究多偏向于物质空间环境，但是对于社会环境、情感因素和心理健康之间的关联，缺乏更深入的研究。

深入应用计算机技术与方法。本书仅初步应用深度学习算法辅助人工审计并对比不同方法间的差异。本书应用的算法还不能有效地区分更细微的街道家具。随着计算机视觉技术的改进，自动化数据分析会提供更便捷和经济的选择，技术的发展可以有效地辅助并解放传统劳动型审计工作。在环境和健康领域，计算机技术与方法有非常大的应用前景，例如，预测人们对图像的感知反应，理解城市形象与社会经济结果之间的联系，环境的识别与预测，改善或替代传统的人工审计工具，预测时间变化趋势，等等。

本章图片来源

表 12-1　作者自绘 .